电气自动化新技术丛书

交流调速系统

第 3 版

陈伯时　陈敏逊　编著

机 械 工 业 出 版 社

本书系统地介绍现代交流调速系统的基本原理、数学模型、控制系统和应用性能，以理论联系实际、深入浅出作为编写方针。第2版在第1版的基础上，按照技术与应用发展的需要做了必要的扩充与修订，其中特别增加了“中压大容量变频技术”和“无速度传感器的高性能异步电动机调速系统”两章内容。第3版又按实际发展需要做了一定的增删，例如增加了SVPWM控制技术、绕线转子异步电动机双馈控制技术、基于模型参考自适应系统用PI闭环控制构造转速等内容。

本书主要供电气自动化领域的工程技术人员阅读和参考，也可作为大专院校相关专业的教学参考书，以及工程技术人员继续教育的培训教材。

图书在版编目（CIP）数据

交流调速系统/陈伯时，陈敏逊编著．—3版．—北京：机械工业出版社，2013.7（2025.1重印）

（电气自动化新技术丛书）

ISBN 978-7-111-43040-7

Ⅰ.①交… Ⅱ.①陈…②陈… Ⅲ.①交流调速 Ⅳ.①TM921.5

中国版本图书馆CIP数据核字（2013）第136930号

机械工业出版社（北京市百万庄大街22号 邮政编码100037）

策划编辑：孙流芳 责任编辑：孙流芳 罗 莉

版式设计：常天培 责任校对：刘秀丽

责任印制：常天培

北京中科印刷有限公司印刷

2025年1月第3版·第9次印刷

169mm×239mm·12.75印张·255千字

标准书号：ISBN 978-7-111-43040-7

定价：35.00元

凡购本书，如有缺页、倒页、脱页，由本社发行部调换

电话服务 网络服务

服务咨询热线：010-88361066 机 工 官 网：www.cmpbook.com

读者购书热线：010-68326294 机 工 官 博：weibo.com/cmp1952

010-88379203 金 书 网：www.golden-book.com

封面无防伪标均为盗版 教育服务网：www.cmpedu.com

第6届《电气自动化新技术丛书》

编辑委员会成员

《电气自动化新技术丛书》

序 言

科学技术的发展，对于改变社会的生产面貌，推动人类文明向前发展，具有极其重要的意义。电气自动化技术是多种学科的交叉综合，特别在电力电子、微电子及计算机技术迅速发展的今天，电气自动化技术更是日新月异。毫无疑问，电气自动化技术必将在建设“四化”、提高国民经济水平中发挥重要的作用。

为了帮助在经济建设第一线工作的工程技术人员能够及时熟悉和掌握电气自动化领域中的新技术，中国自动化学会电气自动化专业委员会和中国电工技术学会电控系统与装置专业委员会联合成立了《电气自动化新技术丛书》编辑委员会，负责组织编辑《电气自动化新技术丛书》。丛书将由机械工业出版社出版。

本丛书有如下特色：

一、本丛书是专题论著，选题内容新颖，反映电气自动化新技术的成就和应用经验，适应我国经济建设急需。

二、理论联系实际，重点在于指导如何正确运用理论解决实际问题。

三、内容深入浅出，条理清晰，语言通俗，文笔流畅，便于自学。

本丛书以工程技术人员为主要读者，也可供科研人员及大专院校师生参考。

编写出版《电气自动化新技术丛书》，对于我们是一种尝试，难免存在不少问题和缺点，希广大读者给予支持和帮助，并欢迎大家批评指正。

《电气自动化新技术丛书》
编辑委员会

第6届《电气自动化新技术丛书》

编辑委员会的话

自1992年本丛书问世以来，在中国自动化学会电气自动化专业委员会和中国电工技术学会电控系统与装置专业委员会学会领导和广大作者的支持下，在前5届编辑委员会的努力下，至今已发行丛书53种55多万册，受到广大读者的欢迎，对促进我国电气自动化新技术的发展和传播起到了巨大作用。

许多读者来信，表示这套丛书对他们的工作帮助很大，希望我们再接再厉，不断地推出介绍我国电气自动化新技术的丛书。本届编委员决定选择一些大家所关心的新选题，继续组织编写出版，欢迎从事电气自动化研究的学者就新选题积极投稿；同时对受读者欢迎的已经出版的丛书，我们将组织作者进行修订再版，以满足广大读者的需要。为了更加方便读者阅读，我们将对今后新出版的丛书进行改版，扩大了开本。

我们诚恳地希望广大读者来函，提出您的宝贵意见和建议，以使本丛书编写得更好。

在本丛书的出版过程中，得到了中国电工技术学会、天津电气传动设计研究所等单位提供的出版基金支持，在此我们对这些单位再次表示感谢。

第6届《电气自动化新
技术丛书》编辑委员会
2011年10月19日

第3版前言

本书于1998年出版第1版，2005年出版扩大篇幅的第2版，迄今又逾8年，交流调速技术和应用又有明显进展，为了适应客观需要，现再修订为第3版。但鉴于很多问题都已有专著问世，仅就下述比较突出的问题作出增删：

1）第2版第3章“异步电动机转差功率馈送型调速系统——绕线转子异步电动机双馈调速系统”中着重阐述的晶闸管变流串级调速系统现已很少应用，而双馈控制在风力发电中的应用却又发展起来，因此将“串级调速”做较大的删减，并扩充“双馈控制”。但具体的风力发电技术已超出本书范畴，故而仅增加双馈控制特需的“双向PWM变流器”。鉴于“变频调速”已是交流调速系统中发展最快、应用最广的技术，应把它放在全书最显著的地位，所以在第3版中把原第3章拖后放到第8章，而把原第4~7章顺序前移为第3~6章。

2）在第3版第3章中，增加“转速闭环转差频率控制的变压变频调速系统”一节。

3）在第4章中充实加强应用日益广泛的“电压空间矢量PWM（SVPWM）控制技术”一节内容。

4）在第5章中删去仅在理论推导过程中有用的“在两相任意转速旋转坐标系上的数学模型”内容。

5）将原第8、9两章合并为第7章：“异步电动机按动态模型控制的高性能调速系统”，包括矢量控制系统和直接转矩控制系统，并适度加强后者的设计方法方面内容。

6）原第10章改为第9章，鉴于“模型参考自适应系统（MRAS）”技术在无速度传感器调速系统中研究和应用的发展与成就，增设“基于模型参考自适应系统用PI闭环控制构造转速”一节。

7）原第11章改为第10章，并把主要的同步电动机调速系统分为：“直流励磁同步电动机调速系统”（侧重于大功率系统）和“永磁同步电动机调速系统”两大类。

第3版第1、2、3、6、7、9、10章由陈伯时执笔，第4、5、8章由陈敏逊执笔，两人相互审定，全书再由陈伯时统稿。

交流调速技术发展很快，笔者学识有限，工程实践经验不足，且均已届耄耋之年，退休后接触实际的机会更少，因此不深入甚至错误的问题在所难免，敬祈读者鉴谅，欢迎批评指正。

陈伯时　陈敏逊

2013年5月

第2版前言

自从本书第1版于1998年出版以来，交流调速技术又有很大发展，交流调速系统新装置的生产和应用已经大大超过了直流调速系统。为了适应技术发展，满足读者需要，我们着手编写第2版。将第1版共6章扩充修订成第2版的11章，主要修改或增加的内容如下：

（1）在第2章中，增加了变压调速系统在“软起动器”和“轻载减压节能”中的应用。

（2）在第3章中，扩大了“双馈调速系统”的篇幅，增加了“双馈调速的矢量控制”，并适当压缩“串级调速”部分。

（3）原书第4章扩大成现在的第4章4.1、4.2节和第5章，加强对现已广泛应用的电压空间矢量PWM控制变频器的分析与阐述。

（4）增设第6章：中压大容量变频技术，着重介绍“三电平逆变器”和“单元串联式多电平PWM变频器”。

（5）原书第5章扩充改写成三章一节，即4.3节和第7、8、9章。具体是：第7章“异步电动机的动态数学模型和坐标变换”，其中增写了科技论文中普遍采用的“状态方程”；第8章“按转子磁链定向的矢量控制系统”；第9章“异步电动机按定子磁链控制的直接转矩控制系统”，第8、9章的内容均有更新。

（6）增设第10章“无速度传感器的高性能异步电动机调速系统”，这是当前受到普遍重视的调速技术。但现有许多文献只是罗列了各种方法，我们编写时着重研究了它们的基本概念，把所有的无速度传感器控制方法划分成三种类型，对一些基本理论问题也做了分析与澄清。由于这是一个新的尝试，是否恰当，希望读者批评指正。

（7）原第6章“同步电动机调速系统”现改为第11章，并作了一定的扩充。

鉴于本丛书是以工程技术人员为主要读者对象的，再版仍以理论联系实际、深入浅出作为编写方针。有些理论问题，虽然在交流调速的研究工作中常被采用，但目前尚无实际应用，本书亦不予论述。

本书第1、2、4、7~11章由陈伯时执笔，第3、5、6章由陈敏逊执笔，全书由陈伯时统稿。

交流调速技术发展很快，笔者学识有限、工程实践经验不足，遗漏和错误在所难免，殷切期望读者批评指正。

陈伯时　陈敏逊

2005年1月

第1版前言

自20世纪80年代以来，交流调速技术及其应用发展很快，在电气传动领域内，长期被认为是天经地义的“直流传动调速、交流传动不调速”的分工格局已被彻底打破。交流调速系统在风机、水泵等的节能调速，轧钢机、机床、电力机车等的高动态性能调速，石化、纺织、轻工机械等的同步调速和一般性能调速，矿井卷扬机、厚板轧机等的特大容量调速，高速磨头、离心机等的极高转速调速诸方面，已经获得越来越广泛的应用。在这样的形势下，迫切需要系统地、理论联系实际地阐述交流调速系统原理和方法的书籍，以满足广大工程技术人员的需求。

1983年，我们主持了昆明“交流调速系统讲习讨论会”，邀请国内各大学7名教授共同讲授，并编写了讲义，会后由刘竞成教授主编，把讲义整理成《交流调速系统》一书，于1984年由上海交通大学出版社出版，解决了燃眉之急。后由全国高校工业电气自动化专业教学指导委员会定为“推荐教材”。80年代后期，在电力电子和微机控制迅速发展的推动下，交流调速技术又有了很大进展，我们和刘宗富、王正元等教授一起编写了《现代电力电子器件与交流调速》，于1990年6月出版，并由中国自动化学会电气自动化专业委员会等举办研讨会多次，进行宣讲与推广。在上述两本书的基础上，我们又对交流调速系统的规律和体系进行了整理和提高。对于异步电机调速系统，改变了以往仅罗列调速方法的体系，从提高能量转换效率的角度看，归纳成转差功率消耗型、转差功率回馈型和转差功率不变型三种类型，而同步电机没有转差功率，所以只能有转差功率不变型，这样就建立起交流调速系统新的统一体系。按照这一思路，再把交流调速系统和直流调速系统合在一起，编写了《电力拖动自动控制系统》教材，于1992年由机械工业出版社出版。该书出版发行后很受读者欢迎，但受到教材发行政策上的限制，除高等学校预订以外，在市面上不易买到。为此再利用《电气自动化新技术丛书》这块园地，把交流调速系统单独提出来，并吸收近年来技术进步的新内容，重新编写成书，以飨读者。鉴于丛书中已有一些单独介绍某种具体的交流调速的内容，本书把重点放在调速系统的原理和自动控制规律方面，对于具体装置只作概述，以免重复。

本书共分6章。第1章绪论，简述交流调速系统的发展和基本类型，并介绍作为现代交流调速系统物质基础的电力电子技术和微机控制技术的最新进展。第2章讨论异步电机转差功率消耗型的调速系统，着重分析闭环控制的变压调速系统和电磁转差离合器调速系统。第3章分析异步电机转差功率回馈型调速系统，即串级调速系统。第4章首先阐明异步电机变压变频调速的基本原理，然后简述静止式电力电子变频器的特点，其中对目前普遍应用的全控制器件 SPWM 变频器作重点介绍。第 5 章介绍异步电机转差功率不变型的变压变频调速系统，其中重点阐述矢量控制系统，并扼要地介绍直接转矩控制系统。异步电机的多变量数学模型和坐标变换是分析矢量控制的必要工具，但为了节省篇幅，本书只着重说明其概念与应用，而不作过多的公式推导。最后，在第 6 章中分析同步电机的调速系统。本书第 3 章和第 4 章的 4.4 节、4.5 节由陈敏逊执笔，其余章节由陈伯时执笔，全书由陈伯时统稿。

交流调速技术近年来发展很快，几乎达到日新月异的地步，笔者学识有限，很难把所有新技术都全面完整地反映出来，遗漏和错误在所难免，殷切期望读者批评指正。

陈伯时　陈敏逊

目　录

第1章 绪 论

1.1 交流调速系统的发展和应用

直流电气传动和交流电气传动在19世纪先后诞生。在20世纪上半叶，鉴于直流传动具有优越的调速性能，高性能可调速传动大都采用直流电动机，而约占电气传动总功率的80%以上的不变速传动系统则采用交流电动机，这种分工在一段时期内成为一种举世公认的格局。交流调速系统的多种方案虽然早已问世，并已获得实际应用，但其性能却始终无法与直流调速系统相匹敌。直到20世纪60～70年代，随着电力电子技术的发展，实现了采用电力电子变流器的交流传动系统，而大规模集成电路和计算机控制的出现，更使高性能交流调速系统得到发展，交直流传动按调速性能分工的格局终于被打破了。这时，和交流电动机相比，直流电动机的缺点日益显露出来，例如，因具有电刷和换向器而必须经常检查维修，换向火花使它的应用环境受到限制，换向能力限制了直流电动机的功率和转速等。于是，用交流调速传动取代直流调速传动的呼声越来越强烈，交流传动控制系统已经成为电气传动控制的主要发展方向。21世纪初，在全世界调速电气传动产品中，交流传动已占2/3以上，现在更已处于绝对优势的地位。

目前，交流传动系统的应用领域主要有下述三个方面：

1. 一般性能的节能调速和按工艺要求调速

在过去大量的所谓“不变速交流传动”中，风机、水泵等通用机械的电动机功率几乎占工业电气传动总功率的一半，其中有不少场合并不是不需要调速，只是因为过去的交流传动本身不能调速，不得不依赖挡板和阀门来调节送风和供水的流量，因而把许多电能都白白地浪费了。如果改造成交流调速系统，把消耗在挡板和阀门上的能量节省下来，每台风机、水泵平均都可以节约20%～30%的电能，其效果是很可观的。而且风机、水泵对调速范围和动态性能的要求都不高，只要有一般的调速性能就足够了。

许多在工艺上需要调速的生产机械过去多用直流传动，鉴于交流电动机比直流电动机结构简单、成本低廉、工作可靠、维护方便、转动惯量小、效率高，如果改用交流传动，显然能够带来不少的效益，于是一般按工艺要求需要调速的场合也纷纷采用交流调速。

2. 高性能的交流调速系统和伺服系统

由于交流电动机的电磁转矩难以像直流电动机那样与电枢电流成正比地直接控

制，交流调速系统的控制性能在历史上一直赶不上直流调速系统。直到20世纪70年代初发明了矢量控制技术（或称磁场定向控制技术），通过坐标变换，把交流电动机的定子电流分解成转矩分量和励磁分量，分别控制电动机的转矩和磁通，可以获得和直流电动机相仿的高动态性能，才使交流电动机的调速技术取得了突破性的进展。其后，又陆续提出了直接转矩控制、解耦控制等方法，形成了一系列可以和直流调速系统媲美的高性能交流调速系统和交流伺服系统。

3. 特大功率、极高转速的交流调速

直流电动机的换向能力限制了它的功率转速积不能超过10^6kW·r/min，否则其设计与制造就非常困难了。交流电动机没有换向问题，不受这种限制，因此特大功率的电气传动设备（如厚板轧机、矿井卷扬机、巨型电动船舶等电气传动设备），以及极高转速的电气传动设备（如高速磨头、离心机等电气传动设备），都以采用交流调速为宜。

1.2 交流调速系统的基本类型

交流电动机有异步电动机（即感应电动机）和同步电动机两大类，每种电动机又都有不同类型的调速方法。

1.2.1 异步电动机调速系统的基本类型

电机学原理告诉我们，在多相对称绕组中通入多相平衡的交流电流，可产生转速恒定的旋转磁场，其转速称作同步转速n_1。若以f_1表示电源频率，ω_1表示电源角频率，p_n表示电动机极对数，则

$$n_1 = \frac{60f_1}{p_n} = \frac{60\omega_1}{2\pi p_n} \tag{1-1}$$

异步电动机的实际转速n总是低于同步转速n_1的，转速差$n_1 - n$与n_1之比称作转差率s，其表达式为

$$s = \frac{n_1 - n}{n_1} \tag{1-2}$$

或

$$n = (1 - s)n_1 \tag{1-3}$$

显然，人为地改变同步转速n_1或转差率s，都能调节转速。

现有文献中介绍的异步电动机调速方法种类繁多，常见的有：①减电压调速；②绕线转子电动机转子回路串电阻调速；③绕线转子电动机串级调速和双馈电动机调速；④变极对数调速；⑤变压变频调速等。在研究开发阶段，人们从多方面探索调速的途径，因而种类繁多是很自然的。现在交流调速的发展已经比较成熟，为了深入掌握其基本原理，就不能满足于这种表面上的罗列，而要进一步探讨其本质，认识交流调速的基本规律。

按照交流异步电动机的原理，从定子传入转子的电磁功率P_m分成两部分：一

部分 $P_{mech}=(1-s)P_m$ 是拖动负载的有效功率，称作机械功率；另一部分 $P_s=sP_m$ 是传给转子回路的转差功率，与转差率 s 成正比。从能量转换的角度看，转差功率是否增大，是消耗掉还是得到回收，是评价调速系统效率高低的标志。从这点出发，可以把异步电动机的调速系统分成三类：

1. 转差功率消耗型调速系统

这种类型调速系统的全部转差功率都转换成热能而消耗在转子回路中，上述的第①、②两种调速方法都属于这一类。这类调速系统是以转差功率消耗的增加来换取转速的降低（恒转矩负载时），在三类异步电动机调速系统中，这类系统的效率最低，而且越是低速时效率越低。可是相对来说，这类系统的结构简单、设备成本低，所以还有一定的应用场合。

2. 转差功率馈送型调速系统

在这类系统中，除转子铜损耗外，大部分转差功率在转子侧通过变流装置馈出或馈入，转速越低，能馈送的功率越多，上述第③种调速方法属于这一类。无论是馈出还是馈入的转差功率，扣除变流装置本身的损耗后，最终都转化成有用的功率，因此这类系统的效率比上一类的高，但要增加一些设备。

3. 转差功率不变型调速系统

在这类系统中，无论转速高低，转差功率中的转子铜损耗部分基本不变，因此效率更高，前述第④类变极对数、第⑤类变压变频两种调速方法都属于此类。由式（1-1）可知，此类调速方法意味着是调节同步转速。变极对数调速是有级的，应用场合有限。只有变压变频调速应用最广，可以构成高动态性能的交流调速系统，以取代直流调速系统。但在定子回路中须配备与电动机功率相当的变压变频器，和前两类系统相比，设备成本最高。

1.2.2 同步电动机调速系统的基本类型

同步电动机的转速等于同步转速，没有转差，也就没有转差功率，所以同步电动机调速系统只能是转差功率不变型（恒等于零）的，而同步电动机转子极对数又是固定的，因此只能靠变压变频调速，没有像异步电动机那样的多种调速方法。在同步电动机的变压变频调速方法中，从频率控制的方式来看，可分为他控变频调速和自控变频调速两类。后者利用转子磁极位置的检测信号来控制变压变频装置换相，类似于直流电动机中电刷和换向器的作用，因此有时又称作无换向器电动机调速，或无刷直流电动机调速。

开关磁阻电动机是另一种特殊型式的同步电动机，有其独特的比较简单的调速方法，在小功率交流电动机调速系统中很有发展前途。

1.3 现代交流调速的技术基础

早在半个多世纪以前，现在常用的变压、串级、变压变频等主要交流调速方法的基本原理都已经研究清楚，只是当时必须用电磁元件和旋转变流机组来实现，而控制性能又赶不上直流调速，所以长期得不到推广。20 世纪 60～70 年代，有了静止的电力电子变流装置以后，使调速系统逐步减少了设备、缩小了体积、降低了成本、提高了效率、削弱了噪声，才使交流调速系统获得飞跃的发展。

发明矢量控制等高性能调速技术之后，更进一步提高了交流调速系统的静、动态性能，开始时要用模拟电子电路实现这些高性能的控制技术，设计、制造和调试都很麻烦，只有采用微机数字控制之后，用软件实现控制算法，而硬件电路又规范化，降低了成本，提高了可靠性，才形成数字控制的现代交流调速系统。

交流电动机内部的电磁和机电关系比较复杂，具有高阶、非线性、强耦合的数学模型，开始发明矢量控制、直接转矩控制时，还可以从物理概念出发探讨其控制规律，要进一步提高系统的性能，提出更优化的算法，就必须借助于现代的非线性控制、智能控制等理论，并使理论与实际密切结合，才能创造出性能更好、更有实用价值的控制技术。

鉴于现代交流调速系统的复杂性，仅靠数学推导已经不能够很好地完成系统的分析和设计，常常必须采用理论研究和数字仿真相结合的方法进行研究，得出明确结论后，再用计算机辅助设计产生优良的控制系统。

总体来说，现代交流调速系统的技术基础包含以下四个方面：

1）电力电子器件和电力电子变流技术是现代交流调速系统中用弱电控制强电的媒介，它的出现开辟了交流调速传动的新纪元，它的发展与更新又引导着交流调速系统不断前进。

2）大规模集成电路和微处理器是现代交流调速系统中控制器的物质基础，它的发展与成熟是交流调速系统降低成本、提高可靠性的重要因素。

3）控制理论是研究新的交流调速系统必备的理论基础，是提出新控制算法的主要保证，但研究理论必须从系统的实际需要出发，新算法的价值也必须通过实际效果来检验。

4）数字仿真和计算机辅助设计是开发新的交流调速系统的技术手段，通过仿真可以大大提高开发工作的效率和准确性，仿真模型应尽量接近实际系统，体现出系统的物理本质。

第2章 异步电动机转差功率消耗型调速系统

异步电动机变压调速、转子回路串电阻调速都属于转差功率消耗型调速系统。其中，转子回路串电阻调速在控制上只是切换电阻，比较简单，不在本书中叙述。这里着重介绍恒频变压调速系统，并着重分析其闭环控制。

相对来说，转差功率消耗型调速系统的结构最简单，设备成本最低，但它是以增加转差功率的损耗来换取转速的降低（带恒转矩负载时），所以调速范围越大，运行效率越低。这类系统单纯作为调速的应用已越来越少，而变压控制在软起动器和轻载减压节能运行中的应用却较多，本章将专设一节介绍这种应用。

2.1 异步电动机恒频变压调速系统

恒频变压调速是异步电动机调速方法中比较简便的一种。由电气传动原理可知，当异步电动机等效电路的参数不变时，在相同的转速下，电磁转矩 T_e 与定子电压 U_s 的二次方成正比，因此当电源频率恒定时，改变定子外加电压就可以改变机械特性，从而改变电动机在一定负载转矩下的转速。

2.1.1 异步电动机恒频变压调速电路

过去改变异步电动机外加电压的方法多用自耦变压器或带直流磁化绕组的饱和电抗器，自从电力电子技术兴起以后，这些比较笨重的电磁装置就被晶闸管交流调压器取代了。在这种调压器中一般用三对晶闸管反并联或三个双向晶闸管分别串接在三相电路中（见图2-1），用相位控制改变输出电压。主电路联结方式有多种方案，如图2-2a～e所示。

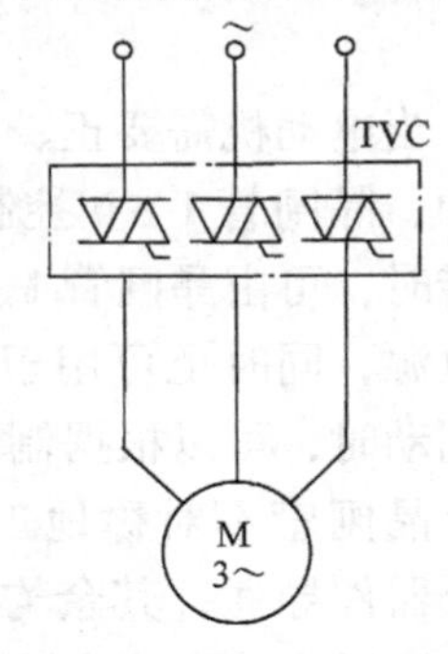

图2-1 利用晶闸管交流调压器变压调速
TVC—双向晶闸管交流调压器

图2-2a所示为绕组Y联结时的三相分支双向控制电路，用三对晶闸管反并联或三个双向晶闸管分别串接在每相绕组上。调压时用相位控制，移相后，输出电压波形已不是正弦波，谐波电流会产生转矩脉动和附加损耗，这是晶闸管调压电路的缺点。在图2-2的各种联结方式中，以图a所示联结方式的谐波分量最少。图b所示联结方式与图a所示联结方式谐波分量相同，只是电动机绕组为△联结，绕组中可通过3次谐波电流，总谐波分量有所增加。图c所示联结方式与图a相似，但在每相中只用一个晶闸管，反向用二极管，可降低成本，但各相波形不对称，奇次、偶次谐波都存在，运行性能更差，只用于小功率装置。图d

所示联结方式只适用于电动机绕组△联结的情况，晶闸管可串在相绕组回路中。图e所示联结方式只用三个晶闸管，比较简单，晶闸管放在绕组后面可减少电网浪涌电压对它的冲击，但因是单向控制，奇次、偶次谐波也都存在，同样只适用于小功率电动机。

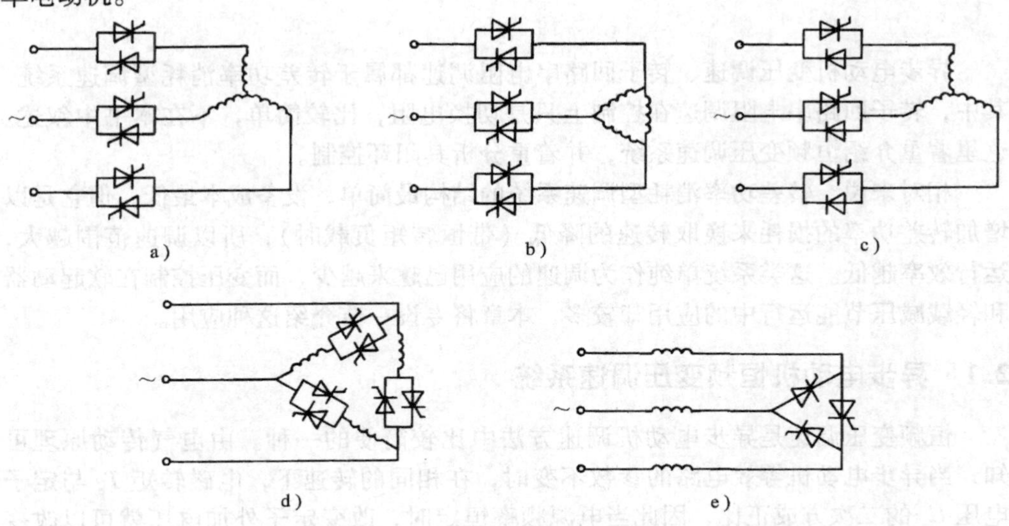

图 2-2　三相交流晶闸管调压器主电路联结方式

a）三相分支双向控制、绕组Y联结　b）三相分支双向控制、绕组△联结

c）三相分支单向控制、绕组Y联结　d）三相△双向控制、绕组△联结

e）三相零点△、单向控制

当电动机需要正、反转运行时，可采用图2-3所示的晶闸管反并联可逆电路，其中，晶闸管1~6控制电动机的正转运行，反转时，可由晶闸管1、4和7~10提供逆相序电源，同时也可用于反接制动。当需要能耗制动时，可以根据制动电路的要求选择某几个晶闸管不对称地工作，例如让1、2、6三个器件导通，其余均关断，就可使定子绕组中流过半波直流电流，对旋转着的电动机转子产生制动作用。必要时，还可以在定子电路中串入电阻，以限制制动电流。

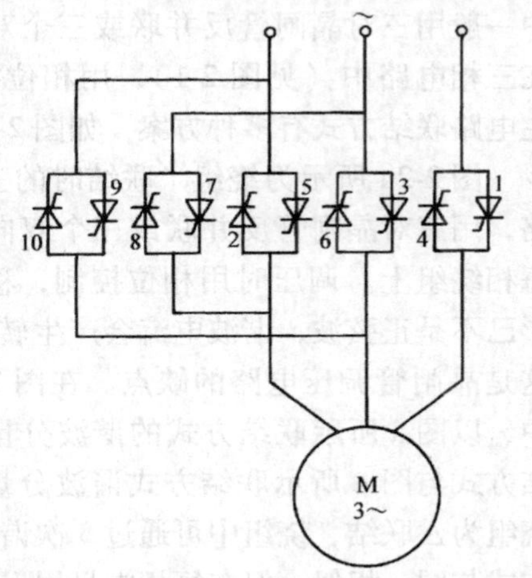

图 2-3　异步电动机正、反转和制动电路

2.1.2　异步电动机改变电压时的机械特性

根据电机学原理，在下述三个假定条件下：①忽略空间和时间谐波；②忽略磁饱和；③忽略铁损耗，异步电动机的稳态等效

电路如图 2-4 所示。

图 2-4 中各参数定义如下：

R_s、R'_r——定子每相电阻和折合到定子侧的转子每相电阻；

L_{ls}、L'_{lr}——定子每相漏感和折合到定子侧的转子每相漏感；

L_m——定子每相绕组产生气隙主磁通的等效电感，即励磁电感；

U_s、ω_1——定子相电压和供电角频率；

s——转差率。

由图 2-4 可以导出

$$I'_r = \frac{U_s}{\sqrt{\left(R_s + C_1 \dfrac{R'_r}{s}\right)^2 + \omega_1^2 (L_{ls} + C_1 L'_{lr})^2}} \tag{2-1}$$

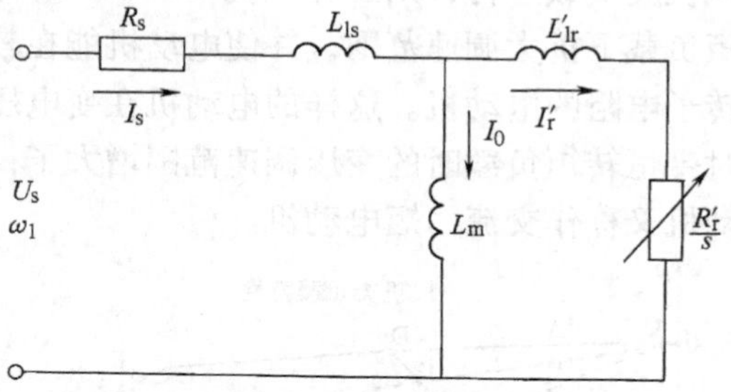

图 2-4　异步电动机的稳态等效电路

式中　$C_1 = 1 + \dfrac{R_s + j\omega_1 L_{ls}}{j\omega_1 L_m} \approx 1 + \dfrac{L_{ls}}{L_m}$

在一般情况下，$L_m >> L_{ls}$，则 $C_1 \approx 1$，相当于将上述第③条假定条件改为“忽略铁损和励磁电流”。这样，电流公式可简化成

$$I_s \approx I'_r = \frac{U_s}{\sqrt{\left(R_s + \dfrac{R'_r}{s}\right)^2 + \omega_1^2 (L_{ls} + L'_{lr})^2}} \tag{2-2}$$

令　电磁功率

$$P_m = 3I'^2_r R'_r / s$$

同步机械角速度

$$\omega_{m1} = \omega_1 / p_n$$

式中　p_n——极对数。

则异步电动机的电磁转矩为

$$T_e = \frac{P_m}{\omega_{m1}} = \frac{3p_n}{\omega_1} I'^2_r \frac{R'_r}{s} = \frac{3p_n U_s^2 R'_r / s}{\omega_1 \left[\left(R_s + \dfrac{R'_r}{s}\right)^2 + \omega_1^2 (L_{ls} + L'_{lr})^2\right]} \tag{2-3}$$

式（2-3）就是异步电动机的机械特性方程式。它表明，当转速或转差率一定时，电磁转矩与定子电压的二次方成正比。这样，异步电动机恒频变压时的机械特性如图 2-5 所示。图中，U_{sN} 表示额定定子电压。

将式（2-3）对 s 求导，并令 $dT_e/ds = 0$，可求出对应于最大转矩时的转差率为

$$s_m = \frac{R'_r}{\sqrt{R_s^2 + \omega_1^2 (L_{ls} + L'_{lr})^2}} \tag{2-4}$$

和最大转矩为

$$T_{emax}=\frac{3p_nU_s^2}{2\omega_1\left[R_s+\sqrt{R_s^2+\omega_1^2(L_{ls}+L_{lr}')^2}\right]} \tag{2-5}$$

由图 2-5 可见，带恒转矩负载 T_L 工作时，普通笼型异步电动机变电压时的稳定工作点为 A、B、C，转差率 s 的变化范围不超过 $0\sim s_m$，调速范围有限。如果带风机类负载运行，则工作点为 D、E、F，调速范围可以稍大一些。为了能在恒转矩负载下扩大调速范围，并使电动机能在较低转速下运行而不致过热，可以采用高转子电阻的电动机。这样的电动机在变电压时的机械特性如图 2-6 所示。显然，这时带恒转矩负载时的变压调速范围增大了，堵转工作时也不致烧坏电动机，这种电动机又称作交流力矩电动机。

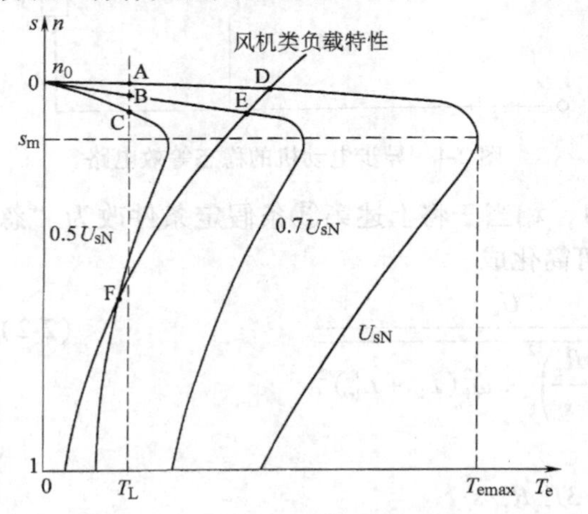

图 2-5　异步电动机恒频变压时的机械特性

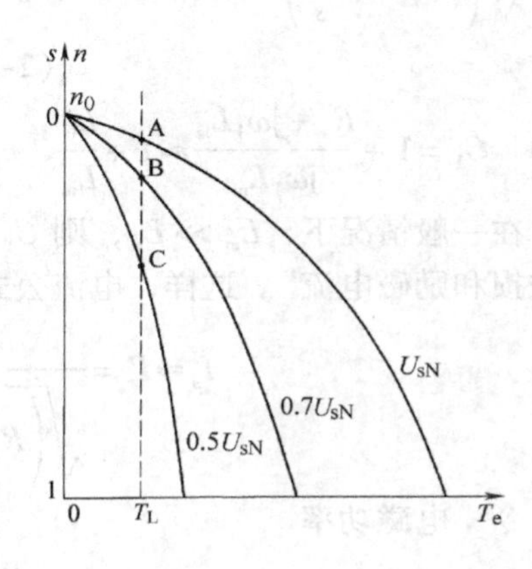

图 2-6　高转子电阻电动机（交流力矩电动机）在不同电压下的机械特性

2.1.3　闭环控制的恒频变压调速系统及其静特性

采用普通异步电动机实行变电压调速时，调速范围很窄，若用高转子电阻的力矩电动机，可以增大调速范围，但机械特性又变软，负载变化时的静差率很大（见图 2-6），开环控制很难解决这个矛盾。为此，对于恒转矩性质的负载，要求调速范围 D 大于 2 时，往往须采用带转速负反馈的闭环控制系统（见图 2-7a）。

图 2-7b 所示是闭环控制恒频变压调速系统的静特性。当系统带负载 T_L 在 A 点运行时，如果负载增大引起转速下降，反馈控制作用能提高定子电压，从而在右边一条机械特性上找到新的工作点 A′。同理，当负载降低时，会在左边一条特性上得到定子电压低一些的工作点 A″。按照反馈控制规律，将 A″、A、A′连接起来便是闭环系统的静态特性。尽管异步电动机的开环机械特性和直流电动机的开环特性差别很大，但是在不同电压下的开环机械特性上各取一个相应的工作点，连接起来

便得到闭环系统静特性。这样的分析方法对两种电动机的闭环系统是完全一致的。尽管异步力矩电动机的机械特性很软，但由系统放大系数决定的闭环系统静特性却可以很硬。如果采用比例积分（PI）调节器，照样可以做到无静差。改变给定信号 U_n^*，可使静态特性平行地上下移动，达到调速的目的。

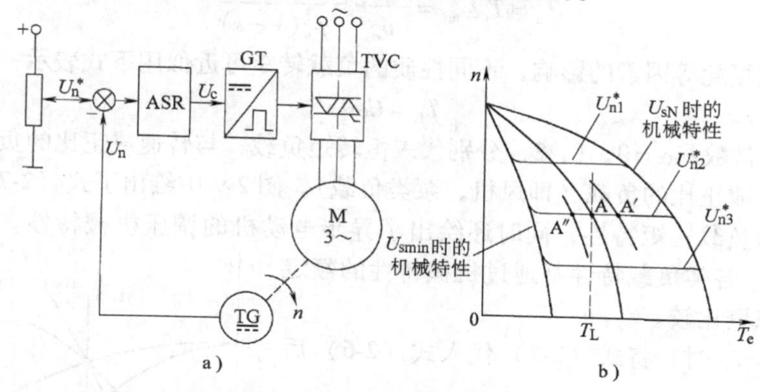

图 2-7　带转速负反馈闭环控制的恒频变压调速系统

a）原理图　b）静特性

异步电动机闭环变压调速系统不同于直流电动机闭环变压调速系统的地方是：静态特性的左右两边都有极限，不能无限延长，右边重载时以额定电压 U_{sN} 下的机械特性为限，左边轻载时以最低电压 U_{smin} 下的机械特性为限。当负载变化时，如果电压调节到极限值，闭环系统便失去控制能力，系统的工作点只能沿着极限开环特性变化。

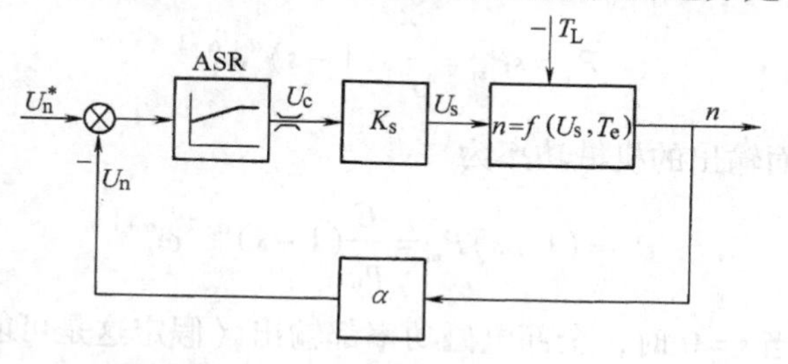

图 2-8　异步电动机闭环恒频变压调速系统的静态结构框图

根据图 2-7a 所示的原理图，可以画出调速系统的静态结构框图，如图 2-8 所示。图中，$K_s = U_s/U_c$ 为晶闸管交流调压器和触发装置的放大系数；α 为转速反馈系数，$\alpha = U_n/n$；转速调节器 ASR 采用 PI 调节器；$n = f(U_s, T_e)$ 是式（2-3）所表达的异步电动机机械特性方程式，它是一个非线性函数。

稳态时，$U_n^* = U_n = \alpha n$，$T_e = T_L$，根据负载所需的 n 和 T_L，可由式（2-3）计算出需要调节的 U_s 值以及相应的 U_c 值。

2.2　异步电动机恒频变压调速时的转差功率损耗分析

异步电动机恒频变压调速属于转差功率消耗型的调速系统，究竟要消耗掉多少转差功率是决定这类调速系统工作性能的重要因素。分析表明，转差功率损耗与系统的调速范围和所带负载的性质都有密切的关系。

根据电机学原理，异步电动机的电磁功率［见式（2-3）］为

$$P_{m}=T_{e}\omega_{m1}=\frac{T_{e}\omega_{1}}{p_{n}}=\frac{T_{e}\omega}{p_{n}(1-s)} \tag{2-6}$$

若忽略机械损耗等因素的影响，不同性质的负载转矩可近似用下式表示：

$$T_{L}=C\omega^{\alpha} \tag{2-7}$$

式中，C 为常数；$\alpha=0$、1、2，分别代表恒转矩负载、与转速成正比的负载、与转速的二次方成正比的负载（即风机、泵类负载）。图 2-9 中绘出了式（2-7）所表示的不同类型负载转矩特性，同时还绘出了异步电动机的调压机械特性。图中，当 $U_{s}=U_{sN}$时，各类负载特性都通过机械特性的额定工作点，以资比较。

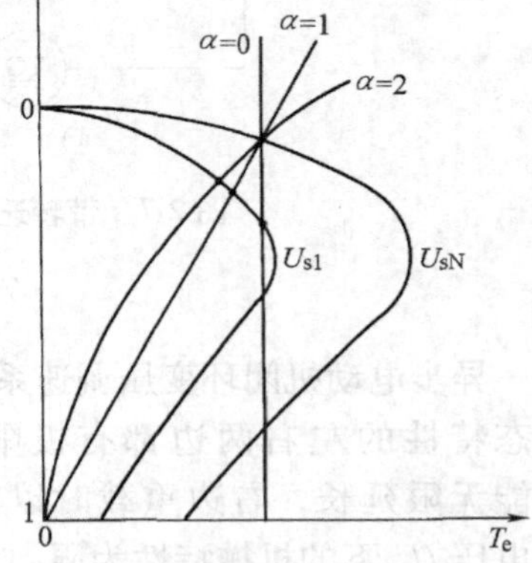

图 2-9　不同类型的负载转矩特性和异步电动机的调压机械特性

当 $T_{e}=T_{L}$ 时，将式（2-7）代入式（2-6）后得

$$P_{m}=\frac{C\omega^{\alpha+1}}{p_{n}(1-s)}=\frac{C}{p_{n}}(1-s)^{\alpha}\omega_{1}^{\alpha+1}$$

于是，转差功率为

$$P_{s}=sP_{m}=\frac{C}{p_{n}}s(1-s)^{\alpha}\omega_{1}^{\alpha+1}$$

而输出的机械功率为

$$P_{2}\approx(1-s)P_{m}=\frac{C}{p_{n}}(1-s)^{\alpha+1}\omega_{1}^{\alpha+1}$$

当 $s=0$ 时，全部电磁功率都输出（假定这是可能的），这时输出功率最大，为

$$P_{2\max}=\frac{C}{p_{n}}\omega_{1}^{\alpha+1}$$

以 $P_{2\max}$为基准值，定义转差功率损耗系数为 σ，则

$$\sigma=\frac{P_{s}}{P_{2\max}}=s(1-s)^{\alpha} \tag{2-8}$$

转差功率损耗系数 σ 就是标志转差功率损耗大小的指标。按式（2-8），可绘出不同类型负载的 σ 与转差率 s 的关系曲线，如图 2-10 所示。

图 2-10 表明，对于恒转矩负载，$\alpha=0$，转差功率损耗系数 σ 与 s 成正比，调速越深，损耗越大。当 $\alpha=1$ 或 $\alpha=2$ 时，在 $s=0$ 和 $s=1$ 处都有 $\sigma=0$，而在当中的某一个 s 值时，σ 为最大。为了求出此最大值 $\sigma_{\max}$，将式（2-8）对 s 求导，并令此导数等于零，则

$$\frac{d\sigma}{ds}=(1-s)^{\alpha}-\alpha s(1-s)^{\alpha-1}=(1-s)^{\alpha-1}[1-(1+\alpha)s]=0$$

对应于σ_{max}的转差率为

$$s_m=\frac{1}{1+\alpha} \tag{2-9}$$

将式（2-9）代入式（2-8），则最大转差功率损耗系数为

$$\sigma_{max}=\frac{\alpha^{\alpha}}{(1+\alpha)^{\alpha+1}} \tag{2-10}$$

当$\alpha=1$和2时，由式（2-9）和式（2-10）可计算出不同类型负载下的s_m和σ_{max}值，见表2-1。当$\alpha=0$时，式（2-10）为不定式，可由式（2-8）和式（2-9）求极限计算s_m和σ_{max}值。

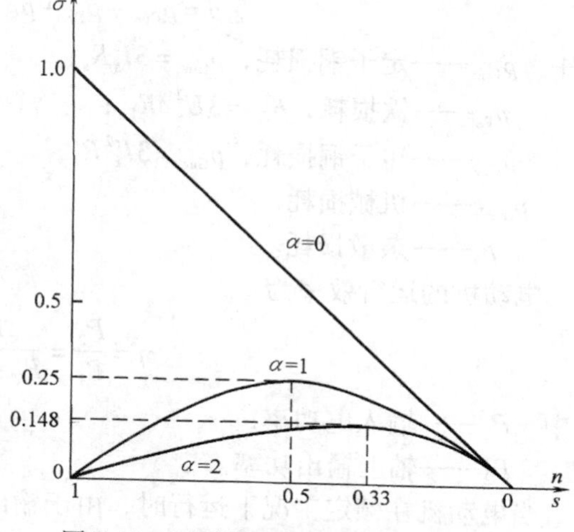

图2-10　不同类型负载时转差功率损耗系数与转差率的关系曲线

表2-1　不同类型负载时的s_m和σ_{max}值

α	0	1	2
s_m	1	0.5	0.33
σ_{max}	1	0.25	0.148

根据上述分析和计算，可归纳出以下的结论：

1）对于恒转矩负载（$\alpha=0$），σ和s成正比，转速越低，转差功率损耗越大，这时恒频变压调速的异步电动机不宜长期在低速下工作。

2）对于转矩与转速成正比的负载（$\alpha=1$），当$s=0.5$时，转差功率损耗系数最大，其值为$\sigma_{max}=0.25$。

3）对于风机、泵类负载（$\alpha=2$），当$s=0.33$时，最大的转差功率损耗系数也只有0.148，在整个$s=0\sim1$区间，σ值都较小，因此恒频变压调速对风机、泵类负载是比较适宜的。

2.3　变压控制在软起动器和轻载减压节能运行中的应用

由于变频调速的迅猛发展，变频器产品物美价廉，异步电动机的变压调速系统的应用已经越来越少了。而变压控制在轻载减压节能运行和大功率电动机抑制起动电流的软起动器中还有广泛的应用，本节主要介绍它们的基本原理，关于其运行中的一些具体问题可参阅有关参考文献［9，10］。

2.3.1 轻载减压节能运行

三相异步电动机运行时的总损耗$\sum p$可用下式表达：

$$\sum p = p_{\mathrm{Cus}} + p_{\mathrm{Fe}} + p_{\mathrm{Cur}} + p_{\mathrm{mech}} + p_{\mathrm{s}} \tag{2-11}$$

式中 p_{Cus}——定子铜损耗，$p_{\mathrm{Cus}} = 3I_{\mathrm{s}}^2 R_{\mathrm{s}}$；

p_{Fe}——铁损耗，$p_{\mathrm{Fe}} = 3U_{\mathrm{s}}^2 / R_{\mathrm{Fe}}$；

p_{Cur}——转子铜损耗，$p_{\mathrm{Cur}} = 3I_{\mathrm{r}}'^2 R_{\mathrm{r}}'$；

p_{mech}——机械损耗；

p_{s}——杂散损耗。

电动机的运行效率为

$$\eta = \frac{P_2}{P_1} = \frac{P_2}{P_2 + \sum p} \tag{2-12}$$

式中 P_1——输入电功率；

P_2——轴上输出功率。

当电动机在额定工况下运行时，由于输出功率大，总损耗只占很小的分量，所以效率较高，一般可达75%～95%，最大效率发生在（0.7～1.1）$P_{2\mathrm{N}}$的范围内。电动机功率越大，η_{N}越高。

完全空载时，理论上$P_2 = 0$，则$\eta = 0$。但实际上，生产机械总有一些摩擦负载，只能算作轻载，这时电磁转矩很小。电磁转矩可表示成

$$T_{\mathrm{e}} = K_{\mathrm{T}} \Phi_{\mathrm{m}} I_{\mathrm{r}}' \cos\varphi_{\mathrm{r}} \tag{2-13}$$

电动机在正常运行时，气隙磁通Φ_{m}基本不变，虽然轻载时，转子电流I_{r}'很小，p_{Cur}很小，但p_{Fe}、p_{mech}、p_{s}基本不变，而定子电流为

$$\dot{I}_{\mathrm{s}} = \dot{I}_{\mathrm{r}}' + \dot{I}_0 \tag{2-14}$$

受到励磁电流I_0基本不变的牵制，定子电流并没有像转子电流那样降低得那么多。总之，轻载时，在式（2-12）分母中，Σp所占的分量较大，效率η将急剧降低。如果电动机长期轻载运行，将无谓地消耗许多电能。

由上述分析可知，为了减少轻载时的能量损耗，关键是要降低气隙磁通Φ_{m}，这时铁损耗p_{Fe}和励磁电流I_0可同时降低，使总损耗Σp降低，效率η就可以提高，减低定子电压可以达到这一目的。但是，如果过分减低定子电压和气隙磁通，由式（2-13）的转矩公式可知，转子电流I_{r}'必然增大，则定子电流I_{s}反而可能增加（见式2-14），铁损耗的降低将被铜损耗的增加填补，效率就不一定能提高了。如图2-11所示，当负载转矩一定时，轻载减压节能有一个最佳电压值，此时效率最高，这样的$\eta = f(U_{\mathrm{s}})$曲线可由试验取得。

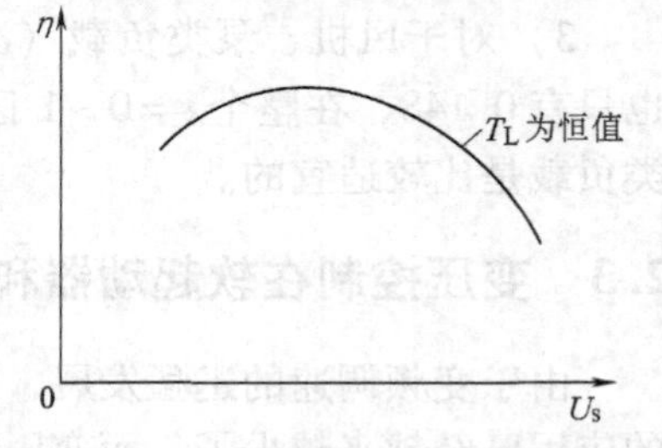

图2-11 轻载减压节能的效率曲线与最佳电压值（T_{L}＝恒值时）

2.3.2 软起动器

常用的三相异步电动机结构简单，价格便宜，性能良好，运行可靠。对于小功率电动机，只要供电网络和变压器的容量足够大（一般要求比电动机功率大4倍以上），而供电线路并不太长（起动电流造成的瞬时电压降落低于10%~15%），可以直接通电起动，操作很简便。对于功率大一些的电动机，问题就不这么简单了。

前面在式（2-2）和式（2-3）中已导出异步电动机的电流和转矩方程式，现在再写在下面：

$$I_s \approx I'_r = \frac{U_s}{\sqrt{\left(R_s + \frac{R'_r}{s}\right)^2 + \omega_1^2 (L_{ls} + L'_{lr})^2}} \tag{2-2}$$

$$T_e = \frac{3p_n U_s^2 R'_r / s}{\omega_1 \left[\left(R_s + \frac{R'_r}{s}\right)^2 + \omega_1^2 (L_{ls} + L'_{lr})^2\right]} \tag{2-3}$$

起动时，$s=1$，因此起动电流和起动转矩分别为

$$I_{sst} \approx I'_{rst} = \frac{U_s}{\sqrt{(R_s + R'_r)^2 + \omega_1^2 (L_{ls} + L'_{lr})^2}} \tag{2-15}$$

$$T_{est} = \frac{3p_n U_s^2 R'_r}{\omega_1 [(R_s + R'_r)^2 + \omega_1^2 (L_{ls} + L'_{lr})^2]} \tag{2-16}$$

由上述表达式不难看出，在一般情况下，三相异步电动机的起动电流比较大，而起动转矩并不大。对于一般的笼型异步电动机，起动电流和起动转矩等于其额定值的倍数大约为

起动电流倍数

$$K_I = \frac{I_{sst}}{I_{sN}} = 4 \sim 7$$

起动转矩倍数

$$K_T = \frac{T_{est}}{T_{eN}} = 0.9 \sim 1.3$$

中、大功率电动机的起动电流大，会使电网压降过大，影响其他用电设备的正常运行，甚至使该电动机本身根本起动不起来。这时，必须采取措施来减小其起动电流，常用的办法是减压起动。

由式（2-15）可知，当电压减低时，起动电流将随电压成正比地减小，从而可以避开起动电流冲击的高峰。但是，式（2-16）又表明，起动转矩与电压的二次方成正比，起动转矩的减小将比起动电流的减小更厉害，减压起动时，会出现起动转

矩够不够的问题。为了避免这个麻烦，减压起动只适用于中、大功率电动机空载（或轻载）起动的场合。

传统的减压起动方法有星-三角（Y-Δ）起动、定子回路串电阻或电抗起动、自耦变压器（又称起动补偿器）减压起动等。它们都是一级减压起动，起动过程中电流有两次冲击，其幅值都比直接起动电流低，而起动过程时间略长，如图 2-12 所示。

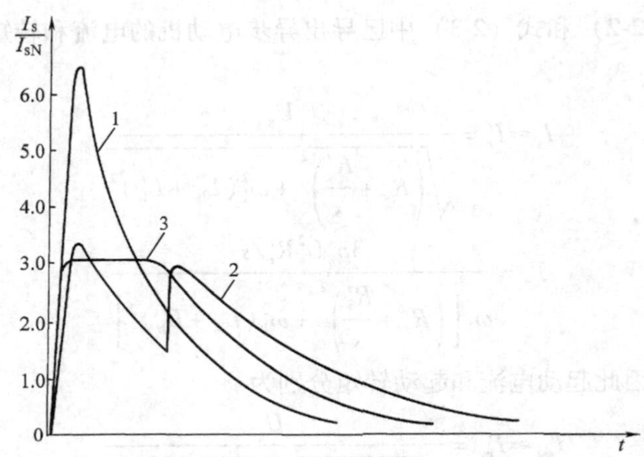

图 2-12　异步电动机的起动过程与电流冲击

1—直接起动　2— 一级减压起动　3—软起动器

现代带电流闭环的电子控制软起动器可以限制起动电流并保持恒值，直到转速升高后电流自动衰减下来（见图 2-12 中曲线 3），起动时间也短于一级减压起动。主电路采用晶闸管交流调压器，用电流反馈控制使输出电压连续地改变来保证恒流起动。稳定运行时可用接触器给晶闸管旁路，以免晶闸管不必要地长期工作。视起动时所带负载的大小，起动电流可在 $(0.5 \sim 4) I_{sN}$ 之间调整，以获得最佳的起动效果，但无论如何调整，都不宜用于满载起动。负载略重或静摩擦转矩较大时，可在起动时突加短时的脉冲电流，以缩短起动时间。

软起动的功能同样也可以用于制动，用以实现软停车。

第 3 章　异步电动机变压变频调速原理和按稳态模型控制的转差功率不变型调速系统

在各种异步电动机调速系统中，调速性能最好而且现在应用最广的系统是变压变频调速系统。在这种系统中，要调节电动机的转速，须同时调节定子供电电源的电压和频率，使机械特性平滑地上下移动，而转差功率不变，调速时不致增加转差功率的消耗，因此可以获得很高的运行效率。但作为这种系统的供电电源，需要一台专用的变压变频电源装置，因而增加了系统的成本，不过由于交流调速已日益普及，对变压变频器的需求量不断增长，加上市场竞争的因素，其售价已逐渐走低。从第 3 章到第 7 章，本书将重点论述这一类系统，本章首先阐明异步电动机变压变频调速的基本原理和按稳态模型控制的转差功率不变型调速系统。

3.1　异步电动机变压变频调速的基本控制方式

在进行电动机调速时，常须考虑的一个重要因素就是：希望保持电动机中每极磁通量 Φ_m 为额定值不变。如果磁通太弱，没有充分利用电动机的铁心，是一种浪费；如果过分增大磁通，又会使铁心饱和，从而导致过大的励磁电流，严重时会因绕组过热而损坏电动机。对于直流电动机，励磁系统是独立的，只要对电枢反应有恰当的补偿，保持 Φ_m 不变是很容易做到的。在交流异步电动机中，磁通是由定子和转子磁动势合成产生的，要保持磁通恒定就比较费事了。

我们知道，三相异步电动机定子每相电动势的有效值是

$$E_g = 4.44 f_1 N_s k_{Ns} \Phi_m \tag{3-1}$$

式中　E_g——气隙磁通在定子每相中感应电动势的有效值（V）；

f_1——定子频率（Hz）；

N_s——定子每相绕组串联匝数；

k_{Ns}——定子基波绕组系数；

Φ_m——每极气隙磁通量（Wb）。

由式（3-1）可知，只要控制好电动势 E_g 和频率 f_1，便可达到控制磁通 Φ_m 的目的，对此，需要考虑基频（额定频率）以下和基频以上两种情况。

3.1.1　基频以下调速

由式（3-1）可知，要保持 Φ_m 不变，当频率 f_1 从额定值 f_{1N} 向下调节时，必须同时降低电动势 E_g，使

$$\frac{E_g}{f_1} = \text{常值} \tag{3-2}$$

即采用电动势频率比为恒值的控制方式。

然而，绕组中的感应电动势是难以直接控制的，当电动势值较高时，可以忽略定子绕组的漏磁阻抗压降，而认为定子相电压 $U_s \approx E_g$，则得

$$\frac{U_s}{f_1} = \text{常值} \tag{3-3}$$

这是恒压频比的控制方式。

低频时，U_s 和 E_g 都较小，定子漏磁阻抗压降所占的分量比较显著，不能再忽略。这时，可以人为地把电压 U_s 抬高一些，以便近似地补偿定子压降。带定子压降补偿的恒压频比控制特性如图 3-1 的特性 2 所示，无补偿的控制特性则如特性 1 所示。

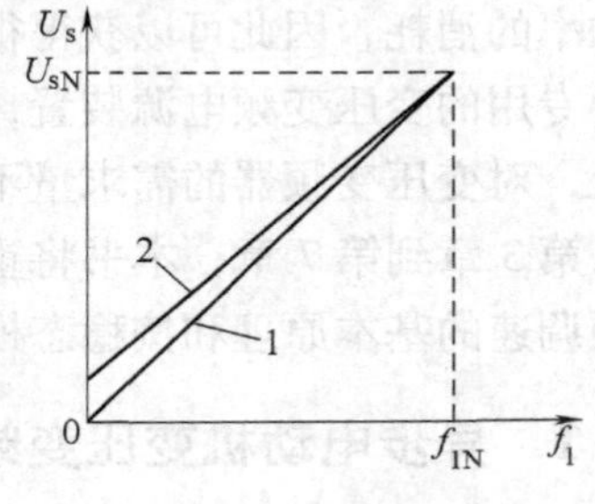

在实际应用中，由于负载大小不同，需要补偿的定子压降值也不一样，在控制软件中，须备有不同斜率的补偿特性，以便用户选择。

图 3-1　恒压频比控制特性

1—无补偿　2—带定子压降补偿

3.1.2　基频以上调速

在基频以上调速时，频率应该从 f_{1N} 向上升高，但定子电压 U_s 却不可能超过额定电压 U_{sN}，最多只能保持 $U_s = U_{sN}$，这将迫使磁通与频率成反比地降低，相当于直流电动机弱磁升速的情况。

把基频以下和基频以上两种情况的控制特性画在一起，如图 3-2 所示。如果电动机在不同转速时所带的负载都能使电流达到额定值，即都能使电动机在允许温升下长期运行，则转矩基本上随磁通变化。按照电气传动原理，在基频以下，磁通恒定时，电动机允许转矩也恒定，属于“恒转矩调速”性质；而在基频以上，转速升高时，电动机允许转矩降低，基本上属于“恒功率调速”性质。

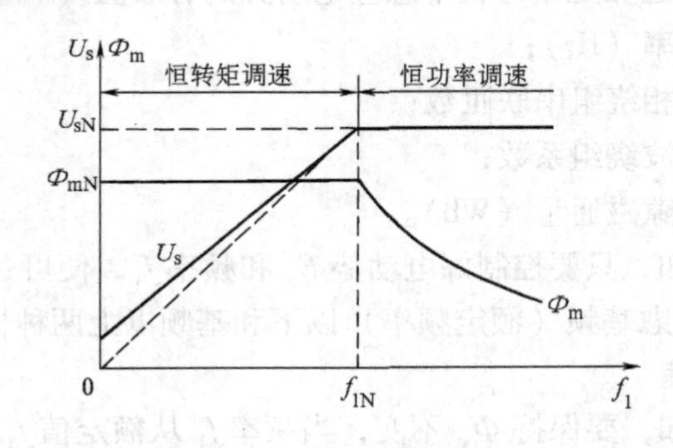

图 3-2　异步电动机变压变频调速的控制特性

3.2 异步电动机电压-频率协调控制时的稳态特性

3.2.1 异步电动机的稳态等效电路和感应电动势

第2章图2-4已给出异步电动机的稳态等效电路，现将它再画在图3-3中，并标明不同磁通时所对应的感应电动势，其意义如下：

E_g——气隙磁通（定转子互感磁通）Φ_m 在定子每相绕组中的感应电动势；

E_s——定子全磁通 Φ_{sm} 在定子每相绕组中的感应电动势；

E_r——转子全磁通 Φ_{rm} 在转子绕组中的感应电动势（折合到定子侧）。

式（3-1）已给出气隙磁通的感应电动势，再写在下面：

$$E_g = 4.44 f_1 N_s k_{Ns} \Phi_m$$

同样

$$E_s = 4.44 f_1 N_s k_{Ns} \Phi_{sm} \quad (3-4)$$

$$E_r = 4.44 f_1 N_s k_{Ns} \Phi_{rm} \quad (3-5)$$

在恒压频比控制中，这些在等效电路不同位置的感应电动势对应着不同的主磁通。

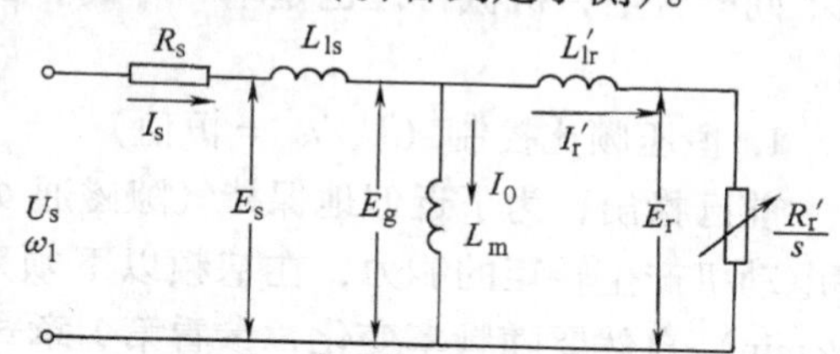

图3-3 异步电动机的稳态等效电路和感应电动势

3.2.2 恒压恒频正弦波供电时异步电动机的机械特性

异步电动机正常工作时，定子由恒压恒频的正弦波电源供电，这时的机械特性方程式 $T_e = f(s)$ 已由第2章式（2-3）给出，由于定子电压 U_s 和电源角频率 ω_1 均为恒值，可以改写成如下形式：

$$T_e = 3p_n \left(\frac{U_s}{\omega_1}\right)^2 \frac{s\omega_1 R'_r}{(sR_s + R'_r)^2 + s^2\omega_1^2 (L_{ls} + L'_{lr})^2} \quad (3-6)$$

当 s 很小时，可忽略上式分母中含 s 的各项，则

$$T_e \approx 3p_n \left(\frac{U_s}{\omega_1}\right)^2 \frac{s\omega_1}{R'_r} \propto s \quad (3-7)$$

也就是说，当 s 很小时，转矩近似与 s 成正比，机械特性 $T_e = f(s)$ 是一段直线，如图3-4中特性曲线的上半段所示。

当 s 接近于1时，可忽略式（3-6）中分母第一个括号内的 R'_r，则

$$T_e \approx 3p_n \left(\frac{U_s}{\omega_1}\right)^2 \frac{\omega_1 R'_r}{s[R_s^2 + \omega_1^2 (L_{ls} + L'_{lr})^2]} \propto \frac{1}{s} \quad (3-8)$$

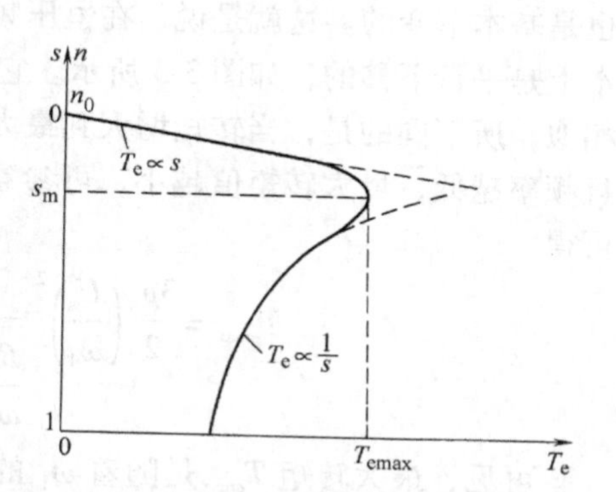

图3-4 恒压恒频时异步电动机的机械特性

即 s 接近于 1 时转矩近似与 s 成反比，这时 $T_e = f(s)$ 是对称于原点的一段双曲线，如图 3-4 中特性的下半段所示。

当 s 为以上两段的中间数值时，机械特性从直线段逐渐过渡到双曲线段，如图 3-4 所示。

3.2.3 基频以下电压-频率协调控制时的机械特性

由式（3-6）的机械特性方程式可以看出，当负载要求一组转矩 T_e 和转速 n（或转差率 s）的某一对数值时，电压 U_s 和频率 ω_1 可以有多种配合。在 U_s 和 ω_1 的不同配合下，机械特性也是不一样的，因此可以有不同方式的电压-频率协调控制。

1. 恒压频比控制（U_s/ω_1 = 恒值）

前已指出，为了近似地保持气隙磁通 Φ_m 不变，以便充分利用电动机铁心，发挥电动机产生转矩的能力，在基频以下须采用恒压频比控制。这时，同步转速 n_1（r/min）自然要随频率变化，参看第 1 章式（1-1），重写如下：

$$n_1 = \frac{60f_1}{p_n} = \frac{60\omega_1}{2\pi p_n} \tag{1-1}$$

带负载时，转速降落 Δn 为

$$\Delta n = sn_1 = \frac{60}{2\pi p_n} s\omega_1 \tag{3-9}$$

在式（3-7）所示的机械特性近似直线段上，可以导出

$$s\omega_1 \approx \frac{R_r' T_e}{3p_n\left(\dfrac{U_s}{\omega_1}\right)^2} \tag{3-10}$$

由此可见，当 U_s/ω_1 为恒值时，对于同一转矩 T_e 值，$s\omega_1$ 基本不变，因而 Δn 也是基本不变的。这就是说，在恒压频比的条件下，改变频率 ω_1 时，机械特性基本上是平行下移的，如图 3-5 所示。它们和他励直流电动机变压调速时的情况基本相似，所不同的是，当转矩增大到最大值以后，转速再降低，特性就折回来了。而且频率越低，最大转矩值越小，可参看第 2 章式（2-5）。对式（2-5）稍加整理后可得

$$T_{emax} = \frac{3p_n}{2}\left(\frac{U_s}{\omega_1}\right)^2 \frac{1}{\dfrac{R_s}{\omega_1} + \sqrt{\left(\dfrac{R_s}{\omega_1}\right)^2 + (L_{ls} + L_{lr}')^2}} \tag{3-11}$$

可见，最大转矩 T_{emax} 是随着 ω_1 的降低而减小的。频率很低时，T_{emax} 太小，将限制电动机的带载能力。若采用定子压降补偿，适当地提高电压 U_s，可以增强带载能力，如图 3-5 所示。

2. 恒 E_s/ω_1 控制或恒定子磁通 Φ_{sm} 控制

如果在基频以下的电压-频率协调控制中，在 U_s/ω_1 = 恒值的恒压频比控制基础上，适当提高电压 U_s 的数值，使它恰好克服定子电阻压降，维持 E_s/ω_1 为恒值（见图 3-3），则由式（3-4）可知，无论频率高低，每极定子磁通 Φ_{sm} 均为常值。

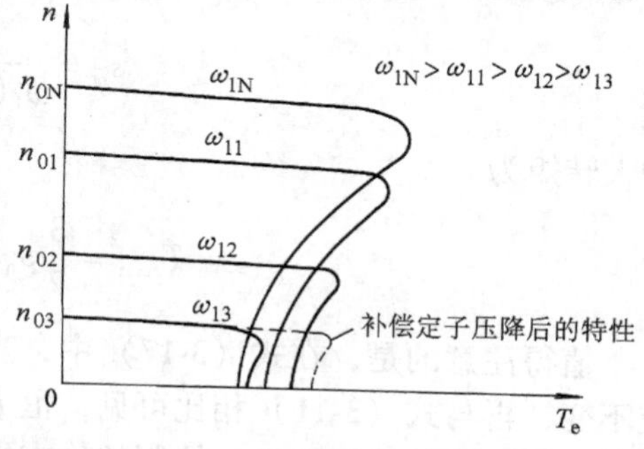

图 3-5　恒压频比控制时变频调速的机械特性

忽略励磁电流 I_0 时，由图 3-3 所示的等效电路可得转子电流幅值为

$$I_r'=\frac{E_s}{\sqrt{\left(\frac{R_r'}{s}\right)^2+\omega_1^2(L_{ls}+L_{lr}')^2}} \tag{3-12}$$

将其代入电磁转矩关系式，得

$$T_e=\frac{3p_n}{\omega_1}\cdot\frac{E_s^2}{\left(\frac{R_r'}{s}\right)^2+\omega_1^2(L_{ls}+L_{lr}')^2}\cdot\frac{R_r'}{s}=3p_n\left(\frac{E_s}{\omega_1}\right)^2\frac{s\omega_1R_r'}{R_r'^2+s^2\omega_1^2(L_{ls}+L_{lr}')^2} \tag{3-13}$$

这就是恒 E_s/ω_1 或恒 Φ_{sm} 控制时的机械特性方程式。

利用与前述相似的分析方法，当 s 很小时，可忽略式（3-13）分母中含 s 项，则

$$T_e\approx3p_n\left(\frac{E_s}{\omega_1}\right)^2\frac{s\omega_1}{R_r'}\propto s \tag{3-14}$$

这表明机械特性的这一段仍近似为一条直线。当 s 接近于 1 时，可忽略式（3-13）分母中的 $R_r'^2$ 项，则

$$T_e\approx3p_n\left(\frac{E_s}{\omega_1}\right)^2\frac{R_r'}{s\omega_1(L_{ls}+L_{lr}')^2}\propto\frac{1}{s} \tag{3-15}$$

这又是一段双曲线。s 值为上述两段的中间值时，机械特性在直线和双曲线之间逐渐过渡，整条特性与恒压频比特性相似，图 3-6 中给出了不同控制方式时的机械特性。其中，特性曲线 1 是恒 U_s/ω_1 控制特性，特性曲线 2 是恒 E_s/ω_1 控制特性。

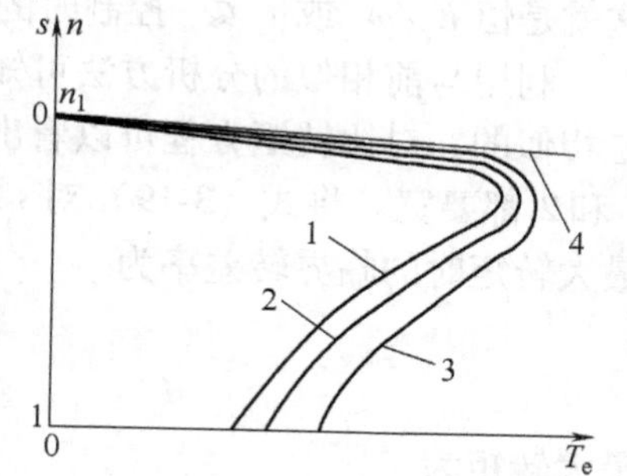

图 3-6　异步电动机在不同电压-频率协调控制方式时的机械特性

1—恒 U_s/ω_1 控制　2—恒 E_s/ω_1 控制
3—恒 E_g/ω_1 控制　4—恒 E_r/ω_1 控制

对比式（3-6）和式（3-13）可以看出，恒 E_s/ω_1 特性分母中含 s 项的参数要小于恒 U_s/ω_1 特性中的同类项，也就是说，s 值要更大一些才能使该项占有显著的分量，从而不能被忽略，因此恒 E_s/ω_1 特性的线性段范围更宽。

将式（3-13）对 s 求导，令 $\mathrm{d}T_e/\mathrm{d}s=0$，可得恒 E_s/ω_1 控制特性在最大转矩时的临界转差率为

$$s_m=\frac{R_r'}{\omega_1(L_{ls}+L_{lr}')} \tag{3-16}$$

最大转矩为

$$T_{emax}=\frac{3}{2}p_n\left(\frac{E_s}{\omega_1}\right)^2\frac{1}{L_{ls}+L_{lr}'} \tag{3-17}$$

值得注意的是，在式（3-17）中，当频率变化时，按恒 E_s/ω_1 控制的 T_{emax} 值恒定不变，再与式（3-11）相比可见，恒 E_s/ω_1 控制的最大转矩大于恒 U_s/ω_1 控制时的最大转矩，可见恒 E_s/ω_1 控制的稳态性能是优于恒 U_s/ω_1 控制的。

3. 恒 E_g/ω_1 控制或恒气隙磁通 Φ_m 控制

如果在电压-频率协调控制中，再进一步提高电压 U_s 的数值，使它在克服定子电阻压降再加上电抗压降以后，能够维持 E_g/ω_1 为恒值，则由式（3-1）可知，无论频率高低，每极气隙磁通 Φ_m 均为常值。此时忽略 I_0 后的转子电流幅值为

$$I_r'=\frac{E_g}{\sqrt{\left(\frac{R_r'}{s}\right)^2+\omega_1{}^2L_{lr}'^2}} \tag{3-18}$$

将其代入电磁转矩关系式，得

$$T_e=\frac{3p_n}{\omega_1}\cdot\frac{E_g^2}{\left(\frac{R_r'}{s}\right)^2+\omega_1^2L_{lr}'^2}\cdot\frac{R_r'}{s}=3p_n\left(\frac{E_g}{\omega_1}\right)^2\frac{s\omega_1R_r'}{R_r'^2+s^2\omega_1^2L_{lr}'^2} \tag{3-19}$$

这就是恒 E_g/ω_1 或恒 Φ_m 控制时的机械特性方程式，在图 3-6 中为特性曲线 3。

利用与前相似的分析方法可知，特性曲线 3 与恒压频比的特性曲线 1 的形状也是相似的，对比转矩方程可以看出，恒 E_g/ω_1 特性曲线 3 的线性段范围比特性曲线 1 和 2 都要宽。将式（3-19）对 s 求导，并令 $\mathrm{d}T_e/\mathrm{d}s=0$，可得恒 E_g/ω_1 控制特性在最大转矩时的临界转差率为

$$s_m=\frac{R_r'}{\omega_1L_{lr}'} \tag{3-20}$$

最大转矩为

$$T_{emax}=\frac{3}{2}p_n\left(\frac{E_g}{\omega_1}\right)^2\frac{1}{L_{lr}'} \tag{3-21}$$

由式（3-20）和式（3-21）可知，当 E_g/ω_1 为恒值时，T_{emax} 也是恒定不变的，且 s_m 和 T_{emax} 的数值比前两种控制方式都大。

4. 恒 E_r/ω_1 控制或恒转子磁通 Φ_{rm}控制

如果把电压-频率协调控制中的电压 U_s 进一步提高，把转子漏抗（见图 3-3）上的压降也抵消掉，得到恒 E_r/ω_1 控制，这时机械特性会怎样呢？由图 3-3 可写出

$$I'_r=\frac{E_r}{R'_r/s} \tag{3-22}$$

将其代入电磁转矩基本关系式，得

$$T_e=\frac{3p_n}{\omega_1}\cdot\frac{E_r^2}{\left(\frac{R'_r}{s}\right)^2}\cdot\frac{R'_r}{s}=3p_n\left(\frac{E_r}{\omega_1}\right)^2\cdot\frac{s\omega_1}{R'_r} \tag{3-23}$$

这时不必再作任何近似就可知道，机械特性 $T_e=f(s)$是一条直线，就是图 3-6 中的特性曲线 4。显然，恒 E_r/ω_1 控制（恒转子磁通 Φ_{rm}控制）的稳态性能最好，可以获得和直流电动机一样的线性机械特性，这正是高性能交流变频调速所要求的性能，将在第 7 章中做详细讨论。

5. 小结

综上所述，在正弦波电压供电时，按不同的规律实现电压-频率协调控制可以得到不同类型的机械特性。

恒压频比（U_s/ω_1 = 恒值）控制最容易实现，它的变频机械特性基本上是平行下移，硬度也较好，能够满足一般的调速要求，但低速时带载能力有些差强人意，须对定子压降实行补偿。

恒 E_s/ω_1 控制、恒 E_g/ω_1 控制、恒 E_r/ω_1 控制均须对定子电压实行补偿，控制要复杂一些。恒 E_s/ω_1 控制和恒 E_g/ω_1 控制虽然改善了低速性能，但机械特性还是非线性的，产生转矩的能力仍受到临界转矩的限制。恒 E_r/ω_1 控制或恒转子磁通 Φ_{rm}控制可以获得和他励直流电动机一样的线性机械特性，性能最佳。如果在动态中也尽可能保持 Φ_{rm} 恒定，这是矢量控制系统（见第 7 章）所追求的目标，当然实现起来要更复杂一些。

3.2.4 基频以上恒压变频控制时的机械特性

在基频 f_{1N} 以上变频调速时，由于电压 $U_s=U_{sN}$ 不变，式（3-6）的机械特性方程式可写成

$$T_e=3p_nU_{sN}^2\frac{sR'_r}{\omega_1[(sR_s+R'_r)^2+s^2\omega_1^2(L_{ls}+L'_{lr})^2]} \tag{3-24}$$

而式(3-11)的最大转矩表达式可改写成

$$T_{emax}=\frac{3}{2}p_nU_{sN}^2\frac{1}{\omega_1[R_s+\sqrt{R_s^2+\omega_1{}^2(L_{ls}+L'_{lr})^2}]} \tag{3-25}$$

同步转速的表达式还是式（1-1）。可见当电压恒定而角频率 ω_1 提高时，同步转速随之提高，最大转矩减小，机械特性上移，而基本形状不变，如图 3-7 所示。由于频率提高而电压不变，气隙磁通势必然减弱，导致允许转矩的减小，但转速却升高了，可以认为允许输出功率基本不变。所以基频以上的变频调速属于弱磁恒功率调速。

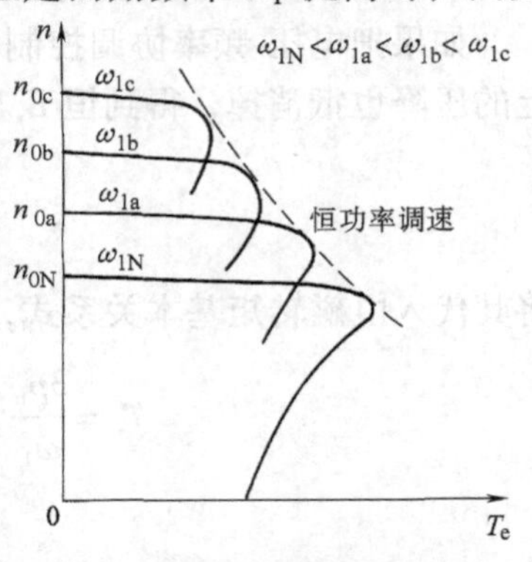

图 3-7　基频以上恒压变频调速的机械特性

最后应该指出，以上所分析的机械特性都是在正弦波电压供电下的情况。如果电压源中含有谐波，将使机械特性受到扭曲，并增加电动机中的损耗。因此在设计变频装置时，应尽量减少输出电压中的谐波。

3.3　笼型异步电动机恒压频比控制的调速系统

如上所述，最简单的异步电动机变压变频调速系统就是恒压频比控制系统，为了满足低速时的带载能力，还须备有低频电压补偿功能。调速系统的主要设备除电动机外，就是变压变频器，常简称变频器。现代的通用变频器大都是交-直-交电压源型变压变频器，其中由交流电源到恒定的中间直流电压用二极管整流器整流，由中间直流电压到变压变频的交流输出采用全控型开关器件［IGBT，或智能功率模块（IPM）］组成的脉宽调制（PWM）逆变器。所谓“通用”，有两方面的含义：一是可以和通用的笼型异步电动机配套使用；二是具有多种可供选择的功能，适用于各种不同性质的负载。关于通用变频器本身的原理、控制方法和工作特性将在第 4 章中详细论述，本节先说明它在恒压频比调速系统中的应用。

3.3.1　转速开环恒压频比控制调速系统的构成

转速开环恒压频比控制调速系统通常由数字控制的通用变频器-异步电动机组成，图 3-8 绘出了它的原理图，其中包括主电路、驱动电路、微机控制电路、保护信号采集与综合电路，图中未绘出开关器件的吸收电路和其他辅助电路。

系统的主电路由二极管整流器 UR、全控型开关器件 PWM 逆变器 UI 和中间直流电路三部分组成，采用大电容 C_1 和 C_2 滤波，同时兼有无功功率交换的作用。为了避免大电容在合上电源开关 Q_1 后通电的瞬间产生过大的充电电流，在整流器和滤波电容间的直流回路中串入限流电阻 R_0（或电抗）。通电时，由 R_0 限制充电电流，经延时在充电完成后用开关 Q_2 将 R_0 短路，以免长期接入 R_0 产生附加损耗，并影响变频器的正常工作。

由于二极管整流器不能为异步电动机的再生制动提供反向电流的通路，所以除特殊情况外，通用变频器一般都用电阻 R_b（见图 3-8）吸收制动能量。减速制动时，异步电动机进入发电状态，首先通过逆变器的续流二极管向电容充电，当中间直流回路的电压（通称为泵升电压）升高到一定的限制值时，通过泵升限制电路使开关器件 VI_b 导通，将电动机释放出来的动能消耗在制动电阻 R_b 上。为了便于散热，制动电阻器常作为附件单独装在变频器机箱外边。

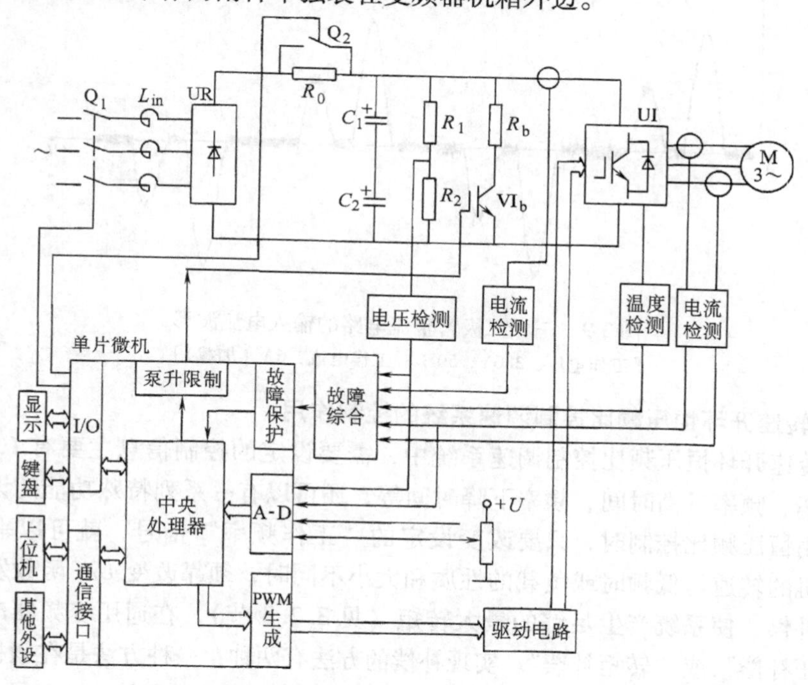

图 3-8　数字控制通用变频器-异步电动机调速系统原理图

二极管整流器虽然是全波整流装置，但由于其输出端有滤波电容存在，只有当交流电压幅值超过电容电压时，才有充电电流流通，交流电压低于电容电压时，电流便终止，因此输入电流呈脉冲波形，如图 3-9 所示。这样的电流波形具有较大的谐波分量，使电源受到污染。为了抑制谐波电流，对于容量较大的通用变频器，都应在输入端设有进线电抗器 L_{in}，有时也可以在整流器和电容器之间串接直流电抗器。L_{in} 还可用来抑制电源电压不平衡对变频器的影响。

现代通用变频器的控制电路大都是以微处理器为核心的数字电路，其功能主要是接收各种设定信息和指令，再根据它们的要求形成驱动逆变器工作的 PWM 信号。微机芯片主要采用 8 位或 16 位的单片机，或用 32 位的 DSP（数字信号处理器）。也有应用 RISC（精简指令集计算机）的产品，可以完成诸如无速度传感器矢量控制等更为复杂的控制功能。PWM 信号可以由微机本身的软件产生，由 PWM 端口输出，也可采用专用的 PWM 生成电路芯片。各种故障的保护由电压、电流、温度等检测信号经信号处理电路进行分压、光电隔离、滤波、放大等综合处理，再进入A-D转换器，输入给CPU作为控制算法的依据，或者作为开关电平产生保护信号和显示信号。

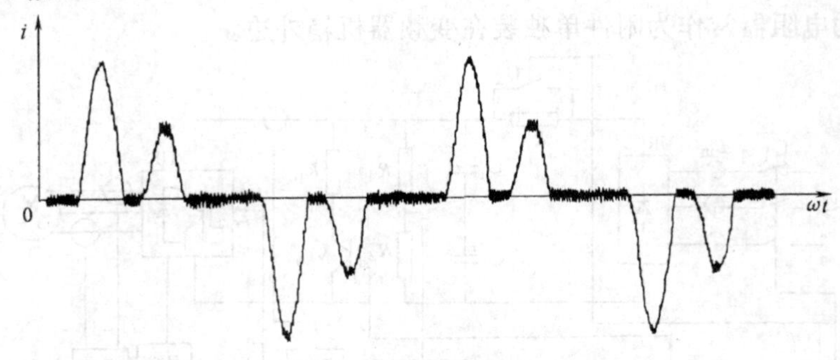

图3-9　三相二极管整流电路的输入电流波形

［工作电压：380V，50Hz；工作电流：6A（加载）］

3.3.2　转速开环恒压频比控制调速系统的控制作用

在转速开环恒压频比控制调速系统中，需要设定的控制信息主要有 *U/f* 特性、工作频率、频率升高时间、频率下降时间等，还可以有一系列特殊功能的设定。

采用恒压频比控制时，只要改变设定的“工作频率”信号，就可以平滑地调节电动机的转速。低频时或负载的性质和大小不同时，须靠改变 *U/f* 函数发生器的特性来补偿，使系统产生足够的最大转矩（见3.2.3节），在通用变频器产品中称作“电压补偿”或“转矩补偿”。实现补偿的方法有两种：一种方法是在微机中存储多条不同斜率和折线段的 *U/f* 函数曲线，由用户根据需要选择最佳特性；另一种方法是采用霍尔电流传感器检测定子电流或直流回路电流，按电流大小自动补偿定子电压。但无论如何都存在过补偿或欠补偿的可能，这是开环控制系统的不足之处。

由于系统本身没有自动限制起、制动电流的作用，因此频率设定必须通过给定积分算法产生平缓的升速或降速信号，升速和降速的积分时间可以根据负载需要，由操作人员分别选择。

综上所述，通用变频器的基本控制作用如图3-10所示。近年来，许多企业不断推出具有更多自动控制功能的变频器，使产品性能更加完善，质量不断提高。

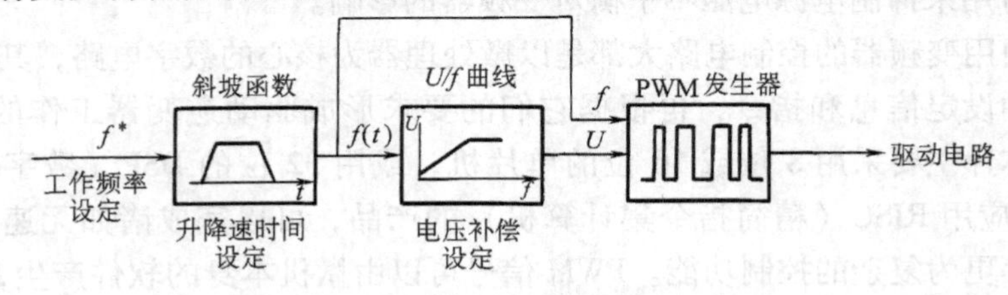

图3-10　通用变频器的基本控制作用

3.4 转速闭环转差频率控制的变压变频调速系统

恒压频比控制的调速系统是转速开环系统，可以满足一般平滑调速的需要，但静、动态性能都有限，如果要提高性能，须采用转速反馈闭环控制。若动态性能要求并不高，可用基于异步电动机稳态模型的转差频率控制系统。

3.4.1 转差频率控制的基本概念

转速闭环控制的基本方法是在调速系统外环设置转速调节器，转速调节器的输出应该是转矩给定信号。在直流电动机中，转矩与电枢电流成正比，电流给定信号就是转矩给定信号。异步电动机的转矩关系比较复杂，按照 3.2.3 节中恒 E_g/ω_1 控制（恒气隙磁通 Φ_m 控制）时的电磁转矩公式［式（3-19）］有

$$T_e = 3p_n\left(\frac{E_g}{\omega_1}\right)^2 \frac{s\omega_1 R'_r}{R'^2_r + s^2\omega_1^2 L'^2_{lr}}$$

由于 $E_g = 4.44 f_1 N_s k_{Ns}\Phi_m = 4.44(\omega_1/2\pi)N_s k_{Ns}\Phi_m = (1/\sqrt{2})\omega_1 N_s k_{Ns}\Phi_m$

将其代入转矩公式，得

$$T_e = \frac{3}{2}p_n N_s^2 k_{Ns}^2 \Phi_m^2 \frac{s\omega_1 R'_r}{R'^2_r + s^2\omega_1^2 L'^2_{lr}} \tag{3-26}$$

令 $K_m = (3/2)p_n N_s^2 k_{Ns}^2$，$K_m$ 称作电动机结构常数；$\omega_s = s\omega_1$，ω_s 称作转差角频率，则

$$T_e = K_m \Phi_m^2 \frac{\omega_s R'_r}{R'^2_r + (\omega_s L'_{lr})^2} \tag{3-27}$$

当电动机稳态运行时，s 值很小，因而 ω_s 也很小，只有 ω_1 的百分之几，可以认为 $\omega_s L'_{lr} \ll R'_r$，则转矩可以近似表示为

$$T_e \approx K_m \Phi_m^2 \frac{\omega_s}{R'_r} \tag{3-28}$$

式（3-28）表明，在 s 值很小的稳态运行范围内，如果能保持气隙磁通 Φ_m 不变，异步电动机的转矩就近似与转差角频率 ω_s 成正比，因而控制转差角频率 ω_s 就能代表控制转矩，这就是转差频率控制的基本概念。

3.4.2 基于异步电动机稳态模型的转差频率控制规律

上面分析所得的转差频率控制概念是从式（3-28）这个转矩近似公式得到的，当 ω_s 较大时，就得采用精确表达式（3-27），把精确转矩特性 $T_e = f(\omega_s)$ 画在图 3-11 上，可以看出，在 ω_s 较小的运行段，转矩 T_e 基本上与 ω_s 成正比，T_e 达到其最大值 T_{emax} 以后就跌下来了。最大转矩 T_{emax} 可以将式（3-27）对 ω_s 求微分，并令 $dT_e/d\omega_s = 0$ 后得到

$$\omega_{smax} = \frac{R'_r}{L'_{lr}} = \frac{R_r}{L_{lr}} \tag{3-29}$$

而
$$T_{\text{emax}} = \frac{K_{\text{m}} \Phi_{\text{m}}^2}{2L'_{\text{lr}}} \tag{3-30}$$

在转差频率控制系统中，只要对 ω_{s} 实行限幅，使限幅值 ω_{sm} 为

$$\omega_{\text{sm}} < \omega_{\text{smax}} = \frac{R_{\text{r}}}{L_{\text{lr}}} \tag{3-31}$$

就可以基本保证 T_{e} 与 ω_{s} 成正比，也就是说，可以用转差角频率代表转矩进行控制，这就是转差频率控制规律之一。

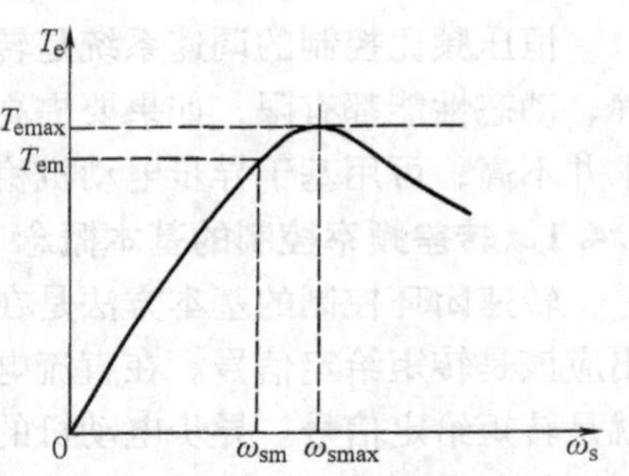

图 3-11 按恒气隙磁通 Φ_{m} 控制的转矩特性 $T_{\text{e}} = f(\omega_{\text{s}})$

这条规律是在气隙磁通 Φ_{m} 不变的前提下才成立的，那么如何保证 Φ_{m} 恒定呢？这就需要控制电压和角频率使 E_{g}/ω_1 不变。由图 3-3 的等效电路可知

$$\dot{U}_{\text{s}} = \dot{I}_{\text{s}}(R_{\text{s}} + \text{j}\omega_1 L_{\text{ls}}) + \dot{E}_{\text{g}} = \dot{I}_{\text{s}}(R_{\text{s}} + \text{j}\omega_1 L_{\text{ls}}) + \left(\frac{\dot{E}_{\text{g}}}{\omega_1}\right)\omega_1 \tag{3-32}$$

由此可见，只要在恒 U_{s}/ω_1 控制的基础上再提高电压 U_{s} 以补偿定子阻抗压降，就能实现 E_{g}/ω_1 不变。定子电流值不同时，恒 E_{g}/ω_1 控制所需的电压-频率特性 $U_{\text{s}} = f(\omega_1, I_{\text{s}})$ 如图 3-12 所示。按照实际的 ω_1 和 I_{s}，从 $U_{\text{s}} = f(\omega_1, I_{\text{s}})$ 特性上选择 U_{s}，就能保持气隙磁通 Φ_{m} 不变，这就是转差频率控制规律之二。

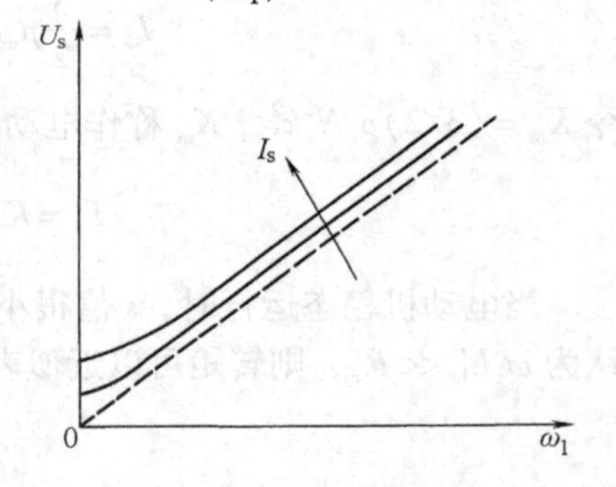

图 3-12 不同定子电流值的恒 E_{g}/ω_1 控制所需的电压-频率特性

虚线—恒 U_{s}/ω_1 特性

实线—恒 E_{g}/ω_1 特性

箭头—定子电流的增大趋势

3.4.3 转差频率控制的变压变频调速系统

实现上述转差频率控制规律的变压变频调速系统结构原理图如图 3-13 所示。图中，转速调节器 ASR 的输出信号是转差角频率给定值 ω_{s}^*，ω_{s}^* 与实测角速度信号 ω 相加，即得定子角频率给定信号 ω_1^*，即

$$\omega_{\text{s}}^* + \omega = \omega_1^* \tag{3-33}$$

由 ω_1^* 和定子电流反馈信号 I_{s} 从微机存储的 $U_{\text{s}} = f(\omega_1, I_{\text{s}})$ 函数表中查得定子电压给定信号 U_{s}^*，用 U_{s}^* 和 ω_1^* 控制的 PWM 电压型逆变器就成为调速系统所需的变压变频电源。

式（3-33）表明，转差角频率给定 ω_{s}^* 与实测角速度信号 ω 相加后得到定子角频率输入信号 ω_1^*，这个关系是转差频率控制系统的突出特点，也是它的优点。它

表明，在调速过程中，实际角频率 ω_1 随着实际角速度 ω 同步地升降，有如水涨而船高，加、减速平滑而且稳定。同时，由于在动态过程中，转速调节器 ASR 饱和，系统能在对应于 ω_{sm} 的限幅转矩 T_{em} 作用下进行加速或减速，保证了在电动机允许条件下的快速性。

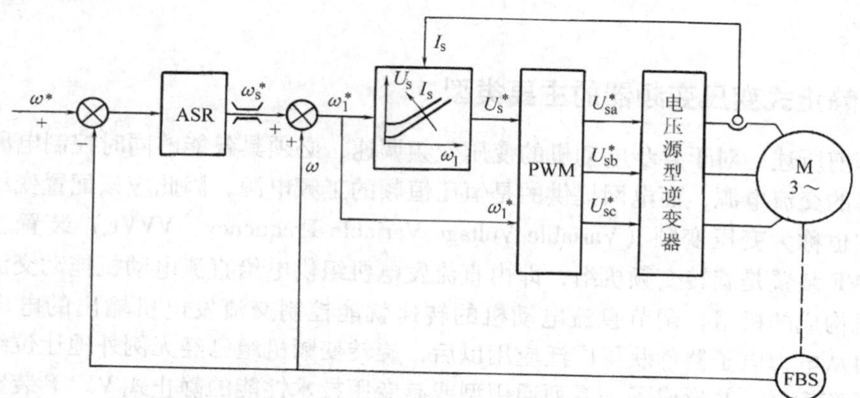

图 3-13　转速闭环转差频率控制的变压变频调速系统结构原理图

需要注意的是，在定子角频率输入信号 ω_1^* 的构成中，角速度信号 ω 呈正反馈作用，如果在检测角速度信号 ω 时存在干扰或误差，这些干扰或误差也都毫无衰减地传递到角频率给定信号上，显然会影响调速系统运行的精确性。因此，转差频率控制系统对角速度检测的准确度有较高的要求。

第4章　静止式变压变频器和PWM控制技术

4.1　静止式变压变频器的主要类型

如前所述，对于异步电动机的变压变频调速，必须具备能够同时控制电压幅值和频率的交流电源，而电网提供的是恒压恒频的工频电源，因此应该配置变压变频器，它也称为变压变频（Variable Voltage Variable Frequency，VVVF）装置。早期的VVVF装置是旋转变频机组，即由直流发电机组供电给直流电动机拖动交流同步发电机构成的机组，调节直流电动机的转速就能控制交流发电机输出的电压和频率。自从电力电子器件获得广泛应用以后，旋转变频机组已经无例外地让位给静止式变压变频器，并形成了一系列通用型或有专用技术性能的静止式VVVF装置。

4.1.1　交-直-交和交-交变压变频器

从整体结构上看，静止式电力电子变压变频器可分为交-直-交和交-交两大类。

1. 交-直-交变压变频器

交-直-交变压变频器先将工频交流电源通过整流器变换成直流电，再通过逆变器变换成可控频率和电压的交流电，如图4-1所示。由于这类变压变频器在恒频交流电源和变频交流输出之间有一个“中间直流环节”，所以又称为间接式变压变频器。

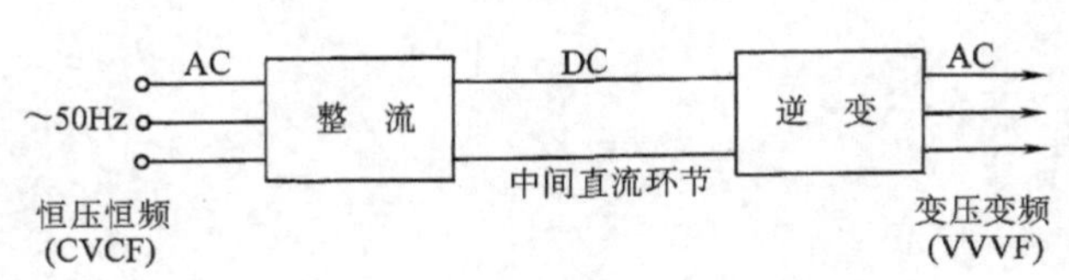

图4-1　交-直-交（间接式）变压变频器

在早期的交-直-交变压变频器中，整流器采用半控型电力电子器件——晶闸管（SCR[⊖]），组成可控整流器，实现整流与调压；逆变器也采用晶闸管，实现逆变和调频。当全控型电力电子开关器件（P-MOSFET、IGBT等）获得广泛应用以后，出现了由开关器件组成的脉宽调制（PWM）逆变器，兼顾调压与调频，而整流器只需由二极管组成的不可控整流器就够了，如图4-2所示，其工作原理详见4-3节。

⊖ 晶闸管（Thyrisfor）曾称为硅可控整流器（SCR），为方便起见，仍沿用SCR表示普通晶闸管。

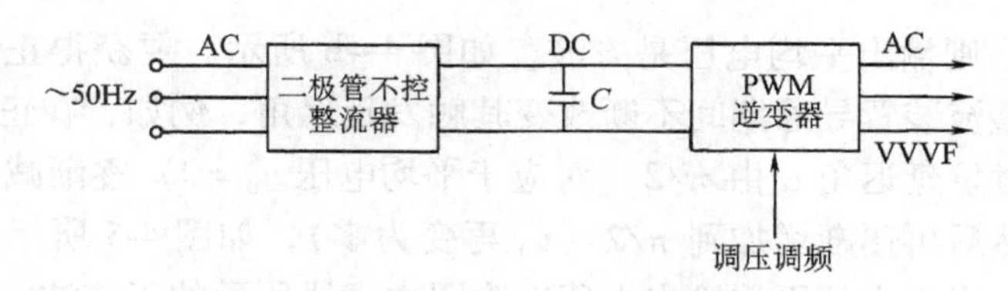

图 4-2　交-直-交 PWM 变压变频器

C—滤波电容

现在 PWM 变压变频器的应用之所以如此广泛，是由于它具有如下一系列优点：

1）在主电路整流和逆变两个变流单元中，只有逆变单元是可控的，采用全控型电力电子开关器件，通过驱动电压脉冲进行控制，可同时调节变频器的输出电压和频率，结构简单，效率高。

2）输出电压波形是一系列的 PWM 波，由于采用了恰当的 PWM 控制技术，正弦基波的分量较大，影响电动机运行的低次谐波受到很大的抑制，转矩脉动小，提高了系统的调速范围和稳态性能。

3）逆变器同时实现调压和调频，系统的动态响应不受中间直流环节滤波器参数的影响，动态性能高。

4）采用不可控二极管整流器，电源侧功率因数较高，且不受逆变器输出电压大小的影响。

PWM 变压变频器常用的全控型电力电子开关器件有：P-MOSFET（小功率）、IGBT（绝缘栅双极型晶体管中、小功率）、GTO 晶闸管（中功率）和替代 GTO 晶闸管的电压控制器件，如 IGCT（集成门极换相晶闸管）、IEGT（注入增强栅晶体管）以及高压 IGBT 等。受到开关器件额定电压和电流的限制，对于特大功率电动机的变压变频调速还须用半控型晶闸管，即用可控整流器调压和六拍逆变器调频的交-直-交变压变频器。

2. 交-交变压变频器

交-交变压变频器的结构如图 4-3 所示。它只有一个变换环节，把恒压恒频（CVCF）的交流电源直接变换成 VVVF 输出，因此又称为直接式变压变频器。有时为了突出其变频作用，也称作周波变流器（Cycloconverter）。

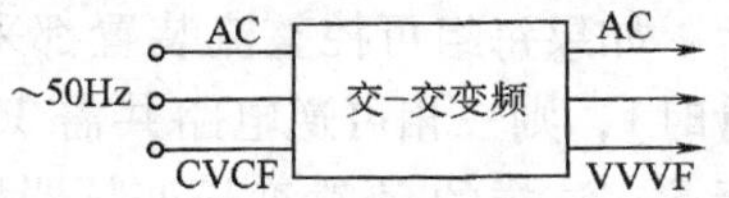

AC　~50Hz　CVCF　交—交变频　AC　VVVF

图 4-3　交-交（直接）变压变频器

常用的交-交变压变频器每相都是一个由正、反向两组晶闸管可控整流装置反并联的可逆电路，也就是说，每一相都相当于一套直流可逆调速系统的反并联可逆电路（见图 4-4a）。正、反向两组按一定周期相互切换，在负载上就获得交变的输出电压 u_0。u_0 的幅值决定于各组可控整流装置的触发延迟角 α，u_0 的频率决定于正、反向两组整流装置的切换频率。如果触发延迟

角 α 一直不变，则输出平均电压是方波，如图 4-4b 所示。要获得正弦波输出，就必须在每一组整流装置导通期间不断改变其触发延迟角，例如，在正向组导通的半个周期中，使触发延迟角 α 由 $\pi/2$（对应于平均电压 $u_0=0$）逐渐减小到零（对应于 u_0 最大），然后再逐渐增加到 $\pi/2$（u_0 再变为零），如图 4-5 所示。当 α 角按正弦规律变化时，半周中的平均输出电压即为图中虚线所示的正弦波。对反向组负半周的控制也是这样。

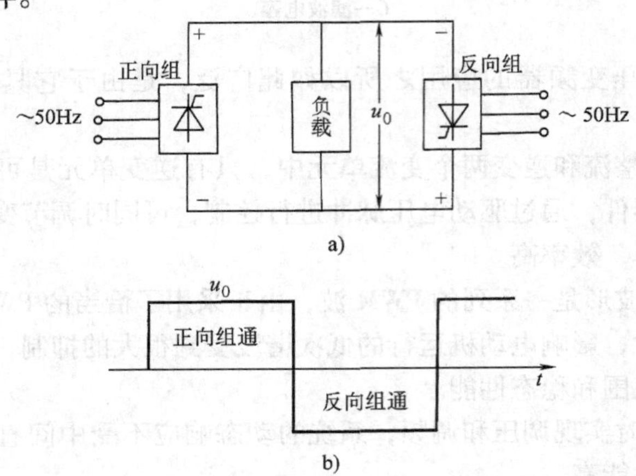

图 4-4 交-交变压变频器每一相的可逆电路及方波输出电压波形
a）每相可逆电路 b）方波形平均输出电压波形

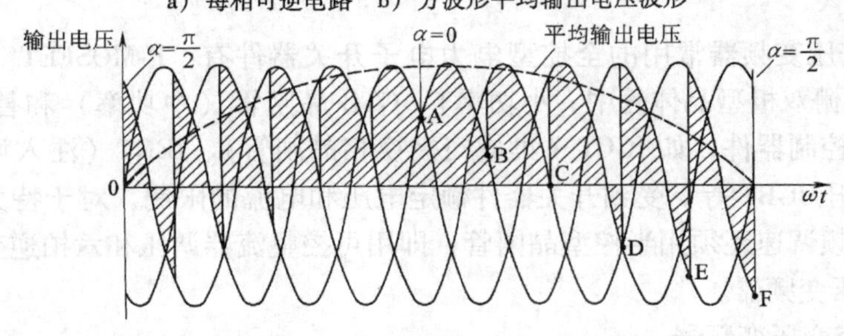

图 4-5 交-交变压变频器的单相正弦波输出电压波形

如果每组可控整流装置都采用桥式电路，含 6 个晶闸管（当每一桥臂都是单管时），则三相可逆电路共需 36 个晶闸管，即使采用零式电路也需 18 个晶闸管。因此，这样的交-交变压变频器虽然在结构上只有一个变换环节，看似简单，但所用的电力电子器件数量却很多，总体设备相当庞大。不过这些设备都是直流调速系统中常用的可逆整流装置，在技术上和制造工艺上都很成熟，目前国内主要电气传动企业已有可靠的产品。

这类交-交变频器的其他缺点是：输入功率因数较低，谐波电流含量大，频谱复杂，因此须配置滤波和无功补偿设备。其最高输出频率不超过电网频率的 1/3 ~

1/2，一般主要用于轧机主传动、球磨机、水泥回转窑等大功率、低转速的调速系统。由这类变频器给低速电动机供电直接传动时，可以省去庞大的齿轮减速箱。

近年来又出现了一种采用全控型开关器件的矩阵式交-交变压变频器[4,16]，类似于 PWM 控制方式，输出电压和输入电流的低次谐波都较小，输入功率因数可调，输出频率不受限制，能量可双向流动，以获得四象限运行，但当输出电压必须接近正弦波时，最大输出输入电压比一般只有 0.866（现在已有电压比更高的研究成果）。目前有些公司已有矩阵式变压变频器产品。

4.1.2 电压源型和电流源型逆变器

在交-直-交变压变频器中，按照中间直流环节直流电源性质的不同，逆变器可以分成电压源型和电流源型两类，两种类型的实际区别在于直流环节采用怎样的滤波器。图 4-6 绘出了电压源型和电流源型逆变器的示意电路。

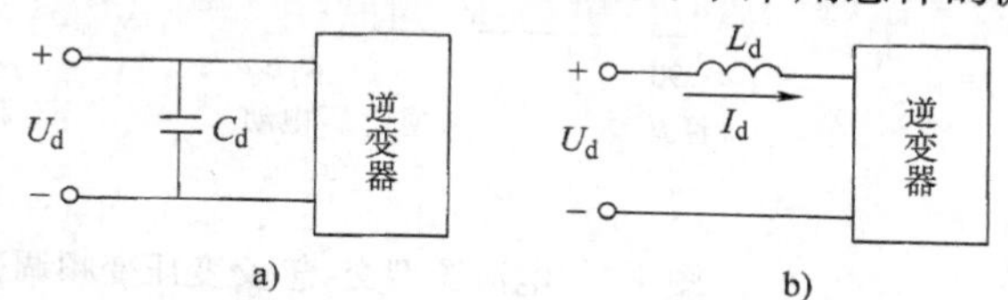

图 4-6 电压源型和电流源型逆变器示意电路
a）电压源型 b）电流源型

在图 4-6a 中，直流环节采用大电容滤波，因而输入逆变器的直流电压波形比较平直，在理想情况下，可看作是一个内阻为零的恒压源，输出交流电压是矩形波或阶梯波，称为电压源型逆变器（Voltage Source Inverter，VSI），或简称为电压型逆变器。

在图 4-6b 中，直流环节采用大电感滤波，使输入逆变器的直流电流波形比较平直，相当于一个恒流源，输出交流电流是矩形波或阶梯波，称为电流源型逆变器（Current Source Inverter，CSI），或简称为电流型逆变器。

两类逆变器的主电路虽然只是滤波环节不同，在性能上却带来了明显的差异，主要表现如下：

（1）无功能量的缓冲　在调速系统中，逆变器的负载是异步电动机，属感性负载。在中间直流环节与负载电动机之间，除了有功功率的传送外，还存在无功功率的交换。滤波器除滤波外，还起着对无功功率的缓冲作用，使它不致影响到交流电网。因此也可以说，两类逆变器的区别还表现在采用什么储能元件（电容器或电感器）来缓冲无功功率。

（2）能量的回馈　用电流源型逆变器给异步电动机供电的电流源型变压变频调速系统有一个显著的特征，就是容易实现能量的回馈，从而便于四象限运行，适用于需要回馈制动和经常正、反转的生产机械。下面以由晶闸管可控整流器 UCR 和电流源型串联二极管式晶闸管逆变器 CSI 构成的交-直-交变压变频调速系统（见图 4-7）为例，说明系统的电动运行和回馈制动两种状态。当电动运行时，UCR 的触发延迟角 $\alpha<90°$，工作在整流状态，直流回路电压 U_d 的极性为上正下负，电流

I_d 由正端流入逆变器 CSI，CSI 工作在逆变状态，输出电压的角频率 $\omega_1>\omega$，电动机以角速度 ω 运行，电功率 P 的传送方向如图 4-7a 所示。如果降低变压变频器的输出角频率 ω_1，或从机械上抬高电动机角速度 ω，使 $\omega_1<\omega$，同时使 UCR 的触发延迟角 $\alpha>90°$，则异步电机转入发电状态，逆变器转入整流状态，而可控整流器转入有源逆变状态。此时直流电压 U_d 立即反向，而电流 I_d 方向不变，电能由电动机回馈给交流电网（见图 4-7b）。

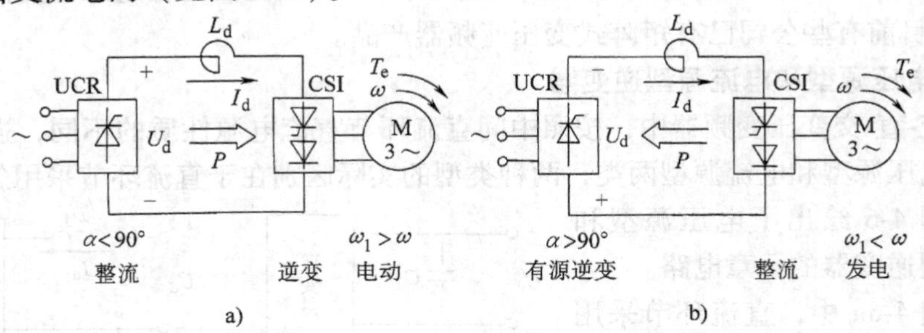

图 4-7　电流源型交-直-交变压变频调速系统的两种运行状态

a）电动运行　b）回馈制动

UCR——可控整流器　CSI——电流源型逆变器

与此相反，采用电压源型逆变器的交-直-交变压变频调速系统要实现回馈制动和四象限运行却很困难，因为其中间直流环节有大电容箝制着电压的极性，不可能迅速反向，而电流受到器件单向导电性的制约也不能反向，所以在原装置上无法实现回馈制动。必须制动时，只有在直流环节中并联电阻实现能耗制动，或者与 UCR 反并联一组反向的可控整流器，用以通过反向的制动电流而保持电压极性不变，实现回馈制动。这样做，设备要复杂得多。

（3）动态响应　正由于交-直-交电流源型变压变频调速系统的直流电压极性可以迅速改变，所以动态响应比较快，而电压源型的系统则要差一些。

（4）应用场合。电压源型逆变器属恒压源，电压控制响应慢，不易波动，适于作为多台电动机同步运行时的供电电源，或单台电动机调速但不要求快速起制动和快速减速的场合。采用电流源型逆变器的系统则相反，不适用于多电动机传动，但可以满足快速起制动和可逆运行的要求。

4.1.3　180°导通型和120°导通型逆变器

交-直-交变压变频器中的逆变器一般接成三相桥式电路，以便输出三相交流变频电压，图 4-8 绘出了由 6 个电力电子开关器件 $V_1\sim V_6$ 组成的三相逆变器主电路，图中用开关符号代表任何一种电力电子开关器件。控制各开关器件按一定规律轮流导通和关断，可使输出端得到三相交流电压。在某一瞬间，控制一个开关器件关断，同时使另一个开关器件导通，就实现了两个开关器件之间的换相。在三相桥式逆变器中，有180°导通型和120°导通型两种换相方式。

同一桥臂上、下两个开关器件之间互相换相的逆变器称作180°导通型逆变器，例如，当V_1关断后，使V_4导通，而当V_4关断后，又使V_1导通。这时，每个开关器件在一个周期内导通的区间是180°电角度，其他各相亦均如此。不难看出，在180°导通型逆变器中，除换相期间外，每一时刻总有三个开关器件同时导通。但须注意，必须防止同一桥臂的上、下两个开关器件同时导通，否则将造成直流电源短路（谓之“直通”）。为此，在换相时，必须采取“先断后通”的原则，即先给应该关断的开关器件发出关断信号，待其关断后留有一定的时间裕量（称作“死区时间”），再给应该导通的开关器件发出开通信号。死区时间的长短视开关器件的开关速度而定，对于开关速度较快的开关器件，所留的死区时间可以短一些。为了安全起见，设置死区时间是非常必要的，但它会造成输出电压波形的畸变，详见第4.7节。

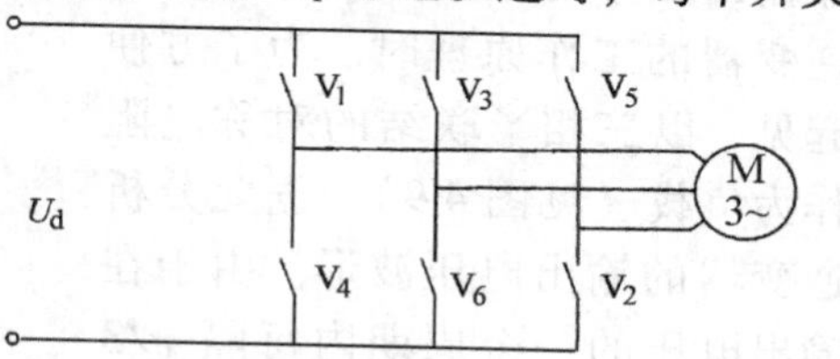

图4-8 三相桥式逆变器主电路

120°导通型逆变器的工作特点是除了任何时刻逆变器每相上、下桥臂仅允许一个开关器件导通外，换相是在同一排不同桥臂的左、右两管之间进行的。例如，V_1关断后使V_3导通，V_3关断后使V_5导通，V_4关断后使V_6导通等等。这时，在一个周期内每个开关器件一次连续导通120°，逆变器在同一时刻只有两个器件导通，如果负载电动机绕组是Y联结，则只有两相导电，另一相悬空。

下面以常用的180°导通型逆变器为例，讨论逆变器的工作状况和输出电压波形。这时，在图4-8所示的主电路中，六个可控器件应按以下规律轮流导通：①在逆变器输出电压的一个周期中，每个器件都应导通一次，在每隔60°电角度所对应的时刻，必有一个器件被触发导通，导通的顺序为V_1、V_2、…、V_6；②为了使输出的三相电压平衡，在任一时刻每个桥臂都有一个器件处于导通状态；③每个桥臂的上、下两个器件互补工作，每个器件导通180°。按照上述规律，各器件在输出电压一个周期中的导通情况见表4-1。

表4-1 180°导通型逆变器开关器件的导通规律

时间段	相应时间段内被导通的器件					
$0\sim\pi/3$	V_1				V_5	V_6
$\pi/3\sim2\pi/3$	V_1	V_2				V_6
$2\pi/3\sim\pi$	V_1	V_2	V_3			
$\pi\sim4\pi/3$		V_2	V_3	V_4		
$4\pi/3\sim5\pi/3$			V_3	V_4	V_5	
$5\pi/3\sim2\pi$				V_4	V_5	V_6

需要指出的是，由于逆变器的输入为直流电压，器件 $V_1 \sim V_6$ 无法采用相位控制，而应根据逆变器输出频率的要求按时间规律进行控制，触发脉冲的频率是逆变器输出频率的六整数倍。在讨论逆变器的工作原理时，为了方便起见，以三相丫联结的对称电阻作为负载（见图 4-9），据此分析逆变器的输出电压波形。由于在输出电压的一个周期内每隔 π/3 时间便有一个器件关断，而另一器件导通，各个 π/3 时间段内，导通的器件都不相同，所以必须按各时间段分别讨论。

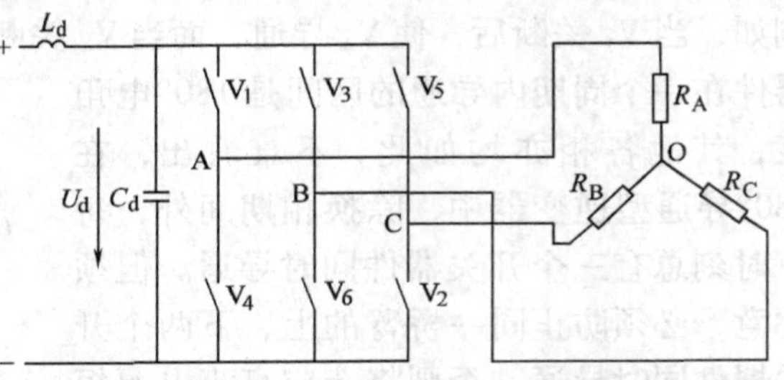

图 4-9　逆变器与三相电阻负载连接的电路

根据表 4-1，在 0 ~ π/3 的时间段内，器件 V_5、V_6、V_1 导通。由直流电压 U_d 经逆变器开关器件到负载的电路可画成图 4-10 所示。这是一个 A、C 两相负载并联后再与 B 相负载串联的电路，电流由直流电压“+”端经器件 V_1 与 V_5 分别流向负载 R_A 与 R_C，再经中性点 O、负载 R_B、器件 V_6 流到电源的“−”端。由于 $R_A = R_B = R_C$，根据欧姆定律可知，在 R_A 与 R_C 上的压降相等，在 R_B 上的压降则比它们大一倍。如规定从逆变器输出端 A、B、C 三点流向负载的电流为正，反之为负，则在 0 ~ π/3 时间段内每相负载上的相电压为

$$U_{AO} = +\frac{1}{3}U_d$$

$$U_{BO} = -\frac{2}{3}U_d$$

$$U_{CO} = +\frac{1}{3}U_d$$

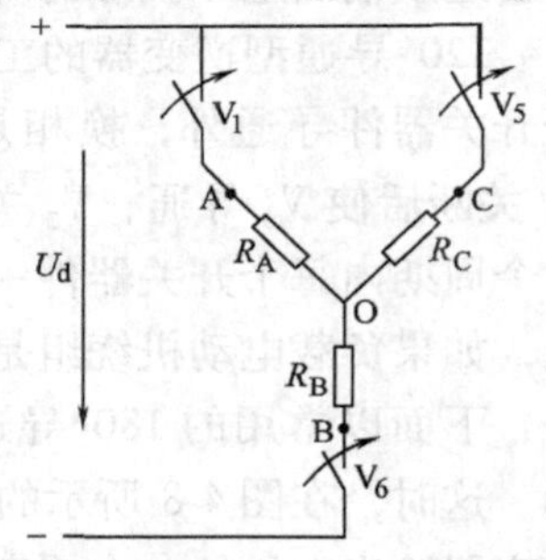

图 4-10　在 0 ~ π/3 时间段内逆变器与负载连接的电路

式中　U_d——逆变器输入端直流电压。

同理，可求出表 4-1 中其他各时间段内逆变器输出的各相电压值，见表 4-2。

表 4-2　逆变器一个周期中各时间段的输出相电压（丫联结电阻负载）

时间段 / 电压	$0 \sim \frac{\pi}{3}$	$\frac{\pi}{3} \sim \frac{2\pi}{3}$	$\frac{2\pi}{3} \sim \pi$	$\pi \sim \frac{4\pi}{3}$	$\frac{4\pi}{3} \sim \frac{5\pi}{3}$	$\frac{5\pi}{3} \sim 2\pi$
u_{AO}	$+\frac{1}{3}U_d$	$+\frac{2}{3}U_d$	$+\frac{1}{3}U_d$	$-\frac{1}{3}U_d$	$-\frac{2}{3}U_d$	$-\frac{1}{3}U_d$
u_{BO}	$-\frac{2}{3}U_d$	$-\frac{1}{3}U_d$	$+\frac{1}{3}U_d$	$+\frac{2}{3}U_d$	$+\frac{1}{3}U_d$	$-\frac{1}{3}U_d$
u_{CO}	$+\frac{1}{3}U_d$	$-\frac{1}{3}U_d$	$-\frac{2}{3}U_d$	$-\frac{1}{3}U_d$	$+\frac{1}{3}U_d$	$+\frac{2}{3}U_d$

逆变器输出的线电压为

$$
\begin{aligned}
u_{AB} &= u_{AO} - u_{BO} \\
u_{BC} &= u_{BO} - u_{CO} \\
u_{CA} &= u_{CO} - u_{AO}
\end{aligned}
\tag{4-1}
$$

将表4-1列出的各相电压值代入式（4-1）进行计算，可求得逆变器一个周期中各时间段内输出的线电压，见表4-3。

表4-3　逆变器一个周期中各时间段的输出线电压（Y联结电阻负载）

电压＼时间段	$0\sim\frac{\pi}{3}$	$\frac{\pi}{3}\sim\frac{2\pi}{3}$	$\frac{2\pi}{3}\sim\pi$	$\pi\sim\frac{4\pi}{3}$	$\frac{4\pi}{3}\sim\frac{5\pi}{3}$	$\frac{5\pi}{3}\sim2\pi$
u_{AB}	U_d	U_d	0	$-U_d$	$-U_d$	0
u_{BC}	$-U_d$	0	U_d	U_d	0	$-U_d$
u_{CA}	0	$-U_d$	$-U_d$	0	U_d	U_d

从表4-2与表4-3还可以分析其输出相电压与线电压间的关系。

相电压有效值

$$
U_{AO} = \sqrt{\frac{1}{T}\int_0^T u_{AO}^2 dt}
$$

$$
= \sqrt{4 \times \frac{1}{2\pi}\int_0^{\frac{\pi}{3}}\left(\frac{1}{3}U_d\right)^2 dt + 2 \times \frac{1}{2\pi}\int_0^{\frac{\pi}{3}}\left(\frac{2}{3}U_d\right)^2 dt} = 0.471U_d
$$

线电压有效值

$$
U_{AB} = \sqrt{\frac{1}{T}\int_0^T u_{AB}^2 dt} = \sqrt{2 \times \frac{1}{2\pi}\int_0^{\frac{2\pi}{3}} U_d^2 dt} = 0.816U_d
$$

因此

$$
\frac{U_{AB}}{U_{AO}} = \frac{0.816U_d}{0.471U_d} = \sqrt{3}
$$

$$
U_{AB} = \sqrt{3}U_{AO} \tag{4-2}
$$

从以上分析可知：①180°导通型逆变器的输出相电压在一个周期内呈阶梯状变化（见图4-11a），共有六个阶梯，正、负半波对称，故称为六阶梯波逆变器；②每隔 π/3 时间就有一次器件通断的变化，谓之“一拍”，一个周期有六拍工作，故亦称六拍逆变器；③逆变器的输出是交变电压，按A、B、C相序依次差2π/3，且输出线电压有效值与相电压有效值之比为$\sqrt{3}$，与常用的三相交流电压性质相同；④逆变器输出线电压是正负半波对称的矩形波，不是工程上所需要的正弦波交变电压，含有大量谐波，因此必须进行改造。

120°导通型逆变器输出电流波形的分析方法与此类似，读者可以自行分析。

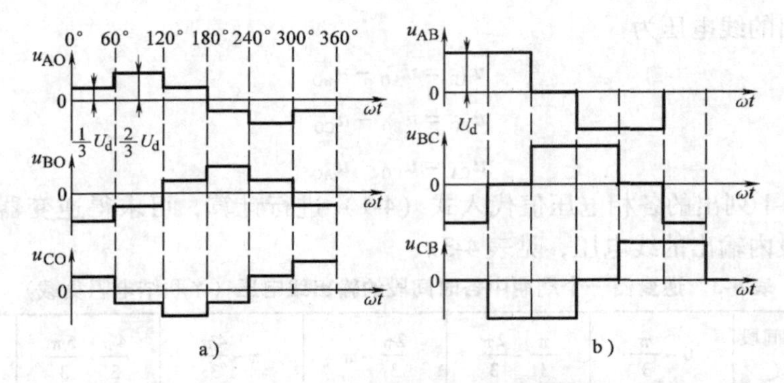

图 4-11　180°导通型交-直-交变频器的输出电压波形

a）相电压　b）线电压

4.2　六拍交-直-交变频器输出电压的谐波分析

4.2.1　谐波分析

前已提及，常规的六拍变频器输出电压中含有谐波，下面就定量地研究其输出波形中的谐波分量。

在交-直-交变压变频器中，输出电压波形都是正、负半波对称的非正弦波（矩形波或阶梯波）。如果逆变器是180°导通型的，每个开关器件在一个周期中的导通时间是 π 电角度；如果是 120° 导通型的，导通时间是 2π/3 电角度。对于一般化的分析，可取导通角 θ 为 2π/3 ~ π 之间的某一值，相应的输出相电压半波波形 $U_{AO}=f(\omega t)$ 如图 4-12a 所示，其中，α 为与半周期内开关器件关断时间所对应的电角度。为了分析方便起见，将图中的纵坐标轴右移 $\alpha/2$ 电角度，以使半个周期的输出波形在新的坐标轴上呈 1/4 周期对称，如图 4-12b 所示，此时 $\alpha/2=\pi/2-\theta/2$。对此波形的函数表达式作傅里叶分解，可求出其谐波分量。

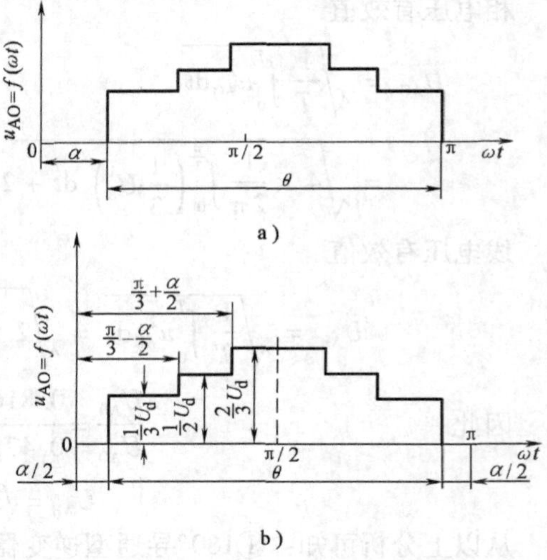

图 4-12　交-直-交变压变频器的一般输出波形

a）输出相电压半波波形

b）纵坐标右移 $\alpha/2$ 电角度后输出相电压半波波形

对一般波形，傅里叶级数表达式为

$$f(\omega t)=\sum_{k=1}^{\infty}\left[a_k\sin k\omega_1 t+b_k\cos k\omega_1 t\right]\tag{4-3}$$

式中　ω_1——变频器输出的基波角频率；

k——变频器输出的基波（$k=1$）及谐波（$k=2、3、4、5、\cdots$）次数。

考虑到图4-12b所示的波形呈1/4周期对称，可令式（4-3）中的系数 $b_k=0$，则

$$f(\omega t)=\sum_{k=1}^{\infty}a_k\sin k\omega_1 t$$

式中

$$a_k=\frac{4}{\pi}\int_0^{\frac{\pi}{2}}f(\omega t)\sin k\omega_1 t\,\mathrm{d}(\omega_1 t) \tag{4-4}$$

按图4-12b，将式（4-4）积分展开，得

$$a_k=\frac{4U_\mathrm{d}}{3k\pi}\cos\frac{k\alpha}{2}\left(1+\cos\frac{k\pi}{3}\right)\qquad(0\leqslant\alpha\leqslant\pi/3) \tag{4-5}$$

由于所讨论的波形在一周期中正、负半波对称，肯定不存在偶次谐波，故可令 $k=2m-1$（$m=1、2、3、\cdots$），并把式（4-5）所示的 a_k 代入式（4-3）的 $f(\omega t)$ 表达式中，得

$$u_{\mathrm{AO}}(\omega t)=\sum_{m=1}^{\infty}\frac{4U_\mathrm{d}}{3(2m-1)\pi}\cos\frac{(2m-1)\alpha}{2}\left[1+\cos\frac{(2m-1)}{3}\pi\right]\sin(2m-1)\omega_1 t \tag{4-6}$$

分析式（4-6）可知，当 $2m-1=3、9、15、\cdots$（3的奇数倍次数）时，式中方括号内的值等于零。这说明在变频器的输出波形中，除偶次谐波外，3的倍数次谐波也均为零，即除基波外，只存在5、7、11、13、…等 $6m\pm1$ 次的谐波。

分析了变频器输出波形中所存在谐波次数后，可以利用式（4-6）求出上述各次谐波的含量。以常见的180°电角度导通型（$\alpha=0$）为例，它属于电压源型变频器，其输出相电压波形为六阶梯波，将 $\alpha=0$ 代入式（4-5）可得相应的傅里叶系数 a_k 为

$$a_k=\frac{4U_\mathrm{d}}{3k\pi}\left(1+\cos\frac{k\pi}{3}\right)$$

则

$$u_{\mathrm{AO}}(\omega t)=\frac{2U_\mathrm{d}}{\pi}\left(\sin\omega_1 t+\frac{1}{5}\sin5\omega_1 t+\frac{1}{7}\sin7\omega_1 t+\frac{1}{11}\sin11\omega_1 t+\cdots\right) \tag{4-7}$$

对于120°电角度导通型的电流源型变频器，$\alpha=\pi/3$，其输出相电流波形为矩形波。傅里叶级数表达式用 $i(\omega t)$ 表示，将 $\alpha=\pi/3$ 代入式（4-5），可求得傅里叶系数为

$$a_k=\frac{4I_\mathrm{d}}{3k\pi}\cos\frac{k\pi}{6}\left(1+\cos\frac{k\pi}{6}\right)$$

则输出相电流表达式为

$$i_a(\omega t)=\frac{\sqrt{3}I_d}{\pi}\left(\sin\omega_1 t-\frac{1}{5}\sin 5\omega_1 t-\frac{1}{7}\sin 7\omega_1 t+\frac{1}{11}\sin 11\omega_1 t+\cdots\right) \tag{4-8}$$

由式（4-7）与式（4-8）可知，对于180°与120°导通型变频器，随着输出谐波次数k的增大，相应的谐波幅值以$1/k$的比例减少。其5次谐波幅值为基波的20%，7次谐波幅值为基波的14.3%，而11次谐波的幅值仅为基波的9%。依此类推，可知更高次谐波的幅值将更小，人们通常所关心的主要是5、7次等低次谐波。图4-13给出了常规交-直-交变频器在不同导电角θ值时各次谐波的含量，由图可见，当θ在150°左右时，5、7次的谐波含量都非常小，但要实现$\theta=150°$导通型工作是困难的，除非在逆变器中设置辅助换相电路，因此难以实用化。

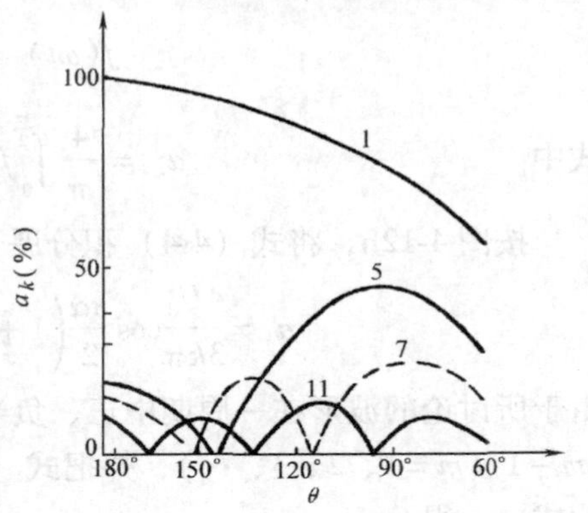

图4-13　不同θ值时的谐波含量

4.2.2　变频器输出谐波对异步电动机工作的影响

当交流电动机的供电电源除基波外还有一系列的时间谐波时，将对交流电气传动系统产生不利的影响，诸如使电动机的损耗增大，效率和功率因数降低，并会产生电磁噪声等。而最大的影响则是谐波导致转矩的脉动，最终造成转速的脉动。

1. 谐波振荡转矩

设变压变频器输出时间谐波的频率为基波频率的k倍，则电动机在k次时间谐波作用下所对应的转差率s_k为

$$s_k=\frac{kn_1\pm n_r}{kn_1}=1\pm\frac{1}{k}(1-s) \tag{4-9}$$

式中　n_1——基波旋转磁场转速；

n_r——转子转速；

s——基波频率供电时的转差率；

+、-符号——对应于负序与正序的时间谐波。

从交流电动机变压变频调速时的机械特性可知，异步电动机在某一基波频率下带负载工作时，电动机的运行转速接近于该基波频率下的同步转速，所以式（4-9）中的s值很小，而k较大，因此$s_k\approx1$。这意味着电动机在时间谐波作用下相当于在堵转状态下工作。这一结论对分析异步电动机在变频器供电时所受时间谐波的影响是很重要的。

在由变压变频器供电的电动机气隙中，存在基波磁动势和一系列时间谐波磁动势，它们在旋转着的电动机转子中都会感应电动势并产生电流。以5次和7次气隙

谐波磁动势为例，5 次谐波产生与基波旋转磁场反向的负序磁场，而 7 次谐波则产生正序旋转磁场，它们的转速相对于电动机定子分别为反向的 $5\omega_1$ 与正向的 $7\omega_1$（ω_1 为基波旋转磁场角速度）。由于转子本身的转速接近于 ω_1，所以谐波磁动势在转子中感应的电动势频率都近似为 $6f_1$（f_1 为基波磁动势频率）。依此类推，转子感应电动势的各次谐波频率近似为 $6mf_1$（$m=1, 2, 3, \cdots$）。所以交流电动机除由基波气隙磁动势与相应频率的转子感生电流作用产生的基波电磁转矩外，还存在一系列气隙磁动势（含基波与谐波的）与转子谐波电流产生的谐波电磁转矩。后者呈正、负半波振荡变化，但在一周内的平均值为零，故称为谐波振荡转矩。谐波振荡转矩有两类：一类是由每一次气隙谐波磁动势和任一次转子谐波电流的合成作用产生的。由于气隙谐波磁动势较弱，由它形成的振荡谐波转矩很小，一般可不予考虑。另一类谐波振荡转矩是由气隙基波磁动势与频率为 $6mf_1$ 的转子谐波电流相互作用所形成的转矩。前已述及，时间谐波磁动势对电动机转子的相对转速很大（$s_k\approx1$），所以由它们在转子中感生的谐波电流也较大，基波气隙磁动势与不同次的转子谐波电流相互作用就产生了对交流电动机工作有影响的谐波振荡转矩。下面讨论它的大小以及对电气传动的影响。

经过数学分析可得，基波磁动势与转子各次谐波电流合成产生的以时间为函数的电磁功率表达式为

$$P_{(1-k)}(t) = \pm 3EI_k\cos(6m\omega_1 t+\varphi_k) \tag{4-10}$$

式中　$(1-k)$——基波磁动势对 k 次谐波电流的作用；

E——定子电动势的有效值；

I_k——k 次定子谐波电流的有效值，由于励磁分量很小，可以认为它等于转子等效谐波电流；

φ_k——对应于 k 次谐波的功率因数角；

$$k=6m\pm1 \qquad (m=1, 2, 3, \cdots)$$

+、-符号——对应于负序与正序谐波电流。

将式（4-10）中的电磁功率除以同步角速度即得谐波电磁振荡转矩

$$T_{e(1-k)} = \pm\frac{3p_n}{\omega_1}EI_k\cos(6m\omega_1 t+\varphi_k) \tag{4-11}$$

从式（4-11）可以看到，基波磁动势与 $k=6m\pm1$ 次转子谐波电流产生的谐波电磁转矩均以 $6m$ 倍的基波频率做余弦振荡变化，故称之为谐波振荡电磁转矩。

2. 谐波振荡转矩对电动机稳态工作的影响

在电气传动系统中，运动系统的动力学方程式为

$$T_e - T_L = J\frac{d\omega}{dt}$$

由图 4-14 所示的异步电动机在六拍阶梯波变换器供电时的稳态仿真波形可知，

当电动机中产生谐波振荡转矩时，电磁转矩 T_e 就含有脉动分量。由于负载转矩是由基波磁动势所产生的电磁转矩克服的，所以当负载转矩恒定时，电动机在稳态工作时必然出现由谐波振荡转矩引起的转速脉动 $\Delta\omega$，可由动力学方程式求得

$$\sum \Delta\omega_k = \frac{1}{J}\int \sum T_{e(1-k)}\,\mathrm{d}t$$

$$= \frac{1}{J}\int \sum_{m=1}^{\infty} T_{ek}\cos(6m\omega_1 t + \varphi_k)\,\mathrm{d}t$$

$$= \frac{1}{6\omega_1 J}\sum_{m=1}^{\infty}\frac{T_{ek}}{m}\sin(6m\omega_1 t + \varphi_k) \tag{4-12}$$

式中　T_{ek}——由 k 次谐波磁动势产生的谐波振荡转矩幅值，可由式（4-11）求得。

由式（4-12）可见，在谐波振荡转矩的作用下，电动机在稳态工作时存在转速脉动，脉动角频率为基波角频率 ω_1 的 $6m$ 倍，脉动的幅值则与 ω_1、m 值成反比。若只计 5 次与 7 次谐波，$m=1$，它们引起的转速脉动角频率都为 $6\omega_1$，但转速脉动幅值不同。此时的转速脉动角频率可写为

$$\Delta\omega = \Delta\omega_5 + \Delta\omega_7 = \frac{1}{6\omega_1 J}[T_{e5}\sin(6\omega_1 t + \varphi_5) + T_{e7}\sin(6\omega_1 t + \varphi_7)] \tag{4-13}$$

分析式（4-13）可知，当电动机供电的基波频率越低时（即电动机运行转速越低时），转速的脉动幅值越大；低次谐波所引起的转速脉动幅值比高次谐波的影响为大。有鉴于此，常规变压变频器供电的异步电动机变频调速系统的低频性能是不够满意的，在 $f_1 = 5\text{Hz}$ 以下运行时影响尤甚。这就使变压变频调速的允许调速范围受到限制，难以适应要求精密调速以及调速范围广的稳速工作等场合。这时，必须抑制或消除变压变频器输出中的谐波含量，特别是低次谐波含量。下一节要讨论的 SPWM 变压变频器在这方面将显示出优越的性能。

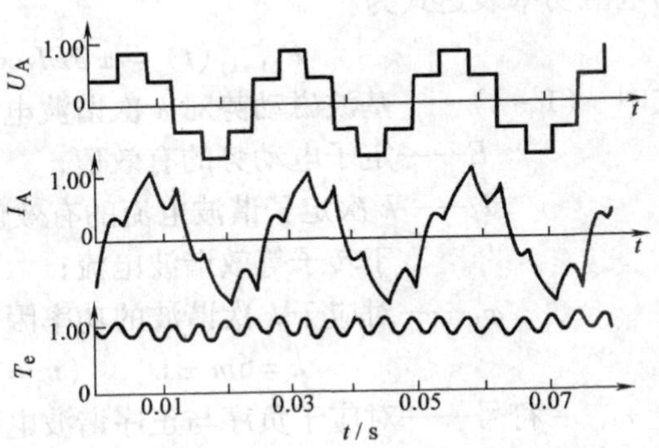

图 4-14　异步电动机在六拍阶梯波变频器供电时的稳态仿真波形（$f_1 = 40\text{Hz}$）

从式（4-13）还可以看出，为了减小电动机的转速脉动，不仅要注意消除电源中的低次谐波，而且随着供电频率的降低，所应消除的最低谐波的次数也应随之提高，才能维持转速脉动的幅值为一定。例如，当电动机在 $f_1 = 50\text{Hz}$ 工作时，假设逆变器输出中的 5、7 次谐波已被消除，可以容许 11 次以上的谐波存在。如果电动机工作在 $f_1 = 5\text{Hz}$，而最低次谐波仍为 11 次，则电动机转速脉动会比 $f_1 = 50\text{Hz}$ 时

提高 10 倍（设式中 T_{ek}不变）。如欲维持 $f_1=5\text{Hz}$ 工作时的 $\Delta\omega$ 与 $f_1=50\text{Hz}$ 工作时相同，必须提高 m 值，使 $m_{\min}$ 由 1 提高到 10，也就是说，允许的最低谐波电流次数应该提高到 $k=119$。显然，如果不使用特殊的谐波消除技术，这个要求是难以实现的。

4.3 正弦波脉宽调制（SPWM）控制技术

早期的交-直-交变压变频器输出的交流电压波形都是六拍阶梯波或矩形波，这是因为当时逆变器只能采用晶闸管，其关断的不可控性和较低的开关频率导致逆变器的输出波形含有较大的低次谐波，使电动机输出转矩存在脉动分量，影响其稳态工作性能，在低速运行时更为明显。为了改善交流电动机变压变频调速系统的性能，在出现了全控型电力电子开关器件之后，科技工作者在 20 世纪 80 年代开发了基于正弦波脉宽调制（Sinusoidal Pulse Width Modulation，SPWM）控制技术的逆变器，由于它的优良技术性能，当今国内外生产的变压变频器都已采用这种技术，只有在全控器件尚未能及的特大容量逆变器中才属例外。

4.3.1 基本思想

前已提及，当变频器按六拍开关工作时，其输出电压必然是阶梯波或矩形波，与正弦波差异较大。而变频调速系统中的异步电动机需要的是三相正弦波电压，这就需要改造逆变器的输出电压波形。我们知道，一个连续函数是可以用无限多个离散函数逼近或替代的，因而设想能否以多个不同幅值的矩形脉冲波来逼近或替代正弦波。图 4-15 中，在一个正弦半波上分割出多个等宽不等幅的波形（图中以脉冲数目 $n=12$ 为例），如果每一个矩形脉冲波的面积都与相应时间段内正弦波的面积相等，则这一系列矩形脉冲波的合成面积就等于正弦波的面积，也即有等效的作用。为了提高等效的精度，矩形脉冲波的数目越多越好，这就要求逆变器输出的电压应在数十到数百微秒的时间内按给定规律变化，从而造成控制实现时的难度。

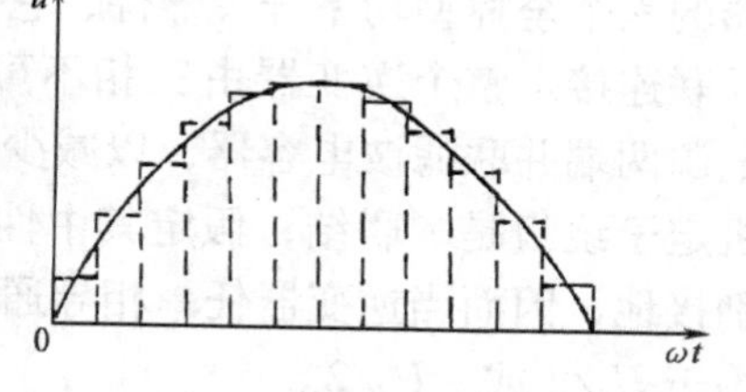

图 4-15　与正弦波等效的等宽不等幅矩形脉冲波序列

在 SPWM 变频装置中，前级整流器是不可控的，它输给逆变器的直流电压是恒定的。从这点出发，如果把上述一系列等宽不等幅的矩形波用一系列等幅不等宽的矩形脉冲波来替代（见图 4-16），也应该能实现与正弦波等效的功能。此时逆变器的电力电子器件不是按六拍开关工作，而是处于按一定规律频繁开关的工作状态。由于开关频率较高，晶闸管不能胜任，必须采用具有高开关频率性能的全控型电力电子器件。早期曾用过电流控制的功率晶体管，现在都采用电压控制的绝缘栅双极型晶体管（IGBT）等电力电子器件组成 SPWM 变频器。

4.3.2 正弦波脉宽调制原理

如前所述，正弦波脉宽调制（SPWM）波形就是与正弦波等效的一系列等幅不等宽的矩形脉冲波形，如图 4-16 所示。等效的原则是矩形脉冲波的面积与该时间段内正弦波形的面积相等。如果把一个正弦半波分作 n 等分（在图 4-16 中，$n=9$），然后把每一等分的正弦曲线与横轴所包围的面积都用一个与此面积相等的矩形脉冲来代替，各矩形脉冲的幅值相等，各脉冲的中点与正弦波每一等分的中点相重合。这样，由 n 个等幅不等宽的矩形脉冲波序列就与正弦波的半周等效，称作 SPWM 波形。同样，正弦波的负半周也可用相同的方法与一系列负脉冲波等效。这种正弦波正、负半周分别用正、负脉冲等效的 SPWM 波形称作单极式 SPWM。

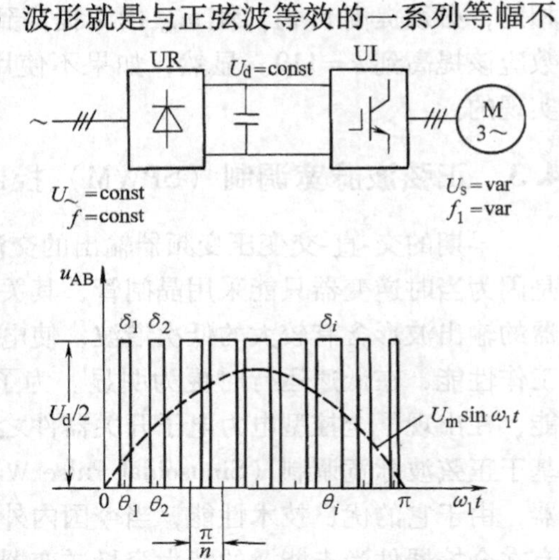

图 4-16 SPWM 变压变频器主电路框图和 SPWM 波形

详细的 SPWM 变压变频器原理主电路如图 4-17 所示。图中，$VI_1 \sim VI_6$ 是逆变器的六个全控型功率开关器件，它们各有一个续流二极管（$VD_1 \sim VD_6$）和它们反并联连接。整个逆变器由三相不可控整流器供电，所提供的直流恒值电压为 U_d，电源两端并联滤波电容器，以减少直流电压脉动。为分析方便起见，认为异步电动机定子绕组是Y联结，假定其中性点 O 与整流器输出端滤波电容器的中性点 O′分别接地，因而当逆变器任一相导通时，电动机绕组上所获得的相电压可简单地认为等于 $U_d/2$ 或 $-U_d/2$。

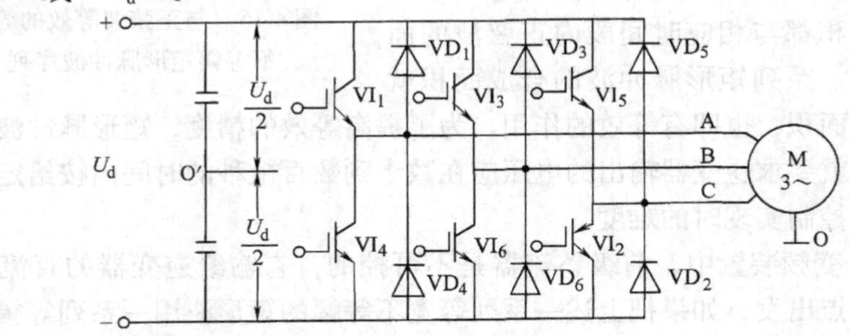

图 4-17 SPWM 变压变频器原理主电路

图 4-16 所示的单极式 SPWM 波形是由逆变器某一相上桥臂中一个电力电子开关器件反复导通和关断形成的。其等效正弦波为 $U_m \sin\omega_1 t$，而 SPWM 脉冲波序列的幅值为 $U_d/2$，各脉冲不等宽，但中心间距相同，都等于 π/n，n 为正弦波半个周期

内的脉冲数。令第 i 个矩形脉冲的宽度为 δ_i，其中心点相位为 θ_i，则根据面积相等的等效原则，可写成

$$\begin{aligned}\delta_i \frac{U_d}{2} &= U_m \int_{\theta_i-\frac{\pi}{2n}}^{\theta_i+\frac{\pi}{2n}} \sin\omega_1 t \mathrm{d}(\omega_1 t) \\ &= U_m\left[\cos\left(\theta_i - \frac{\pi}{2n}\right) - \cos\left(\theta_i + \frac{\pi}{2n}\right)\right] \\ &= 2U_m \sin\frac{\pi}{2n}\sin\theta_i\end{aligned}$$

为取得好的等效效果，n 值都取得较大。这样，$\sin\pi/(2n) \approx \pi/(2n)$，于是有

$$\delta_i \approx \frac{2\pi U_m}{nU_d}\sin\theta_i \tag{4-14}$$

这就是说，第 i 个脉冲的宽度与相应的等分段中点处正弦波值 $U_m\sin\theta_i$ 近似成正比。因此，与半个周期正弦波等效的 SPWM 波是两侧窄、中间宽、脉宽按正弦规律逐渐变化的脉冲波序列。

根据上述原理，SPWM 脉冲波的宽度可以严格地用计算方法求得。在原始的 SPWM 方法中，以期望的输出电压正弦波作为调制波（Modulation Wave），受它调制的信号称作载波（Carrier Wave），常用频率比期望波高得多的等腰三角波作为载波。当调制波与载波相交时（见图 4-18a），其交点决定了逆变器开关器件的通断时刻。例如，当 A 相的调制波电压 u_{ra} 高于载波电压 u_t 时，使开关器件 VI_1 导通，输出正的脉冲电压（见图 4-18b）；当 u_{ra} 低于 u_t 时，使 VI_1 关断，无脉冲电压输出。在 u_{ra} 的负半周中，可用类似的方法控制下桥臂的 VI_4，输出负的脉冲电压序列。若改变调制波的频率，输出电压基波的频率也随之改变；降低调制波的幅值时，如 $u'_{ra}=f(t)$，各段脉冲的宽度都将变窄，输出电压的基波幅值也相应减小。

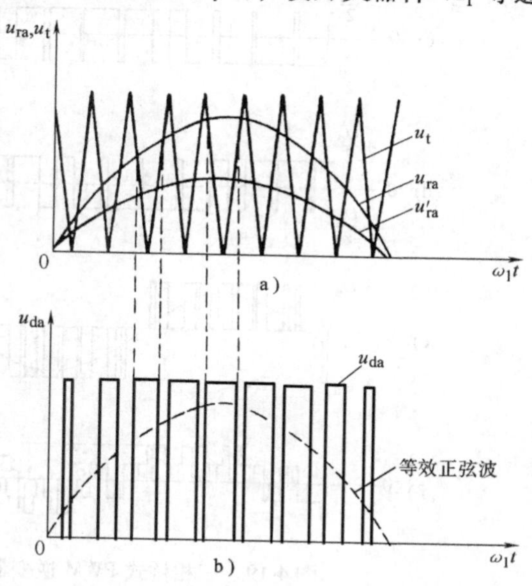

图 4-18　单极式脉宽调制波的形成
a）正弦调制波与三角载波　b）输出的 SPWM 波

SPWM 控制方式有单极式和双极式两类。上述的 SPWM 波形半周内的脉冲电压只在“正”（或“负”）和“零”之间变化，主电路每相只有一个开关器件反复通断，称作单极式。如果让同一桥臂上、

下两个开关器件互补地导通与关断，则输出脉冲在“正”和“负”之间变化，就得到双极式 SPWM 波形。图 4-19 绘出了三相双极式 SPWM 波形，其调制方法和单极式相似，只是输出脉冲电压的极性不同。当 A 相调制波 $u_{ra} > u_t$ 时，VI_1 导通，VI_4 关断，使输出相电压为 $u_{AO'} = +U_d/2$（见图 4-19b）；当 $u_{ra} < u_t$ 时，VI_1 关断，而 VI_4 导通，则 $u_{AO'} = -U_d/2$。所以 A 相电压 $u_{AO'} = f(t)$ 是以 $+U_d/2$ 和 $-U_d/2$ 为幅值作正、负跳变的脉冲波形。同理，图 4-19c 所示的 $u_{BO'} = f(t)$ 是由 VI_3 和 VI_6 交替导通得到的，图 4-19d 的 $u_{CO'} = f(t)$ 是由 VI_5 和 VI_2 交替导通得到的。由 $u_{AO'}$ 和 $u_{BO'}$ 相减，可得逆变器输出的线电压 $u_{AB} = f(t)$（见图 4-19e），也就是负载上的线电压，其脉冲幅值为 $+U_d$ 和 $-U_d$。可见，双极式 SPWM 波线电压是由 $\pm U_d$ 和 0 三种电平构成的。

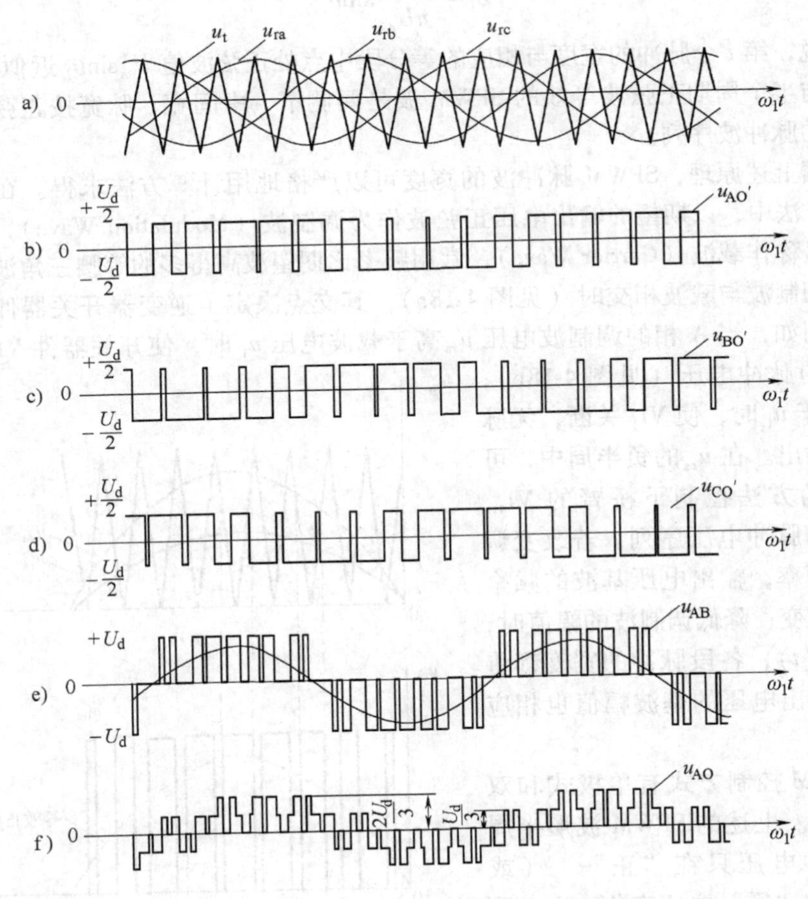

图 4-19　三相桥式 PWM 逆变器的双极性 SPWM 波形

a）三相正弦调制波与双极性三角载波　b）相电压 $u_{AO'}$　c）相电压 $u_{BO'}$

d）相电压 $u_{CO'}$　e）输出线电压 u_{AB}　f）电动机相电压 u_{AO}

图 4-19 中的 $u_{AO'}$、$u_{BO'}$与 $u_{CO'}$是逆变器输出端 A、B、C 分别与直流电源假想中性点 O′之间的电压。实际上 O′点与负载中性点 O 并不是等电位的（以前按等电位分析只是一种假定），所以 $u_{AO'}$等并不真正代表负载上的相电压。

令负载中性点 O 与直流电源假想中性点 O′之间的电压为 $u_{OO'}$，则负载各相的相电压分别为

$$\left.\begin{aligned} u_{AO} &= u_{AO'} - u_{OO'} \\ u_{BO} &= u_{BO'} - u_{OO'} \\ u_{CO} &= u_{CO'} - u_{OO'} \end{aligned}\right\} \tag{4-15}$$

将式（4-15）中各式相加并整理后得

$$u_{OO'} = \frac{1}{3}(u_{AO'} + u_{BO'} + u_{CO'}) - \frac{1}{3}(u_{AO} + u_{BO} + u_{CO})$$

一般负载三相对称，则 $u_{AO} + u_{BO} + u_{CO} = 0$，故有

$$u_{OO'} = \frac{1}{3}(u_{AO'} + u_{BO'} + u_{CO'}) \tag{4-16}$$

将式（4-16）代入式（4-15）可求得 A 相负载电压为

$$u_{AO} = u_{AO'} - \frac{1}{3}(u_{AO'} + u_{BO'} + u_{CO'}) \tag{4-17}$$

在图 4-19f 中绘出了相应的波形。可以看到，其脉冲幅值为 $\pm 2U_d/3$，$\pm U_d/3$ 和 0 五种电平组成。同样，可求得 B 相和 C 相负载电压 u_{BO}和 u_{CO}的波形。

4.3.3 SPWM 波的基波电压

在异步电动机变压变频调速系统中，电动机接受变频器输出的电压而运转。对电动机来说，有用的是电压的基波，希望 SPWM 波形中基波的成分越大越好。为了求得基波电压，须将 SPWM 脉冲序列波 $u(t)$ 展开成傅里叶级数。由于各相 SPWM 波正、负半波和左、右半波都是对称的，它是一个奇次正弦周期函数，其一般表达式为

$$u(t) = \sum_{k=1}^{\infty} U_{km} \sin k\omega_1 t \qquad (k = 1, 3, 5, \cdots)$$

式中

$$U_{km} = \frac{2}{\pi}\int_0^{\pi} u(t) \sin k\omega_1 t \, d(\omega_1 t)$$

要把包含 n 个矩形脉冲的 $u(t)$ 代入上式，必须先求得每个脉冲的起始相位和终了相位。就图 4-18 所表示的单极式 SPWM 波形来说，由于时间坐标原点对应于三角载波的顶点，所以第 i 个脉冲中心点的相位应为

$$\theta_i = \frac{\pi}{n} i - \frac{1}{2} \cdot \frac{\pi}{n} = \frac{2i-1}{2n}\pi \tag{4-18}$$

于是，第 i 个脉冲的起始相位为

$$\theta_i - \frac{1}{2}\delta_i = \frac{2i-1}{2n}\pi - \frac{1}{2}\delta_i$$

其终了相位为

$$\theta_i + \frac{1}{2}\delta_i = \frac{2i-1}{2n}\pi + \frac{1}{2}\delta_i$$

把它们代入 U_{km}式中，可得

$$\begin{aligned}
U_{km} &= \frac{2}{\pi}\sum_{i=1}^{n}\int_{\theta_i-\frac{1}{2}\delta_i}^{\theta_i+\frac{1}{2}\delta_i}\frac{U_d}{2}\sin k\omega_1 t\,\mathrm{d}(\omega_1 t) \\
&= \frac{2}{\pi}\sum_{i=1}^{n}\frac{U_d}{2k}\left[\cos k\left(\theta_i - \frac{1}{2}\delta_i\right) - \cos k\left(\theta_i + \frac{1}{2}\delta_i\right)\right] \\
&= \frac{2U_d}{k\pi}\sum_{i=1}^{n}\left[\sin k\theta_i \sin\frac{k\delta_i}{2}\right] \\
&= \frac{2U_d}{k\pi}\sum_{i=1}^{n}\left[\sin\frac{(2i-1)k\pi}{2n}\sin\frac{k\delta_i}{2}\right]
\end{aligned} \tag{4-19}$$

故

$$u(t) = \sum_{k=1}^{\infty}\frac{2U_d}{k\pi}\sum_{i=1}^{n}\left[\sin\frac{(2i-1)k\pi}{2n}\sin\frac{k\delta_i}{2}\right]\sin k\omega_l t \tag{4-20}$$

以 $k=1$ 代入式（4-19），可得输出电压的基波幅值。当半个周期内的脉冲数 n 不太少时，各脉冲的宽度 δ_i 都不大，可以近似地认为 $\sin\delta_i/2 = \delta_i/2$，因此

$$U_{1m} = \frac{2U_d}{\pi}\sum_{i=1}^{n}\left[\sin\frac{(2i-1)\pi}{2n}\right]\frac{\delta_i}{2} \tag{4-21}$$

可见，输出基波电压幅值 U_{1m}与各段脉宽 δ_i 有着直接的关系。它说明调节参考信号的幅值，从而改变各个脉冲的宽度时，就可实现对逆变器输出电压基波幅值的平滑调节。

以式（4-14）、式（4-18）代入式（4-21），得

$$\begin{aligned}
U_{1m} &= \frac{2U_d}{\pi}\sum_{i=1}^{n}\left[\sin\frac{(2i-1)\pi}{2n}\right]\frac{\pi U_m}{nU_d}\sin\frac{(2i-1)\pi}{2n} \\
&= \frac{2U_m}{n}\sum_{i=1}^{n}\sin^2\left[\frac{(2i-1)\pi}{2n}\right] \\
&= \frac{2U_m}{n}\sum_{i=1}^{n}\frac{1}{2}\left[1-\cos\frac{(2i-1)\pi}{2n}\right] \\
&= U_m\left[1-\frac{1}{n}\sum_{i=1}^{n}\cos\frac{(2i-1)\pi}{2n}\right]
\end{aligned} \tag{4-22}$$

可以证明，除 $n=1$ 以外，有限项三角级数

$$\sum_{i=1}^{n}\cos\frac{(2i-1)\pi}{2n}=0$$

而 $n=1$ 是没有意义的，因此由式(4-22)可得

$$U_{1m}=U_m$$

也就是说，SPWM 逆变器输出脉冲波序列的基波电压幅值正是调制时所要求的正弦波电压幅值。当然，这个结论是在作出前述的近似条件下得到的，即 n 不太少，$\sin\pi/(2n)\approx\pi/(2n)$，且 $\sin\delta_i/2\approx\delta_i/2$。当这些条件成立时，SPWM 变压变频器能很好地满足异步电动机变压变频调速的要求。

要注意到，SPWM 逆变器输出相电压的基波和常规交-直-交变压变频器的六拍阶梯波基波相比要小一些。其输出相电压的基波幅值最大为 $U_d/2$，输出线电压的基波幅值为$\sqrt{3}U_d/2$，若把逆变器所能输出的交流线电压最大基波幅值与直流电压 U_d 之比称作直流电压利用率，则 SPWM 逆变器的直流电压利用率仅为 0.866[4]，这样就影响了电动机额定电压的充分利用。为了弥补这个不足，在 SPWM 逆变器的直流回路中常并联相当大的滤波电容，以抬高逆变器的直流电源电压 U_d。

4.3.4 脉宽调制的制约条件

根据 PWM 的特点，逆变器主电路的电力电子开关器件在其输出电压半周内要开关 n 次。从上面的数学分析可知，把 PWM 所期望的正弦波分段越多，即 n 越大，则脉冲波序列的脉宽 δ_i 越小，上述分析结论的准确性越高，SPWM 波的基波更接近于期望的正弦波。但是，电力电子开关器件本身的开关能力是有限的，因此在应用 PWM 技术时，必然要受到一定条件的制约，这主要表现在以下两个方面。

1. 电力电子开关器件的开关频率

各种电力电子开关器件的开关频率受到其固有的开关时间和开关损耗的限制。普通晶闸管用于无源逆变器时，须采用强迫换相电路，其开关频率一般不超过 300~500Hz，在 SPWM 变压变频器中已难以应用。取而代之的是全控型器件，如双极型电力晶体管（BJT，开关频率可达 1~5kHz）、门极关断（GTO）晶闸管（开关频率可达 1~2kHz）、电力场效应晶体管（P-MOSFET，开关频率可达 50kHz）、绝缘栅双极型晶体管（IGBT，开关频率可达 20kHz）等。目前市场上的中小型 SPWM 变压变频器以应用 IGBT 为主。

定义载波频率 f_t 与参考调制波频率 f_r 之比为载波比（Carrier Ratio）N，即

$$N=\frac{f_t}{f_r} \tag{4-23}$$

相对于前述 SPWM 波形半个周期内的脉冲数 n 来说，应有 $N=2n$。为了使逆变器的输出尽量接近正弦波，应尽可能增大载波比，但若从电力电子开关器件本身的允许开关频率来看，载波比又不能太大。N 值应受到下列条件的制约：

$$N \leqslant \frac{\text{电力电子开关器件的允许开关频率}}{\text{最高的正弦波调制信号频率}} \tag{4-24}$$

上式中的分母实际上就是 SPWM 变频器的最高输出频率。

2. 最小间歇时间与调制度

为保证主电路开关器件的安全工作，必须使调制的脉冲波有个最小脉宽与最小间歇时间的限制，以保证最小脉冲宽度大于开关器件的导通时间 t_{on}，而最小脉冲间歇时间大于器件的关断时间 t_{off}。在 PWM 时，若 n 为偶数，在调制信号幅值 U_{rm} 与三角载波相交的两点恰好是一个脉冲的间歇时间。为了保证最小间歇时间大于 t_{off}，必须使 U_{rm} 低于三角载波的电压峰值 U_{tm}。为此，定义 U_{rm} 与 U_{tm} 之比为调制度 M

$$M = \frac{U_{rm}}{U_{tm}} \tag{4-25}$$

在理想情况下，M 值可在 0～1 之间变化，以调节逆变器输出电压的大小。实际上，M 总是小于 1 的，在 N 较大时，一般取最高的 M = 0.8～0.9。

4.3.5 同步调制与异步调制

在实行 SPWM 时，视载波比 N 的变化与否，有同步调制与异步调制之分。

1. 同步调制

在同步调制方式中，N = 常数，变频时三角载波的频率与正弦调制波的频率同步改变，因而输出电压半波内的矩形脉冲数是固定不变的。如果取 N 等于 3 的倍数，则同步调制不仅能保证输出波形的正、负半波始终保持对称，并能严格保证三相输出波形间具有互差 120°的对称关系。但是，当输出频率很低时，由于相邻两脉冲间的间距增大，谐波会显著增加，使负载电动机产生较大的脉动转矩和较强的噪声，这是同步调制方式的主要缺点。

2. 异步调制

为了消除上述同步调制的缺点，可以采用异步调制方式。顾名思义，异步调制时，在变压变频器的整个变频范围内，载波比 N 不等于常数。一般在改变调制波频率 f_r 时，保持三角载波频率 f_t 不变，因而提高了低频时的载波比。这样，输出电压半波内的矩形脉冲数可随输出频率的降低而增加，相应地可减少负载电动机的转矩脉动与噪声，改善了系统的低频工作性能。

有一利必有一弊，异步调制方式在改善低频工作性能的同时，又失去了同步调制的优点。当载波比 N 随着输出频率的降低而连续变化时，它不可能总是 3 的倍数，势必使输出电压波形及其相位都发生变化，难以保持三相输出的对称性，这就会引起电动机工作不平稳。

3. 分段同步调制

为了扬长避短，可将同步调制和异步调制结合起来，成为分段同步调制方式，实用的 SPWM 变压变频器多采用这种方式。

在一定频率范围内采用同步调制，可保持输出波形对称的优点，但频率降低较多时，如果仍保持载波比 N 不变的同步调制，输出电压谐波将会增大。为了避免这个缺点，可使载波比分段有级地加大，以采纳异步调制的长处，这就是分段同步调制方式。具体地说，把整个变频范围划分成若干频段，在每个频段内都维持载波比 N 恒定，而对不同的频段采用不同的 N 值，频率低时，N 值取大些，一般大致按等比级数安排。表 4-4 给出了某 SPWM 变压变频调速系统频段和载波比的分配实例，以资参考。

表 4-4 分段同步调制的频段和载波比

输出频率 f_1/Hz	载波比 N	开关频率 f_t/Hz	输出频率 f_1/Hz	载波比 N	开关频率 f_t/Hz
41 ~ 62	90	3690 ~ 5580	11 ~ 17	330	3630 ~ 5610
27 ~ 41	135	3645 ~ 5535	7 ~ 11	510	3570 ~ 5610
17 ~ 27	210	3570 ~ 5670	4. 6 ~ 7	795	3657 ~ 5565

图 4-20 所示是与表 4-4 相对应的 f_1 与 f_t 的关系曲线。由图可见，在输出频率 f_1 的不同频段内，用不同的 N 值进行同步调制，可使各频段开关频率的变化范围基本一致，以适应电力电子开关器件对开关频率的限制。

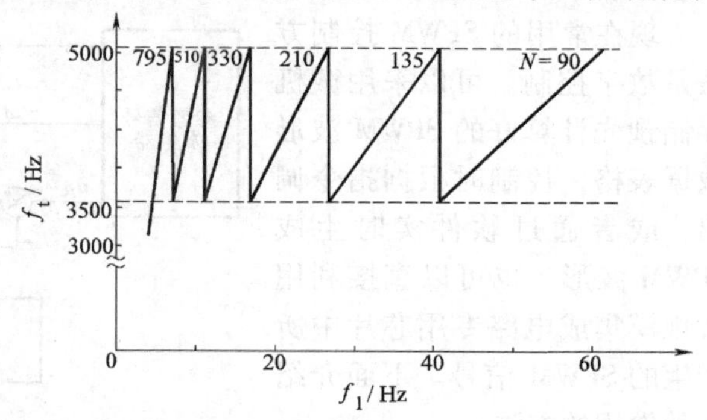

图 4-20 分段同步调制时输出频率与开关频率的关系曲线

上述图表的设计计算方法如下：已知变频器要求的输出频率范围为 5 ~ 60Hz，用 IGBT 作为开关器件，取最大开关频率为 5. 5kHz 左右，最小开关频率在最大开关频率的 1/2 ~ 2/3 之间，视分段数要求而定。

现取输出频率上限为 62Hz，则第一段载波比为

$$N_1 = \frac{f_{\text{tmax}}}{f_{1\text{max}}} = \frac{5500\text{Hz}}{62\text{Hz}} = 88.7$$

取 N 为 3 的整数倍数，则 $N_1 = 90$，修正后得

$$f_{\text{tmax}} = N_1 f_{1\text{max}} = 90 \times 62\text{Hz} = 5580\text{Hz}$$

若取 $f_{\text{tmin}} \approx 2f_{\text{tmax}}/3 = 2 \times 5580/3\text{Hz} = 3720\text{Hz}$，可计算得

$$f_{1\text{min}} = \frac{f_{\text{tmin}}}{N_1} = \frac{3720\text{Hz}}{90} = 41.33\text{Hz}$$

取整数，则有 $f_{1\text{min}} = 41\text{Hz}$，$f_{\text{tmin}} = 41 \times 90\text{Hz} = 3690\text{Hz}$。

这就是第一段载波比的最低输出频率，也即是第二段载波比的最高输出频率。以下各段依此类推，可得表 4-4 中各行的数据。

分段同步调制虽然比较麻烦，但在计算机技术迅速发展的今天，这种调制方式是很容易实现的。

4.3.6 SPWM 波的实现

当采用高开关频率的全控型电力电子器件组成逆变电路时，可认为器件的开与关均无延时，因此就可将要求变频器输出三相 SPWM 波的问题转化为如何获得与其形状相同的三相 SPWM 控制信号问题，并用这些信号作为变频器中各电力电子器件的基极（栅极）驱动信号。

1. 模拟控制

原始的 SPWM 是由模拟控制实现的。图 4-21 是 SPWM 变压变频器的模拟控制电路框图。三相对称的参考正弦电压调制信号 u_{ra}、u_{rb}、u_{rc} 由参考信号发生器提供，其频率和幅值都可调。三角载波信号 u_t 由三角波发生器提供，各相共用。它分别与每相调制信号进行比较，给出“正”的饱和输出或“零”输出，产生 SPWM 脉冲波序列 u_{da}、u_{db}、u_{dc}，作为变压变频器电力电子开关器件的驱动信号。SPWM 的模拟控制现在已不见应用，但它的原理仍是其他控制方法的基础。

现在常用的 SPWM 控制方法是数字控制。可以采用微机存储预先计算好的 SPWM 波形数据表格，控制时根据指令调出；或者通过软件实时生成 SPWM 波形；也可以直接利用大规模集成电路专用芯片中所产生的 SPWM 信号。下面介绍几种常用的方法。

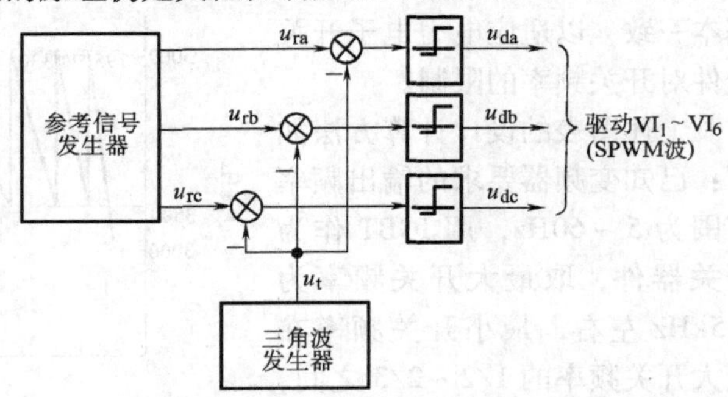

图 4-21 SPWM 变压变频器的模拟控制电路

2. 自然采样法

在数字控制中，移植模拟控制的方法，计算正弦调制波与三角载波的交点，从而求出相应的脉宽和脉冲间歇时刻，生成 SPWM 波，称之为自然采样（Natural Sampling）法。图 4-22 中所示是任意一段正弦调制波与三角载波相交的情况。交点 A 是发出脉冲的时刻，交点 B 是结束脉冲的时刻。设 T_c 为三角载波的周期，t_1 为脉冲发生（A 点）以前的间歇时间，t_2 为 AB 之间的脉宽时间，t_3 为 B 点以后的间歇时间。显然，$T_c = t_1 + t_2 + t_3$。

若以单位 1 代表三角载波的幅值 U_{tm}，则正弦调制波的幅值 U_{rm} 就可用调制度 M 表示，正弦调制波可写作

$$u_r = M\sin\omega_1 t$$

式中　ω_1——调制角频率，也就是变压变频器的输出角频率。

由于A、B两点对三角载波的中心线并不对称，须把脉宽时间 t_2 分成 t_2' 和 t_2'' 两部分（见图4-22）。按相似直角三角形的几何关系，可知

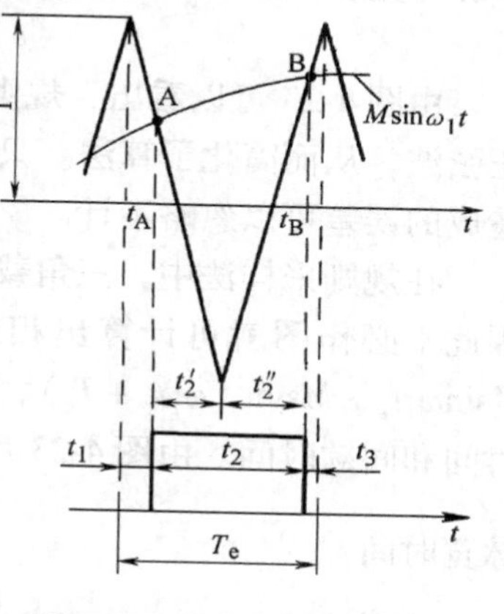

图4-22　生成SPWM波的自然采样法

$$\frac{2}{T_c/2}=\frac{1+M\sin\omega_1 t_A}{t_2'}$$

$$\frac{2}{T_c/2}=\frac{1+M\sin\omega_1 t_B}{t_2''}$$

经整理得

$$t_2=t_2'+t_2''=\frac{T_c}{2}\left[1+\frac{M}{2}\ (\sin\omega_1 t_A+\sin\omega_1 t_B)\right] \tag{4-26}$$

这是一个超越方程，其中 t_A、t_B 与载波比 N、调制度 M 都有关系，求解困难，而且 $t_1 \neq t_3$，分别计算更增加了困难。因此，自然采样法虽是能确切反映SPWM工作原理的原始方法，计算结果精确，却不适于微机实时控制。

3. 规则采样法

自然采样法的主要问题是，SPWM波每一个脉冲的起始和终了时刻 t_A 和 t_B 对三角波的中心线不对称，因而求解困难。工程上实用的方法要求算法简单，只要误差不大，允许作一些近似处理。这样，就提出了各种规则采样（Regular Sampling）法。

规则采样法的出发点是设法在三角载波的某一特定时刻处找到正弦调制波的采样电压值。这样，当三角载波频率已知时，计算机可以很方便地求出每一个SPWM波的采样时刻。图4-23表示一种规则采样法，以三角载波的负峰值（E点）作为采样时刻，对应的采样电压为 u_{re}。在三角载波上，由 u_{re} 水平线截得A、B两点，由线段AB确定脉宽时间 t_2。由于三角载波两个正峰值之间的时刻即为载波周期 T_c，因此可根据对称原理，求出A点、B点与载波各正峰值之间的间歇时间 t_1 和 t_3，且 $t_1=t_3$，而相应的SPWM波相对于 T_c 的中间时刻（载波负峰值对应的时刻）对称，这就大大简化了计算。需要指出的是，规则采样法所求得的SPWM波在起始时刻、终了时刻以及脉宽大小方面都不如自然采样法准确。从图4-23可以看到，脉冲起始时刻A点比自然采样法提前了；脉冲终了时刻B点也比自然采样法提前了，虽然两者提前的时间不尽相同，但终究互相有了一些补偿，

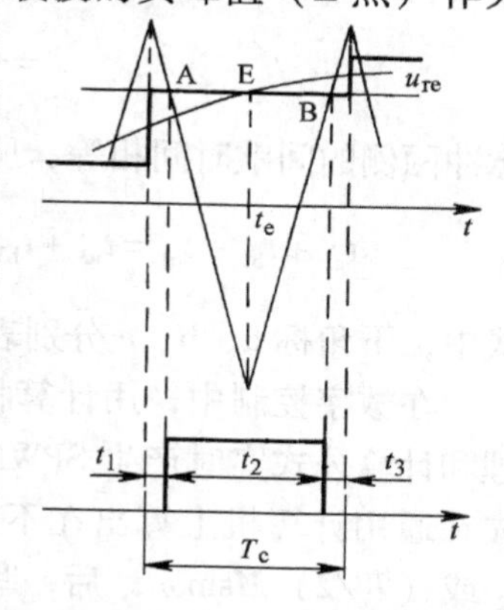

图4-23　生成SPWM波的规则采样法

对脉冲宽度的影响不大，所造成的误差是工程上可以允许的，而算法毕竟简单多了。

由图 4-23 可以看出，规则采样法的实质是用图中粗实线所示的阶梯波来代替正弦波，从而简化了算法。只要载波比足够大，不同的阶梯波都很逼近正弦波，所造成的误差可以忽略不计。

在规则采样法中，三角载波每个周期的采样时刻都是确定的，都在负峰值处，因此不必作图就可计算出相应时刻的正弦波值。例如，在图中，采样值依次为 $M\sin\omega_1 t_e$、$M\sin(\omega_1 t_e + T_c)$、$M\sin(\omega_1 t_e + 2T_c)$、…因而可以很容易地计算出脉宽时间和间歇时间。由图 4-23 可得规则采样法的计算公式为

脉宽时间
$$t_2 = \frac{T_c}{2}(1 + M\sin\omega_1 t_e) \tag{4-27}$$

间歇时间
$$t_1 = t_3 = \frac{1}{2}(T_c - t_2) \tag{4-28}$$

实用的变频器多是三相的，因此还应形成三相的 SPWM 波。三相正弦调制波在时间上互差 2π/3，而三角载波是共用的，这样就可在同一个三角载波周期内获得图 4-24 所示的三相 SPWM 波。

在图 4-24 中，每相的脉宽时间 t_{a2}、t_{b2} 和 t_{c2} 都可用式（4-27）计算，求三相脉宽时间的总和时，等式右边第一项相同，加起来是其 3 倍，第二项之和则为零，因此

$$t_{a2} + t_{b2} + t_{c2} = \frac{3}{2}T_c \tag{4-29}$$

三相间歇时间总和为

$$t_{a1} + t_{b1} + t_{c1} + t_{a3} + t_{b3} + t_{c3} = 3T_c - (t_{a2} + t_{b2} + t_{c2}) = \frac{3}{2}T_c$$

脉冲两侧的间歇时间相等，所以

$$t_{a1} + t_{b1} + t_{c1} = t_{a3} + t_{b3} + t_{c3} = \frac{3}{4}T_c \tag{4-30}$$

式中，下角标 a、b、c 分别表示 A、B、C 三相。

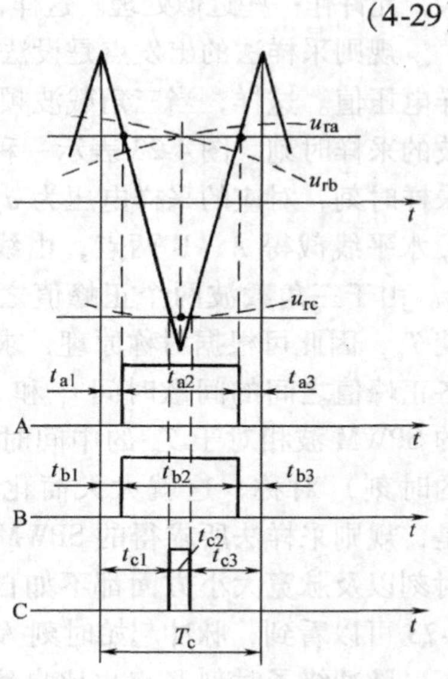

图 4-24　三相 SPWM 波的生成

在数字控制中，用计算机按照上述的采样原理和计算公式实时产生 SPWM 波。一般可以离线先在通用计算机上算出在不同 ω_1 与 M 时的脉宽 t_2 或（$T_c/2$）$M\sin\omega_1 t_e$ 后，写入 EPROM，然后由调速系统的微机通过查表和加减法运算求出各相脉宽时间和间歇时间，这就是查表法。也可以在

内存中存储正弦函数和 $T_c/2$ 值，控制时，先取出正弦值与调速系统所需的调制度 M 作乘法运算，再根据给定的载波频率求出对应的 $T_c/2$ 值，与 $M\sin\omega_1 t_e$ 作乘法运算，然后运用加、减、移位即可算出脉宽时间 t_2 和间歇时间 t_1、t_3，此即实时计算法。按查表法或实时计算法所得的脉冲数据都送入定时器，利用定时中断向接口电路送出相应的高、低电平，以实时产生 SPWM 波的一系列脉冲。对于开环控制系统，在某一给定转速下，其调制度 M 与角频率 ω_1 都有确定值，所以宜采用查表法。对于闭环控制的调速系统，在系统运行中，调制度 M 值须随时调整（因为有反馈控制的调节作用），所以采用实时计算法更为适宜。

上面所讨论的 SPWM 波生成方法可以用单片机实现。现在大多采用16 位单片机，为充分发挥微机的功能，常使 SPWM 波的生成与其他控制算法在同一 CPU 中完成。

4. SPWM 专用集成电路芯片与微处理器

应用单片微机产生 SPWM 波形时，其效果受到指令功能、运算速度、存储容量和兼顾其他控制算法功能的限制，有时难以有很好的实时性。特别是在控制高频电力电子器件以及闭环调速系统中，完全依靠软件生成 SPWM 波的方法实际上很难适应要求。

随着微电子技术的发展，早期曾陆续开发了一些专门用于发生 SPWM 控制信号的集成电路芯片，应用专用芯片当然比用单片微机通过软件生成 SPWM 信号要方便得多。近来更出现了多种用于电动机调速控制的专用单片微处理器，如 Intel 公司的 8XC196MC 系列、TI 公司的 TMS320 系列、日立公司的 SH7000 系列等微处理器。这些微处理器一般都具有以下功能：①有 PWM 波生成硬件及较宽的频率调制范围；②为了对变压变频调速系统的运行参数（如电压、电流、转速等）进行实时检测和调整与故障保护，微处理器具有很强的中断功能与较多的中断通道；③具有将外部的模拟量控制信号及通过各种传感器送来的反馈、检测信号进行 A-D 转换的接口，且一般为 8 位转换器；④具有较高的运算速度、能完成复杂运算的指令、内存容量较大；⑤有用于外围通信的同步、异步串行接口的硬件或软件单元。由于有这些功能的支持，所以上述微处理器能方便地用于开发基于 PWM 控制技术的电动机调速系统，微处理器除能产生可调频率的 PWM 控制信号外，还能完成必需的保护、控制等功能。现代 SPWM 变压变频器的控制电路大都是以微处理器为核心的数字控制电路。

4.3.7 SPWM 变压变频器的输出谐波分析

SPWM 变压变频器虽然以输出波形接近正弦波为目的，但其输出电压中仍然存在着谐波分量。产生谐波的主要原因是：①在工程应用中，对 SPWM 波的生成往往采用规则采样法或专用集成电路器件，不能保证脉宽调制波的面积与相对应段正弦波面积完全相等；②为了防止逆变器同一桥臂上、下两器件同时导通而导致直流侧短路，常在上、下两器件互相切换时设置导通时滞环节，称之为“开关死区”，死区的存在会不可避免地造成逆变器输出的 SPWM 波有所畸变（对于这个问题将在 4.7 节中详细讨论）。

前述对单极式 SPWM 变压变频器输出波形的分析表明，其输出电压如式（4-20）所示。很明显，它不是简单的正弦函数，存在着与脉冲宽度 δ_i 和载波比 $N=2n$ 有关的谐波分量。

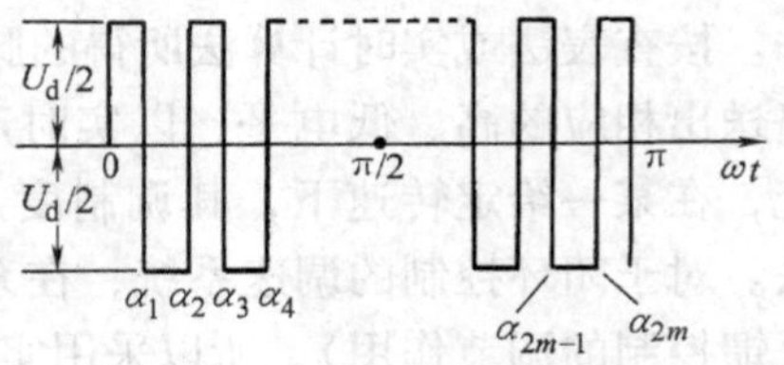

图 4-25　双极式 SPWM 变压变频器输出电压波形

对双极式 SPWM 变压变频器来说，其输出电压波形如图 4-25 所示。这是一组正负相间等幅不等宽的脉冲波，它不仅半个周期对称，而且对纵轴按 1/4 周期对称。设在半个周期中有 m 个脉冲波，可写出其输出电压的傅里叶级数表达式为

$$u(t) = \sum_{k=1}^{\infty} U_{km}\sin k\omega_1 t$$

式中　$U_{km} = \dfrac{2}{\pi}\int_0^{\pi} u(t)\sin k\omega_1 t\mathrm{d}(\omega_1 t)$。

为便于数学分析，可将图 4-25 中的 $u(\omega t)$ 看做是一个幅值为 $U_d/2$ 的矩形波加上一个幅值为 $2(U_d/2)$ 的负脉冲列，半周内该脉冲列的起点和终点分别是 α_1，α_2，α_3，…，α_{2m-1}，α_{2m}。因此有

$$\begin{aligned} U_{km} &= \frac{2}{\pi}\Big[\int_0^{\pi}\frac{U_d}{2}\sin k\omega_1 t\mathrm{d}(\omega_1 t) - \int_{\alpha_1}^{\alpha_2}2\left(\frac{U_d}{2}\right)\sin k\omega_1 t\mathrm{d}(\omega_1 t) - \\ &\quad \int_{\alpha_3}^{\alpha_4}2\left(\frac{U_d}{2}\right)\sin k\omega_1 t\mathrm{d}(\omega_1 t) - \cdots - \int_{\alpha_{2m-1}}^{\alpha_{2m}}2\left(\frac{U_d}{2}\right)\sin k\omega_1 t\mathrm{d}(\omega_1 t)\Big] \\ &= \frac{2U_d}{k\pi}\Big[1 - \sum_{i=1}^{m}(\cos k\alpha_{2i-1} - \cos k\alpha_{2i})\Big] \end{aligned} \tag{4-31}$$

展开此式，得

$$\begin{aligned} U_{km} = \frac{2U_d}{k\pi}[&1 - (\cos k\alpha_1 - \cos k\alpha_2) - (\cos k\alpha_3 - \cos k\alpha_4) - \\ &\cdots - (\cos k\alpha_{2m-1} - \cos k\alpha_{2m})] \end{aligned} \tag{4-32}$$

考虑到变压变频器输出波形在 1/4 周期处对纵轴有对称性，因而 $u(\omega t) = u(\pi - \omega t)$，则

$$\alpha_i = \pi - \alpha_{2m-(i-1)} \qquad (i = 1, 2, \cdots, m)$$

因而

$$\cos k\alpha_i = \cos k(\pi - \alpha_{2m-(i-1)}) \tag{4-33}$$

展开式（4-33）等号右面的三角函数，则有

$$\cos k\alpha_i = \cos k\pi\cos k\alpha_{2m-(i-1)} + \sin k\pi\sin k\alpha_{2m-(i-1)}$$

由于 k 为奇数，$\cos k\pi=-1$，$\sin k\pi=0$，则

$$\cos k\alpha_i=-\cos k\alpha_{2m-(i-1)}$$

而式（4-32）可改写成

$$U_{km}=\frac{2U_d}{k\pi}\left[1+2\sum_{i=1}^{m}(-1)^i\cos k\alpha_i\right] \tag{4-34}$$

在给定 α_i 的条件下，可以利用式（4-34）进行输出波形的谐波分析。α_i 表示脉冲起始或终止时刻，从脉冲的形成原理可知，α_i 与载波比 N 及调制度 M 等有密切关系，而式（4-34）却没有直接反映出这样的函数关系。为推导出有上述变量的数学表达式，有些文献提出用正弦函数加上贝塞尔函数，或用多重傅里叶变换式来描述[6]，但这些表达式都相当复杂，难以作为通用分析的基础。

从理论上说，SPWM 变压变频器与常规交-直-交变压变频器在谐波分析上有其相似之处，它们都不存在偶次谐波与 3 的倍数次谐波。参考文献分析表明，SPWM 变压变频器在其载波频率及其倍数的频带附近，即在开关频率倍数附近的次数谐波较多，而载波比数值以下次数的谐波则基本上可以得到充分的抑制。因此，SPWM 变压变频器输出电压中的谐波次数 k 可以用下式简单表示，其中，N 为载波比；p、m 都是正整数。

$$k=pN\pm m \tag{4-35}$$

由于逆变器输出电压中不存在偶数次谐波，而 3 的倍数次电流不能流入三相电动机中，所以 p 与 m 的选取应使 k 不为偶数，也不为 3 的倍数。因此，p、m 不能同时为偶数，而 N 往往是 3 的倍数，所以 m 也不能取为 3；同时它们也只能是较小的整数，因为过高次数的谐波对电动机的影响是很小的。按此在图 4-26 中给出了与载波比 N、$2N$、$3N$ 频段有关的谐波大小与 M 的关系曲线，图中的纵坐标表示谐波电压幅值与基波电压幅值之比，横坐标是调制度 M。曲线表明，在 M 从 0 一直到 0.9 的范围内，$2N\pm1$ 次谐波始终是主要的谐波，而 $N\pm2$ 次谐波很小。例如，当 $N=9$ 时，主谐波为 17 次与 19 次，而 7 次与 11 次谐波的影响很小。从图中还可看到，当 $M>0.9$ 时，$N\pm2$ 次谐波却成为主要的了。

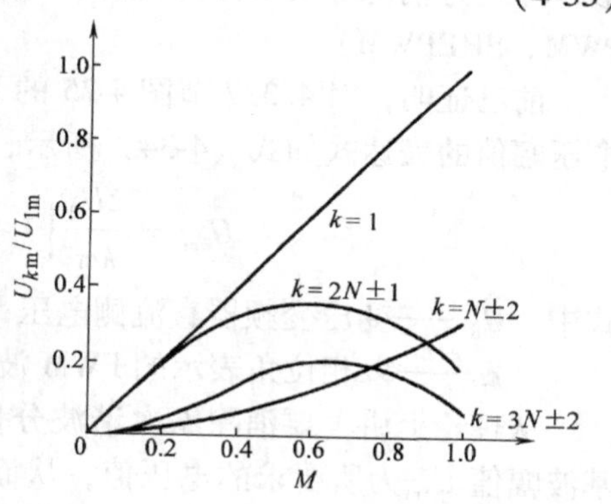

图 4-26 SPWM 变压变频器谐波分量与调制度 M 的关系

图 4-27 绘出了对于 $N=9$、$M=1.0$ 的 SPWM 逆变器输出波形的频谱分析。图中各次谐波相对值 $U_k^*=U_{km}/U_{1m}$ 为 $U_7^*=0.3179$，$U_{11}^*=0.3201$，$U_{17}^*=0.1816$，$U_{19}^*=0.1759$，$U_{25}^*=0.0609$，$U_{29}^*=0.1123$，可见高次谐波的影响是很小的。

SPWM 变压变频器输出电压谐波受到多个参变量的制约，难以得到精确而又简

明的通用数学表达式。式（4-35）与图 4-27 可以作为一般分析的参考。在实际应用中，由于还受到开关死区等因素的影响，谐波影响可能还要大一些。

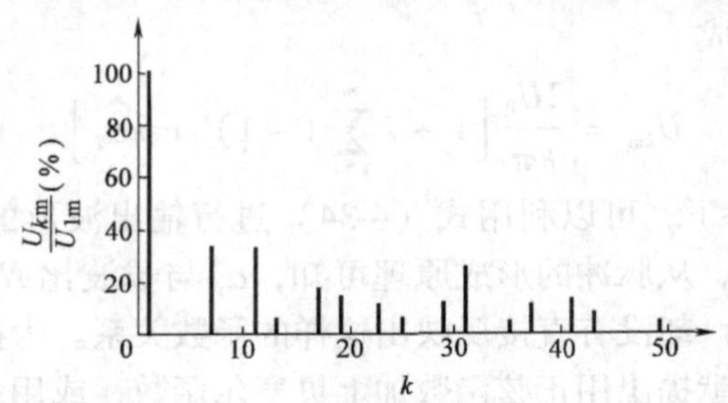

图 4-27　SPWM 变压变频器输出电压的频谱分析（$N=9$、$M=1.0$）

4.4　消除指定次数谐波的 PWM（SHEPWM）控制技术

采用正弦波脉宽调制（SPWM）的目的是使变压变频器输出的电压波形尽量接近正弦波，减少谐波，以满足交流电动机的需要。这是一种基本的，但并不是唯一的 PWM 控制技术。另一种 PWM 控制技术是：采取措施以消除不允许存在的或影响较大的某几次谐波，如 5、7、11、13 等低次谐波，构成近似正弦波的 PWM 波形，称之为消除指定次数谐波的 PWM 控制技术（Selected Harmonics Elimination PWM，SHEPWM）。

前已证明，对 4.3.7 节图 4-25 的 PWM 波形作傅里叶分析可知，其 k 次谐波相电压幅值的表达式如式（4-34）所示，现再写在下面：

$$U_{km} = \frac{2U_d}{k\pi}\left[1 + 2\sum_{i=1}^{m}(-1)^i\cos k\alpha_i\right]$$

式中　U_d——变压变频器直流侧电压；

α_i——以相位角表示的 PWM 波形第 i 个起始或终了时刻。

从理论上讲，要消除 k 次谐波分量，只须令式（4-34）中的 $U_{km}=0$，并满足基波幅值 U_{1m} 为所要求的电压值，从而解出相应的 α_i 值即可。然而，图 4-25 所示的电压波形为一组正负相间的 PWM 波，它不仅半个周期对称，而且有 1/4 周期对纵轴对称的性质。在 1/4 周期内，有 m 个 α 值，即 m 个待定参数，这些参数代表了可以用于消除指定谐波的自由度。其中，除了必须满足的基波幅值外，尚有（$m-1$）个可选的参数，它们分别代表了可消除谐波的数量。例如，取 $m=5$，可消除 4 个不同次数的谐波。常常希望消除影响最大的 5、7、11、13 次谐波，就让这些谐波电压的幅值为零，并令基波幅值为需要值，代入式（4-34）可得一组三角函数的联立方程式：

$$U_{1m} = \frac{2U_d}{\pi}[1 - 2\cos\alpha_1 + 2\cos\alpha_2 - 2\cos\alpha_3 + 2\cos\alpha_4 - 2\cos\alpha_5] = \text{需要值}$$

$$U_{5m}=\frac{2U_d}{5\pi}[1-2\cos5\alpha_1+2\cos5\alpha_2-2\cos5\alpha_3+2\cos5\alpha_4-2\cos5\alpha_5]=0$$

$$U_{7m}=\frac{2U_d}{7\pi}[1-2\cos7\alpha_1+2\cos7\alpha_2-2\cos7\alpha_3+2\cos7\alpha_4-2\cos7\alpha_5]=0$$

$$U_{11m}=\frac{2U_d}{11\pi}[1-2\cos11\alpha_1+2\cos11\alpha_2-2\cos11\alpha_3+2\cos11\alpha_4-2\cos11\alpha_5]=0$$

$$U_{13m}=\frac{2U_d}{13\pi}[1-2\cos13\alpha_1+2\cos13\alpha_2-2\cos13\alpha_3+2\cos13\alpha_4-2\cos13\alpha_5]=0$$

上述五个方程式中，共有 α_1，α_2，…，α_5 这五个需要求解的开关时刻相位角，一般采用数值法迭代求解，然后再利用1/4 周期对称性，计算出 $\alpha_{10}=\alpha_{2m}=\pi-\alpha_1$，以及 α_9、α_8、α_7、α_6 各值。这样的数值计算法在理论上虽能消除所指定次数的谐波，但更高次数的谐波却可能反而增大，不过它们对电动机电流和转矩的影响已经不大，所以这种控制技术的效果还是不错的。由于上述数值求解方法的复杂性，而且对应于不同基波频率应有不同的基波电压幅值，求解出的脉冲开关时刻也不一样。所以这种方法不宜用于实时控制，须用计算机离线求出开关角的数值，放入微机内存，以备控制时调用。

4.5 电流滞环跟踪 PWM（CHBPWM）控制技术

应用 PWM 控制技术的变压变频器一般都是电压源型的，它可以按需要方便地控制其输出电压。为此，前两节所述的 PWM 控制技术都是以输出电压近似正弦波为目标的。但是，对于交流电动机，实际需要保证的应该是正弦波电流，因为只有在交流电动机绕组中通入三相平衡的正弦波电流才能使合成的电磁转矩为恒定值，不含脉动分量。因此，若能对电流实行闭环控制，以保证其正弦波形，显然将比电压控制能够获得更好的效果[18,19]。

常用的一种电流闭环控制方法是电流滞环跟踪 PWM（Current Hysteresis Band PWM，CHBPWM）控制。电流滞环跟踪 PWM 控制的 PWM 变压变频器的 A 相控制原理电路如图 4-28 所示，其中，电流控制器是带滞环的比较器 HBC，环宽为 $2h$。将给定电流 i_a^* 与输出电流 i_a 进行比较，当电流偏差 Δi_a 超过 ± h 时，经滞环控制器 HBC 控制逆变器 A 相上（或下）桥臂的电力电子器件工作。B、C 两相的原理图和控

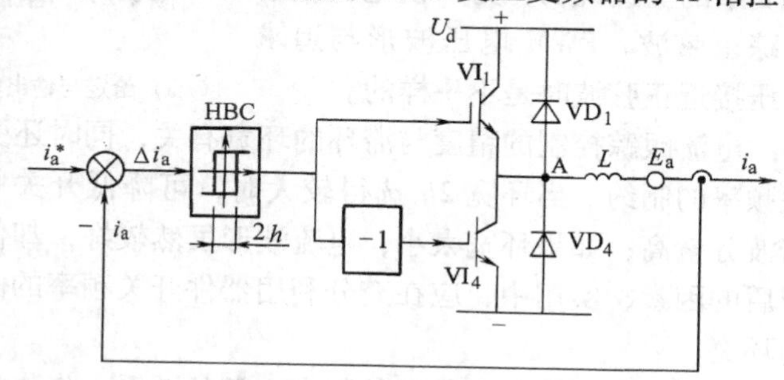

图 4-28 电流滞环跟踪控制的 A 相原理电路

制方法均与此相同。

采用电流滞环跟踪控制时，变压变频器的电流波形与相应的 PWM 相电压波形如图 4-29 所示。设在图中的 t_0 时刻，$i_a < i_a^*$，且 $\Delta i_a = i_a^* - i_a \geqslant h$，滞环控制器 HBC 输出正电平，驱动上桥臂电力电子开关器件 VI_1 导通，变压变频器输出正电压，使 i_a 增大。当 i_a 增大到与 i_a^* 相等时，虽然 $\Delta i_a = 0$，但 HBC 仍保持正电平输出，VI_1 保持导通，使 i_a 继续增大。直到 $t = t_1$ 时刻，达到 $i_a = i_a^* + h$，$\Delta i_a = -h$，使滞环翻转，HBC 输出负电平，关断 VI_1，并经延时后驱动 VI_4。但此时 VI_4 未必能够导通，由于电动机绕组的电感作用，电流 i_a 不会即刻反向，而是通过二极管 VD_4 续流，使 VI_4 受到反向钳位而不能导通。此后，i_a 逐渐减小，直到 $t = t_2$ 时，$i_a = i_a^* - h$，达到滞环偏差的下限值，使 HBC 再翻转，又重复使 VI_1 导通。这样，VI_1 与 VD_4 交替工作，使输出电流 i_a 与给定值 i_a^* 之间的偏差保持在 $\pm h$ 范围内，在正弦波 i_a^* 上下作锯齿状变化。从图 4-29 中可以看到，输出电流 i_a 是十分接近正弦波的。

图 4-29 绘出了在给定正弦波电流 i_a^* 半个周期内的输出电流波形 $i_a = f(t)$ 和相应的相电压波形。可以看出，$i_a = f(t)$ 围绕正弦波作脉动变化，不论在 i_a 的上升段还是下降段，它都是指数曲线中的一小部分，其变化率与电路参数和电动机的感应电动势有关。在 i_a 上升阶段，逆变器输出相电压是 $+0.5U_d$，在 i_a 下降阶段，是 $-0.5U_d$。这时的输出相电压波形虽然也呈 PWM 状，但与两侧窄中间宽的 SPWM 波相反，是两侧增宽而中间变窄的。这说明，为了使电流波形跟踪正弦波，PWM 电压波形与追求电压接近正弦波时是不一样的。

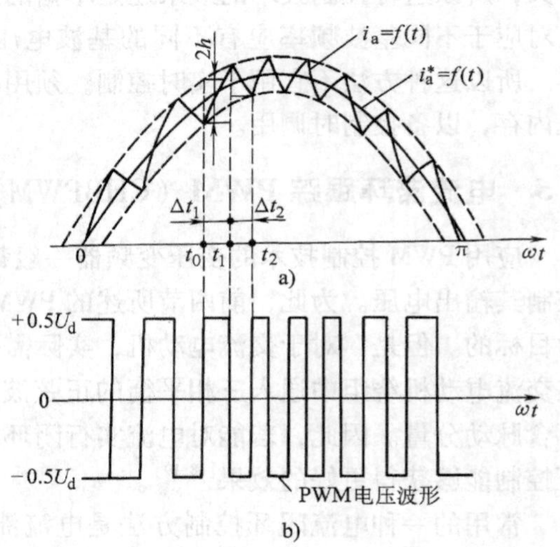

图 4-29 电流滞环跟踪控制时的电流波形与相电压波形

a）给定与输出电流波形 b）PWM 相电压波形

电流跟踪控制的精度与滞环的环宽有关，同时还受到电力电子开关器件允许开关频率的制约。当环宽 $2h$ 选得较大时，可降低开关频率，但电流波形畸变较多，谐波分量高；如果环宽太小，电流波形虽然较好，却使开关频率增大了。这是一对矛盾的因素，实用中，应在充分利用器件开关频率的前提下，正确地选择尽可能小的环宽。

为了分析环宽与器件开关频率之间的关系，先作如下的假定：①忽略开关死区时间，认为同一桥臂上、下两个开关器件的“开”和“关”是瞬时完成、互补工作的；②考虑到器件允许开关频率较高，电动机定子绕组漏感的作用远大于定子电阻的作用，可以忽略定子电阻的影响。

设任何一相的给定正弦波电流为

$$i^* = I_m \sin\omega t \tag{4-36}$$

在上述假定条件下，由图 4-28 和图 4-29a 可写出以下两式：

$$\frac{di^+}{dt} = \frac{0.5U_d - E_a}{L} \tag{4-37}$$

$$\frac{di^-}{dt} = \frac{-0.5U_d - E_a}{L} \tag{4-38}$$

式中 i^+，i^-——电流 i 的上升段和下降段；

L——电动机绕组漏感；

E_a——电动机的感应电动势。

对于图 4-29a 中的电流上升段，持续时间为 $\Delta t_1 = t_1 - t_0$，由电流波形的近似三角形可以写出

$$\frac{di^+}{dt} = \frac{\Delta t_1 \frac{di^*}{dt} + 2h}{\Delta t_1} \tag{4-39}$$

将式（4-37）代入式（4-39），得电流上升段时间为

$$\Delta t_1 = \frac{2hL}{0.5U_d - \left(E_a + L\frac{di^*}{dt}\right)} \tag{4-40}$$

同理，对电流下降段可求得

$$\frac{di^-}{dt} = \frac{\Delta t_2 \frac{di^*}{dt} - 2h}{\Delta t_2} \tag{4-41}$$

和

$$\Delta t_2 = \frac{2hL}{0.5U_d + \left(E_a + L\frac{di^*}{dt}\right)} \tag{4-42}$$

式中，Δt_2 是电流下降段的持续时间，$\Delta t_2 = t_2 - t_1$。

取式（4-40）、式（4-42）之和，得变压变频器的一个开关周期为

$$\Delta t_1 + \Delta t_2 = \frac{2hLU_d}{(0.5U_d)^2 - \left(E_a + L\frac{di^*}{dt}\right)^2}$$

相应的开关频率为

$$f_t=\frac{1}{\Delta t_1+\Delta t_2}=\frac{0.25U_d^2-\left(E_a+L\frac{di^*}{dt}\right)^2}{2hLU_d} \tag{4-43}$$

由式（4-43）可以看出，采用电流滞环跟踪控制时，电力电子器件的开关频率与环宽 $2h$ 成反比。上式还表明，开关频率并不是常数，它是随 E_a 和 di^*/dt 变化的。由于电动势 E_a 取决于电动机的转速，转速越低，E_a 就越小，开关频率 f_t 也就越高，最大的开关频率发生在电动机堵转的情况下。当 $E_a=0$ 时，堵转开关频率变成[19]

$$f_{t0}=\frac{0.25U_d^2-\left(L\frac{di^*}{dt}\right)^2}{2hLU_d} \tag{4-44}$$

由于给定电流 i^* 是正弦函数［见式（4-36）］，其导数为

$$\frac{di^*}{dt}=\omega I_m\cos\omega t \tag{4-45}$$

它表明，在电流变化一个周期内的不同时刻，导数 di^*/dt 在 $-\omega L_m\sim0\sim+\omega I_m$ 之间连续地变化，因此可求得在电动机堵转时变压变频器开关频率的最大值和最小值分别为

$$f_{t0\max}=\frac{U_d}{8hL}\qquad\left(\omega t=\frac{\pi}{2},\ \frac{3\pi}{2},\ \cdots\right) \tag{4-46}$$

$$f_{t0\min}=\frac{0.25U_d^2-(\omega LI_m)^2}{2hLU_d}\qquad(\omega t=0,\pi,2\pi,\cdots) \tag{4-47}$$

依此可画出电动机堵转时变压变频器开关频率随给定电流周期的变化规律，如图 4-30 所示。

当电动机运转时，开关频率随转速的升高而降低，由于感应电动势也按正弦函数周期地变化，它与 Ldi^*/dt 之和仍是正弦周期函数，开关频率的变化规律不变，只是发生最大值和最小值的相位有所不同而已。

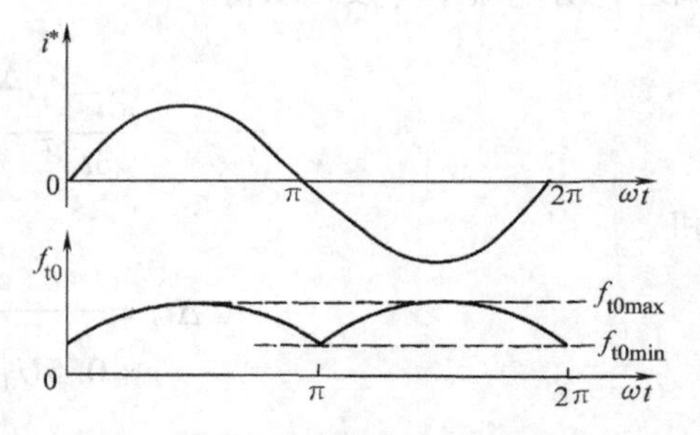

图 4-30　电动机堵转时变压变频器开关频率随给定电流周期性的变化规律

电流滞环跟踪控制方法的精度高、响应快，且易于实现。但受电力电子开关器件允许开关频率的限制，仅在电动机堵转且在给定电流峰值处才发挥出最高开关频率，在其他情况下，器件的允许开关频率都未得到充分利用。为了克服这个缺点，可以采用具有恒定开关频率的电流控制器，或者在局部范围内限制开关频率，但这样对电流波形都会产生影响。

具有电流滞环跟踪控制的 PWM 型变压变频器用于调速系统时，只须改变电流给定信号的频率即可实现变频调速，无须再人为地调节逆变器电压。此时，电流控制环只是系统的内环，外侧仍应有转速外环，才能视不同负载的需要自动控制给定电流的幅值。

4.6 电压空间矢量 PWM（SVPWM）控制技术

经典的 SPWM 控制着眼于使变压变频器的输出电压波形尽量接近正弦波，并未顾及输出电流的波形。而电流滞环跟踪 PWM 控制则直接控制变压变频器的输出电流波形，使之接近于正弦波，这就比只要求正弦电压前进了一步。然而交流电动机需要输入三相正弦电流的最终目的是能在电动机空间形成一个圆形的旋转磁场，从而产生恒定的电磁转矩。如果对准这一目标，把逆变器和交流电动机视为一体，按照跟踪圆形旋转磁场来控制逆变器的工作，其效果应更好。这种控制技术称作"磁链跟踪控制"。下面的讨论将表明，磁链的轨迹是通过交替使用不同的电压空间矢量得到的，所以又称为"电压空间矢量 PWM（Space Vector PWM，SVPWM）控制"。[8,20,21]

4.6.1 电压空间矢量

从电工基础知识可知，一个随时间按正弦规律变化的物理量可在复平面上用一个时间相量表示，而在空间呈正弦分布的物理量则可在复平面上表示为一个空间矢量。在传统的交流电机理论中，绕组上的电压、电流以及所产生的磁链都是随时间变化的，可用时间相量表示，而各相绕组磁动势和磁通都是按空间分布变化的，也可用空间矢量表示。分析电动机的合成磁动势时，可将各相磁动势正弦函数之和转化为空间矢量之和，对问题的求解就更为方便。

研究电动机控制理论时，交流电动机绕组的电压、电流和磁链一般也用时间相量表示，但如果强调绕组所在的空间位置，也可以把电压、电流和磁链都定义为空间矢量。现以电压矢量为例来说明其定义，在图 4-31 中 A、B、C 分别表示在空间静止的交流电动机三相绕组的轴线，它们在空间上互差 2π/3。在三相绕组上分别施加三相定子相电压 u_{AO}、u_{BO}、u_{CO}，它们本身是按时间变化的物理量，现在定义三个电压空间矢量 $\boldsymbol{u}_{AO}$、$\boldsymbol{u}_{BO}$、$\boldsymbol{u}_{CO}$，它们的位置分别座落在三相绕组的轴线 A、B、C 上，而幅值大小则随时间作脉动式变化，当相电压 $u_{AO}>0$ 时，空间矢量 $\boldsymbol{u}_{AO}$ 与 A 轴同向，当 $u_{AO}<0$ 时，$\boldsymbol{u}_{AO}$ 与 A 轴反向。空间矢量 $\boldsymbol{u}_{BO}$ 和 $\boldsymbol{u}_{CO}$ 的幅值变化也是这样。由此可写出

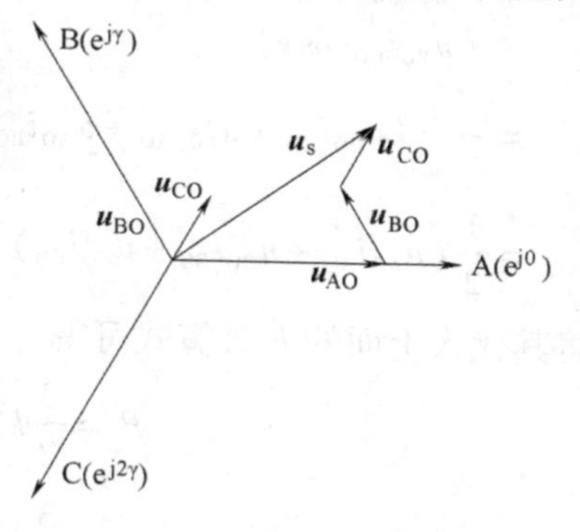

图 4-31 电压空间矢量

$$\boldsymbol{u}_{AO}=ku_{AO}$$
$$\boldsymbol{u}_{BO}=ku_{BO}e^{j\gamma} \tag{4-48}$$
$$\boldsymbol{u}_{CO}=ku_{CO}e^{j2\gamma}$$

其中 $\gamma=2\pi/3$，k 为待定系数。

三相合成矢量为

$$\boldsymbol{u}_s=\boldsymbol{u}_{AO}+\boldsymbol{u}_{BO}+\boldsymbol{u}_{CO}=ku_{AO}+ku_{BO}e^{j\gamma}+ku_{CO}e^{j2\gamma} \tag{4-49}$$

图 4-31 中所绘出的矢量为某一时刻 $u_{AO}>0$、$u_{BO}>0$、$u_{CO}<0$ 时的三相矢量与合成矢量。

与定子电压空间矢量相仿，可以定义定子电流和磁链的空间矢量 $\boldsymbol{i}_{AO}$、$\boldsymbol{i}_{BO}$、$\boldsymbol{i}_{CO}$ 和 $\boldsymbol{\Psi}_{AO}$、$\boldsymbol{\Psi}_{BO}$、$\boldsymbol{\Psi}_{CO}$，并得到它们的三相合成空间矢量分别为

$$\boldsymbol{i}_s=\boldsymbol{i}_{AO}+\boldsymbol{i}_{BO}+\boldsymbol{i}_{CO}=ki_{AO}+ki_{BO}e^{j\gamma}+ki_{CO}e^{j2\gamma} \tag{4-50}$$
$$\boldsymbol{\Psi}_s=\boldsymbol{\Psi}_{AO}+\boldsymbol{\Psi}_{BO}+\boldsymbol{\Psi}_{CO}=k\Psi_{AO}+k\Psi_{BO}e^{j\gamma}+k\Psi_{CO}e^{j2\gamma} \tag{4-51}$$

三相合成电压空间矢量 $\boldsymbol{u}_s$［式（4-49）］和三相合成电流空间矢量 $\boldsymbol{i}_s$［式（4-50）］点积的实部就是三相合成功率 P，即

$$\begin{aligned}P&=\mathrm{Re}(\boldsymbol{u}_s\boldsymbol{i}_s')\\&=\mathrm{Re}[k^2(u_{AO}+u_{BO}e^{j\gamma}+u_{CO}e^{j2\gamma})(i_{AO}+i_{BO}e^{-j\gamma}+i_{CO}e^{-j2\gamma})]\\&=k^2(u_{AO}i_{AO}+u_{BO}i_{BO}+u_{CO}i_{CO})+k^2\mathrm{Re}(u_{BO}i_{AO}e^{j\gamma}+u_{CO}i_{AO}e^{j2\gamma}+u_{AO}i_{BO}e^{-j\gamma}+\\&\quad u_{CO}i_{BO}e^{j\gamma}+u_{AO}i_{CO}e^{-j2\gamma}+u_{BO}i_{CO}e^{-j\gamma})\end{aligned}$$

式中，$\boldsymbol{i}_s'$——$\boldsymbol{i}_s$ 的共轭矢量；

P——功率标量。

计及 $\gamma=2\pi/3$，$\cos\gamma=\cos2\gamma=-1/2$，且 $i_{AO}+i_{BO}+i_{CO}=0$，则 P 计算式的后半部分为

$$\begin{aligned}&\mathrm{Re}[(u_{BO}i_{AO}e^{j\gamma}+u_{CO}i_{AO}e^{j2\gamma}+u_{AO}i_{BO}e^{-j\gamma}+u_{CO}i_{BO}e^{j\gamma}+u_{AO}i_{CO}e^{-j2\gamma}+u_{BO}i_{CO}e^{-j\gamma})]\\&=(u_{BO}i_{AO}\cos\gamma+u_{CO}i_{AO}\cos2\gamma+u_{AO}i_{BO}\cos\gamma+u_{CO}i_{BO}\cos\gamma+u_{AO}i_{CO}\cos2\gamma\\&\quad+u_{BO}i_{CO}\cos\gamma)\\&=-\frac{1}{2}(u_{BO}i_{AO}+u_{CO}i_{AO}+u_{AO}i_{BO}+u_{CO}i_{BO}+u_{AO}i_{CO}+u_{BO}i_{CO})\\&=\frac{1}{2}(u_{AO}i_{AO}+u_{BO}i_{BO}+u_{CO}i_{CO})\end{aligned}$$

将其代入上面的 P 计算式可得

$$\begin{aligned}P&=\frac{3}{2}k^2(u_{AO}i_{AO}+u_{BO}i_{BO}+u_{CO}i_{CO})\\&=\frac{3}{2}k^2p\end{aligned} \tag{4-52}$$

式中　p——三相瞬时功率，$p=(u_{AO}i_{AO}+u_{BO}i_{BO}+u_{CO}i_{CO})$。

三相合成功率P表示三相交流电动机在某一时刻的功率，也就是电动机的瞬时功率，因此P与p应相等，从式（4-52）可知，$3k^2/2=1$，即$k=\sqrt{2/3}$。以此k值代入三相合成空间矢量的电压、电流、磁链表达式可得

$$\boldsymbol{u}_s=\sqrt{\frac{2}{3}}(u_{AO}+u_{BO}e^{j\gamma}+u_{CO}e^{j2\gamma}) \tag{4-53}$$

$$\boldsymbol{i}_s=\sqrt{\frac{2}{3}}(i_{AO}+i_{BO}e^{j\gamma}+i_{CO}e^{j2\gamma}) \tag{4-54}$$

$$\boldsymbol{\Psi}_s=\sqrt{\frac{2}{3}}(\Psi_{AO}+\Psi_{BO}e^{j\gamma}+\Psi_{CO}e^{j2\gamma}) \tag{4-55}$$

当加于交流电动机三相定子绕组上的相电压u_{AO}、u_{BO}、u_{CO}为三相平衡正弦电压时，三相电压合成空间矢量的表达式（4-53）可写作

$$\boldsymbol{u}_s=\sqrt{\frac{2}{3}}\left[U_m\cos\omega_1 t+U_m\cos\left(\omega_1 t-\frac{2\pi}{3}\right)e^{j\gamma}+U_m\cos\left(\omega_1 t-\frac{4\pi}{3}\right)e^{j2\gamma}\right]$$

式中　U_m——相电压幅值。

考虑到$\cos\omega_1 t=(e^{j\omega_1 t}+e^{-j\omega_1 t})/2$，将其代入上式得

$$\begin{aligned}
\boldsymbol{u}_s&=\sqrt{\frac{2}{3}}U_m\left[\cos\omega_1 t+\cos\left(\omega_1 t-\frac{2\pi}{3}\right)e^{j\gamma}+\cos\left(\omega_1 t-\frac{4\pi}{3}\right)e^{j2\gamma}\right]\\
&=\sqrt{\frac{2}{3}}U_m\left[\cos\omega_1 t+\cos\left(\omega_1 t-\frac{2\pi}{3}\right)e^{j\frac{2\pi}{3}}+\cos\left(\omega_1 t-\frac{4\pi}{3}\right)e^{j\frac{4\pi}{3}}\right]\\
&=\sqrt{\frac{2}{3}}U_m\left[\frac{e^{j\omega_1 t}+e^{-j\omega_1 t}}{2}+\frac{e^{j\left(\omega_1 t-\frac{2\pi}{3}\right)}+e^{-j\left(\omega_1 t-\frac{2\pi}{3}\right)}}{2}e^{j\frac{2\pi}{3}}+\frac{e^{j\left(\omega_1 t-\frac{4\pi}{3}\right)}+e^{-j\left(\omega_1 t-\frac{4\pi}{3}\right)}}{2}e^{j\frac{4\pi}{3}}\right]\\
&=\frac{1}{2}\sqrt{\frac{2}{3}}U_m\left[e^{j\omega_1 t}+e^{-j\omega_1 t}+e^{j\omega_1 t}+e^{-j\omega_1 t}e^{j\frac{4\pi}{3}}+e^{j\omega_1 t}+e^{-j\omega_1 t}e^{j\frac{8\pi}{3}}\right]\\
&=\frac{1}{2}\sqrt{\frac{2}{3}}U_m\left[3e^{j\omega_1 t}+e^{-j\omega_1 t}\left(1+e^{j\frac{4\pi}{3}}+e^{j\frac{8\pi}{3}}\right)\right]\\
&=\frac{1}{2}\sqrt{\frac{2}{3}}U_m\left[3e^{j\omega_1 t}+e^{-j\omega_1 t}\left(1+e^{j\frac{4\pi}{3}}+e^{j\frac{2\pi}{3}}\right)\right]\\
&=\frac{3}{2}\sqrt{\frac{2}{3}}U_m e^{j\omega_1 t}=\sqrt{\frac{3}{2}}U_m e^{j\omega_1 t}
\end{aligned} \tag{4-56}$$

式中　$1+e^{j4\pi/3}+e^{j2\pi/3}=0$。

由式（4-56）可知，合成电压矢量$\boldsymbol{u}_s$是一个以电源角频率ω_1为角速度作恒速旋转的空间矢量，当三相平衡正弦电压中某一相电压瞬时值为最大时，合成电压矢

量 $\boldsymbol{u}_s$ 就落在图 4-31 的该相轴线上。若令 $\boldsymbol{u}_s = U_s e^{j\omega_1 t}$，将其代入式（4-56）可知，$\boldsymbol{u}_s$ 的幅值 U_s 是相电压幅值 U_m 的 $\sqrt{3/2}$倍。

同理，在三相平衡正弦电压供电时，若交流电动机以稳速运行，则定子电流和磁链的三相合成空间矢量 $\boldsymbol{i}_s$ 和 $\boldsymbol{\Psi}_s$ 的幅值也是恒定的，并以 ω_1 为角速度在空间恒速旋转。

4.6.2 电压空间矢量与磁链空间矢量的关系

当异步电动机的三相对称定子绕组由三相平衡正弦电压供电时，对每一相定子都可写出一个电压平衡方程式，求三相电压平衡方程式的矢量和，即得到用三相合成空间矢量表示的定子电压方程式为

$$\boldsymbol{u}_s = R_s \boldsymbol{i}_s + \frac{d\boldsymbol{\Psi}_s}{dt} \tag{4-57}$$

当电动机转速不是很低时，定子电阻压降在式（4-57）中所占的成分很小，可忽略不计，则定子合成电压空间矢量与合成磁链空间矢量的近似关系为

$$\boldsymbol{u}_s \approx \frac{d\boldsymbol{\Psi}_s}{dt} \tag{4-58}$$

或

$$\boldsymbol{\Psi}_s \approx \int \boldsymbol{u}_s dt \tag{4-59}$$

当电动机由三相平衡正弦电压供电时，定子磁链幅值恒定，其空间矢量以恒速旋转，磁链空间矢量顶端的运动轨迹呈圆形（一般简称为磁链圆）。参照式（4-56），如此的定子磁链旋转矢量可用下式表示：

$$\boldsymbol{\Psi}_s = \Psi_s e^{j(\omega_1 t + \varphi)} \tag{4-60}$$

式中 Ψ_s——定子三相合成空间磁链矢量幅值；

φ——定子三相合成空间磁链矢量与电压矢量相对的空间角度。

由式（4-58）和式（4-60）可得

$$\boldsymbol{u}_s \approx \frac{d}{dt}\left[\Psi_s e^{j(\omega_1 t + \varphi)}\right] = j\omega_1 \Psi_s e^{j(\omega_1 t + \varphi)} = \omega_1 \Psi_s e^{j\left(\omega_1 t + \frac{\pi}{2} + \varphi\right)} \tag{4-61}$$

式（4-61）表明，当磁链幅值 Ψ_s 一定时，$\boldsymbol{u}_s$ 的大小与 ω_1（或供电频率 f_1）成正比，其方向则与磁链合成空间矢量 $\boldsymbol{\Psi}_s$ 正交，即为磁链圆圆周的切线方向，如图 4-32 所示。当磁链矢量 $\boldsymbol{\Psi}_s$ 在空间旋转一周时，电压矢量 $\boldsymbol{u}_s$ 也连续地按磁链圆的切线方向运动 2πrad，其轨迹与磁链圆重合。若将运动中的所有电压矢量 $\boldsymbol{u}_s$ 的起始原点放在一起，则电压空间矢量 $\boldsymbol{u}_s$ 的运动轨迹也是一个圆，如图 4-33 所示。这样，异步电动机旋转磁场的运动轨迹问题就可转化为电压空间矢量 $\boldsymbol{u}_s$ 的运动轨迹问题。

4.6.3 六拍阶梯波逆变器供电时异步电动机的基本电压矢量

在变压变频调速系统中，当异步电动机由常规的六拍阶梯波逆变器供电时，其

输出并不是三相正弦电压，此时异步电动机定子电压合成空间矢量的运动轨迹是怎样的呢？

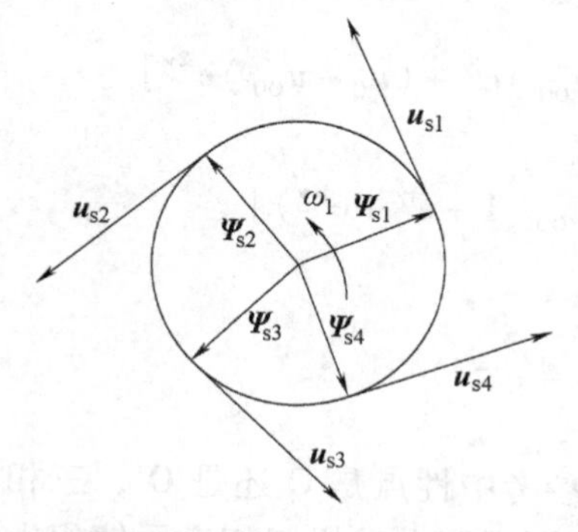

图 4-32　旋转磁场与电压空间矢量的运动轨迹

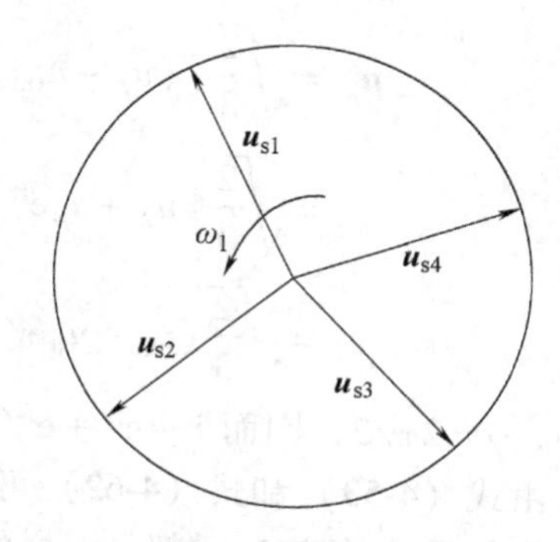

图 4-33　电压矢量圆轨迹

图 4-34 为三相逆变器-异步电动机的简化原理电路。图中，六个电力电子开关器件都用开关图形符号表示。由于同一桥臂的开关器件不允许同时导通，否则将造成直流母线短路，所以用单刀双投开关 V_k（k = A，B，C）表示同一桥臂的上、下两个器件。

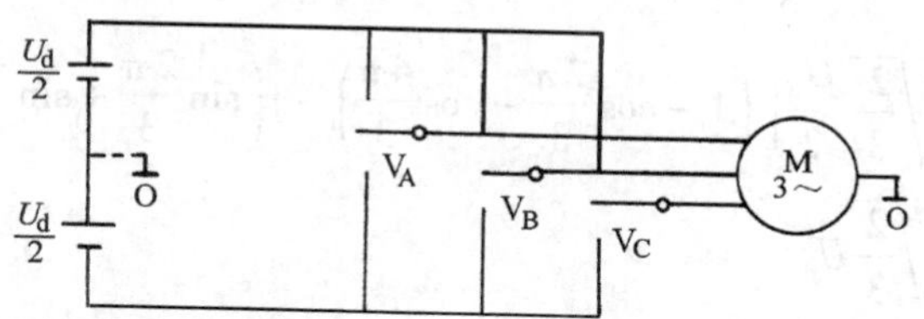

图 4-34　三相逆变器-异步电动机的简化原理电路

定义开关函数：

$$S_k = \begin{cases} 1 & \text{逆变器上桥臂某一可控器件导通} \\ 0 & \text{逆变器下桥臂某一可控器件导通} \end{cases} \quad (k = \text{A, B, C})$$

从逆变电路的拓扑结构上看，六个电力电子器件共有 $2^3=8$ 种开关模式，每一种开关模式由三个开关函数 S_A、S_B、S_C 的一种取值决定。例如，当开关函数 $S_A=1$、$S_B=0$、$S_C=0$ 时［可写作（S_A、S_B、S_C）=（1、0、0）］，它表示逆变器 A 相上桥臂器件 VI_1 与 B、C 相的下桥臂器件 VI_6、VI_2 导通（见图 4-17），称此时对应的定子电压合成空间矢量为 $\boldsymbol{u}_1$。

怎样来计算这个电压合成空间矢量 $\boldsymbol{u}_1$ 呢？由式（4-49）和式（4-53）可得

$$\boldsymbol{u}_s = \boldsymbol{u}_{AO} + \boldsymbol{u}_{BO} + \boldsymbol{u}_{CO} = \sqrt{\frac{2}{3}}(u_{AO} + u_{BO}e^{j\gamma} + u_{CO}e^{j2\gamma})$$

式中，u_{AO}、u_{BO}、u_{CO}是以交流电动机中性点 O 为参考点的三相定子相电压，而

PWM 逆变器的三相输出电压 u_A、u_B、u_C 是以直流母线中性点 O′为参考点的。它们的关系是 $u_{AO}=u_A-u_{OO'}$，$u_{BO}=u_B-u_{OO'}$，$u_{CO}=u_C-u_{OO'}$，因此有

$$\begin{aligned}\boldsymbol{u}_s &= \sqrt{\frac{2}{3}}[(u_A-u_{OO'})+(u_B-u_{OO'})e^{j\gamma}+(u_C-u_{OO'})e^{j2\gamma}] \\ &= \sqrt{\frac{2}{3}}[u_A+u_Be^{j\gamma}+u_Ce^{j2\gamma}-u_{OO'}(1+e^{j\gamma}+e^{j2\gamma})] \\ &= \sqrt{\frac{2}{3}}(u_A+u_Be^{j\gamma}+u_Ce^{j2\gamma}) \end{aligned} \tag{4-62}$$

式中，$\gamma=2\pi/3$，因而 $1+e^{j\gamma}+e^{j2\gamma}=0$。

由式（4-53）和式（4-62）可见，不论参考中性点是 O 还是 O′，三相电压合成空间矢量 $\boldsymbol{u}_s$ 的表达式都是一样的，$\boldsymbol{u}_s$ 可以用交流电动机三相定子绕组上的相电压 u_{AO}、u_{BO}、u_{CO}构成，也可以用逆变器输出的三相电压 u_A、u_B、u_C 来构成。现在用 u_A、u_B、u_C 来计算（S_A、S_B、S_C）=（1、0、0）时的三相电压合成空间矢量 $\boldsymbol{u}_1$，这时，$u_A=U_d/2$，$u_B=-U_d/2$，$u_C=-U_d/2$，将它们代入式（4-62），得

$$\begin{aligned}\boldsymbol{u}_S=\boldsymbol{u}_1 &= \sqrt{\frac{2}{3}}\frac{U_d}{2}(1-e^{j\gamma}-e^{j2\gamma})=\sqrt{\frac{2}{3}}\frac{U_d}{2}\left(1-e^{j\frac{2\pi}{3}}-e^{j\frac{4\pi}{3}}\right) \\ &= \sqrt{\frac{2}{3}}\frac{U_d}{2}\left[\left(1-\cos\frac{2\pi}{3}-\cos\frac{4\pi}{3}\right)-j\left(\sin\frac{2\pi}{3}+\sin\frac{4\pi}{3}\right)\right] \\ &= \sqrt{\frac{2}{3}}U_d \end{aligned} \tag{4-63}$$

对于180°导电型逆变器，一个周期内六个可控器件依次导通或关断。经过 π/3 时间间隔后，VT_6 应关断，代之以 VT_3 导通，这就形成（S_A、S_B、S_C）=（1、1、0）的开关模式。此时 $u_A=U_d/2$，$u_B=U_d/2$，$u_C=-U_d/2$，把它们代入式（4-62），得到三相电压合成空间矢量 $\boldsymbol{u}_2$。

$$\begin{aligned}\boldsymbol{u}_S=\boldsymbol{u}_2 &= \sqrt{\frac{2}{3}}\frac{U_d}{2}(1+e^{j\gamma}-e^{j2\gamma})=\sqrt{\frac{2}{3}}\frac{U_d}{2}\left(1+e^{j\frac{2\pi}{3}}-e^{j\frac{4\pi}{3}}\right) \\ &= \sqrt{\frac{2}{3}}\frac{U_d}{2}\left[\left(1+\cos\frac{2\pi}{3}-\cos\frac{4\pi}{3}\right)+j\left(\sin\frac{2\pi}{3}-\sin\frac{4\pi}{3}\right)\right] \\ &= \sqrt{\frac{2}{3}}\frac{U_d}{2}(1+j\sqrt{3})=\sqrt{\frac{2}{3}}U_de^{j\frac{\pi}{3}} \end{aligned} \tag{4-64}$$

比较式（4-63）和式（4-64）可见，三相电压合成空间矢量 $\boldsymbol{u}_1$ 和 $\boldsymbol{u}_2$ 的幅值都是 $\sqrt{2/3}U_d$，而空间相位相差 π/3。依此类推，可求得对应于（0、1、0）、（0、1、1）、（0、0、1）与（1、0、1）四种开关模式的电压合成空间矢量 $\boldsymbol{u}_3$、$\boldsymbol{u}_4$、$\boldsymbol{u}_5$、$\boldsymbol{u}_6$，它们的幅值均与 $\boldsymbol{u}_2$、$\boldsymbol{u}_1$ 的相同，空间相位依次互差 π/3。逆变器还有两种开

关模式：(S_A、S_B、S_C)＝(0、0、0) 和 (S_A、S_B、S_C)＝(1、1、1)，此时逆变器输出都是开路的，输出电压为0，故有 $\boldsymbol{u}_0=0$，$\boldsymbol{u}_7=0$，称之为零矢量。

$\boldsymbol{u}_0\sim\boldsymbol{u}_7$ 这八个电压合成空间矢量是六拍阶梯波逆变器输出的基本电压空间矢量，表4-5列出了基本电压空间矢量的有关计算值，用六个放射形矢量表示的基本电压空间矢量图如图4-35所示。其中，$\boldsymbol{u}_1\sim\boldsymbol{u}_6$ 这六个基本电压空间矢量的工作是有效的，称作有效工作矢量，而零矢量 $\boldsymbol{u}_0$ 与 $\boldsymbol{u}_7$ 的工作状态是无效的，坐落在基本电压空间矢量图的原点。

表4-5　基本电压空间矢量

	S_A	S_B	S_C	$\boldsymbol{u}_A$	$\boldsymbol{u}_B$	$\boldsymbol{u}_C$	$\boldsymbol{u}_s$
$\boldsymbol{u}_0$	0	0	0	$-\frac{U_d}{2}$	$-\frac{U_d}{2}$	$-\frac{U_d}{2}$	0
$\boldsymbol{u}_1$	1	0	0	$\frac{U_d}{2}$	$-\frac{U_d}{2}$	$-\frac{U_d}{2}$	$\sqrt{\frac{2}{3}}U_d$
$\boldsymbol{u}_2$	1	1	0	$\frac{U_d}{2}$	$\frac{U_d}{2}$	$-\frac{U_d}{2}$	$\sqrt{\frac{2}{3}}U_d e^{j\frac{\pi}{3}}$
$\boldsymbol{u}_3$	0	1	0	$-\frac{U_d}{2}$	$\frac{U_d}{2}$	$-\frac{U_d}{2}$	$\sqrt{\frac{2}{3}}U_d e^{j\frac{2\pi}{3}}$
$\boldsymbol{u}_4$	0	1	1	$-\frac{U_d}{2}$	$\frac{U_d}{2}$	$\frac{U_d}{2}$	$\sqrt{\frac{2}{3}}U_d e^{j\pi}$
$\boldsymbol{u}_5$	0	0	1	$-\frac{U_d}{2}$	$-\frac{U_d}{2}$	$\frac{U_d}{2}$	$\sqrt{\frac{2}{3}}U_d e^{j\frac{4\pi}{3}}$
$\boldsymbol{u}_6$	1	0	1	$\frac{U_d}{2}$	$-\frac{U_d}{2}$	$\frac{U_d}{2}$	$\sqrt{\frac{2}{3}}U_d e^{j\frac{5\pi}{3}}$
$\boldsymbol{u}_7$	1	1	1	$\frac{U_d}{2}$	$\frac{U_d}{2}$	$\frac{U_d}{2}$	0

4.6.4　六拍阶梯波逆变器供电时异步电动机的旋转磁场

表4-5和图4-35所示的基本电压空间矢量是用空间分布表示的，六个矢量依次互差 π/3 空间电角度。但从时间上看，在六拍阶梯波逆变器工作的每个周期中，6个有效的开关模式各依次出现一次，逆变器每隔 π/3rad 时间就改变一次开关模式，且在 π/3rad 时期内保持不变。换言之，如在第一个 π/3rad 时间内，基本电压空间矢量为 $\boldsymbol{u}_1$，则过了 π/3rad 时刻后，基本电压空间矢量变为 $\boldsymbol{u}_2$（注意，$\boldsymbol{u}_2$ 在空间上与 $\boldsymbol{u}_1$ 也相差 π/3 空间电角度）。

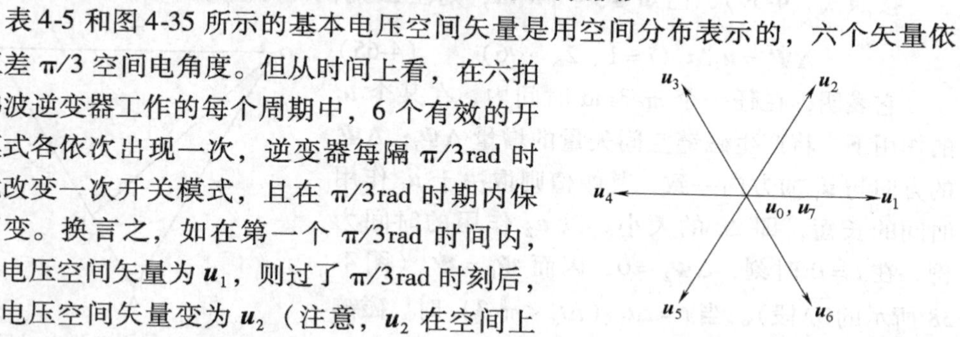

图4-35　六拍阶梯波逆变器供电时基本电压空间矢量图（放射形分布）

在逆变器工作时，一个周期内的六种开关模

式是周而复始地循环出现的。这样可把放射形分布的基本电压空间矢量改画成以正六边形表示的电压空间矢量图，如图 4-36 所示。图中，$\boldsymbol{u}_1 \sim \boldsymbol{u}_6$ 依次首尾相连，且 $\boldsymbol{u}_6$ 的顶端与 $\boldsymbol{u}_1$ 的末端衔接，从而形成一个封闭的正六边形。这表明在逆变器工作一个周期的 2πrad 时间内，6 个有效基本电压空间矢量共转过的空间角度也是 2πrad。正六边形的中点 O 也就是零矢量 $\boldsymbol{u}_0$ 与 $\boldsymbol{u}_7$ 的坐落点。

按 4. 6. 2 节所述的电压与磁链空间矢量关系，这样一个由基本电压空间矢量所形成的正六边形轨迹，也可以看做是交流异步电动机由六拍阶梯波供电时定子磁链合成空间矢量端点的轨迹，此时电动机的定子旋转磁场呈六边形而非圆形。图 4-37 绘出了相应的基本电压空间矢量与磁链空间矢量的关系。

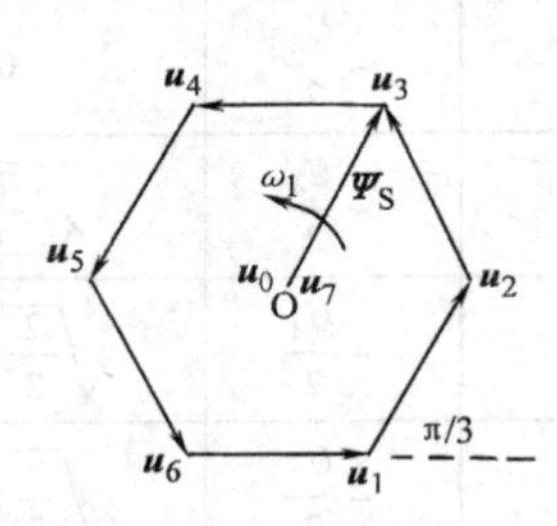

图 4-36　六拍阶梯波逆变器供电时基本电压空间矢量图（正六边形分布）

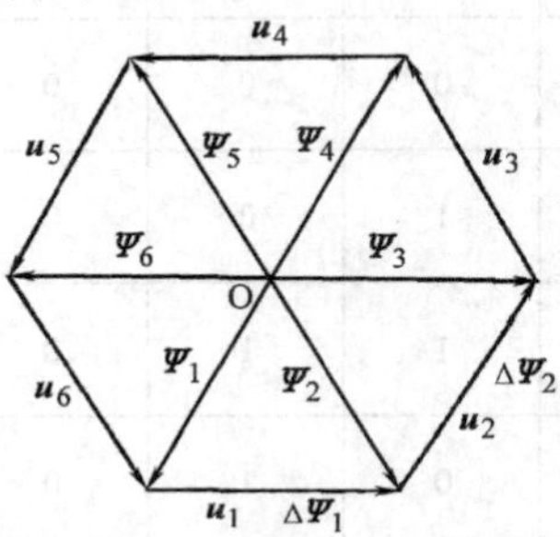

图 4-37　六拍逆变器供电时异步电动机基本电压空间矢量与磁链空间矢量的关系

下面进一步深入讨论正六边形旋转磁场的形成。设逆变器开关模式由（1、0、0）切换到（1、1、0）时，异步电动机基本电压合成矢量由 $\boldsymbol{u}_1$ 切换为 $\boldsymbol{u}_2$，同时建立了磁链空间矢量 $\boldsymbol{\Psi}_2$ [$\boldsymbol{\Psi}_2$ 可看做是（1、1、0）开关模式时的初始磁链空间矢量]，如图 4-37 所示。为讨论方便，把这部分有关矢量单独用图 4-38 表示，以说明磁链空间矢量运动轨迹是如何形成的。

按照式（4-59），已知 $\boldsymbol{\Psi}_s \approx \int \boldsymbol{u}_s \mathrm{d}t$，则在 Δt 时间内可以写出

$$\Delta \boldsymbol{\Psi}_\mathrm{i} = \boldsymbol{u}_i \Delta t \quad (i = 1、2、\cdots 6) \tag{4-65}$$

它表明，在任一个 π/3rad 时间内，在某个 $\boldsymbol{u}_\mathrm{i}$ 的作用下，将产生磁链空间矢量的增量 $\Delta \boldsymbol{\Psi}_\mathrm{i}$；$\Delta \boldsymbol{\Psi}_\mathrm{i}$ 的方向与 $\boldsymbol{u}_\mathrm{i}$ 的方向一致，其幅值则取决于 $\boldsymbol{u}_\mathrm{i}$ 作用时间的长短，即 Δt 的大小。以 $\boldsymbol{u}_2$ 作用的时间为例，在 $t = 0$ 时刻，$\Delta \boldsymbol{\Psi}_2 = 0$，因而 $\boldsymbol{\Psi}_i = \boldsymbol{\Psi}_2$（图 4-38 所示的 $\overline{\mathrm{OA}}$ 段）。当 $t = \Delta t_1$（$\Delta t_1 < \pi/3$）时，磁链空间矢量增量为 $\Delta \boldsymbol{\Psi}_{21} = \boldsymbol{u}_2 \Delta t_1$，此时的 $\Delta \boldsymbol{\Psi}_{21}$ 矢量如图 4-38 中的 $\overline{\mathrm{AB}}$ 段，矢量 $\boldsymbol{\Psi}_2$ 的顶端沿着 $\overline{\mathrm{AB}}$ 段由 A

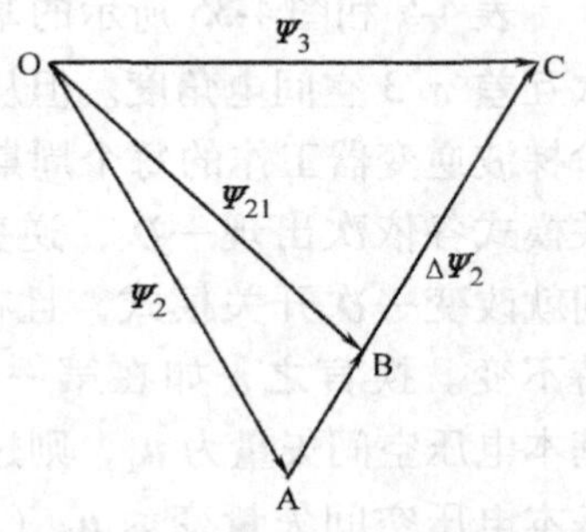

图 4-38　六拍逆变器供电时异步电动机磁链空间矢量的形成

点移到 B 点，形成此时刻的磁链空间矢量 $\boldsymbol{\Psi}_{21}=\boldsymbol{\Psi}_2+\Delta\boldsymbol{\Psi}_{21}=\boldsymbol{\Psi}_2+\boldsymbol{u}_2\Delta t_1$，如图中的 $\overline{OB}$段所示。随着 Δt 的增大，$\Delta\boldsymbol{\Psi}_2$ 也不断增大，形成 $\boldsymbol{\Psi}_{22}$、$\boldsymbol{\Psi}_{23}$、…（图中未画出）。直至 $t=\Delta t=\pi/3$ 时刻，磁链空间矢量的增量 $\Delta\boldsymbol{\Psi}_2=\boldsymbol{u}_2\pi/3$，而矢量 $\boldsymbol{\Psi}_2$ 的顶点则沿 $\boldsymbol{u}_2$ 的方向移至 C 点，从而形成新的磁链空间矢量 $\boldsymbol{\Psi}_3$，且 $\boldsymbol{\Psi}_3=\boldsymbol{\Psi}_2+\boldsymbol{u}_2\pi/3$。实际上，在 C 点时，因为已经经过的时间为 $\pi/3$rad，逆变器已进入下一个开关模式（0、1、0），$\boldsymbol{\Psi}_3$ 就是这个开关模式的初始磁链空间矢量，而逆变器的基本电压空间矢量也变成 $\boldsymbol{u}_3$。依此类推，逆变器各开关器件工作一个周期时，电动机的 6 个磁链合成空间矢量按上述开关模式的切换过程呈放射形分布（见图 4-37），它们的顶端运动轨迹呈正六边形，与基本电压空间矢量的运动方向完全吻合。这种正六边形的旋转磁场与圆形磁场不同，使异步电动机产生较多谐波，形成电动机的转矩脉动与转速脉动，不利于稳定运行。

4.6.5 期望电压空间矢量的形成

六拍阶梯波逆变器所产生的旋转磁场之所以是正六边形的，是因为逆变器在一个周期内的开关工作状态只切换六次，只能形成 6 个有效的电压空间矢量。显然，这种离散型的开关工作是无法获得圆形旋转磁场的。但可以设想，能否增多开关切换的次数，以获得更多边形的磁链轨迹，从而逼近圆形旋转磁场呢？

图 4-39 绘出了逼近圆形时的部分磁链空间矢量的轨迹。图中的磁链矢量 $\Delta\boldsymbol{\Psi}_1$ 是逆变器开关工作状态每周期只切换 6 次时的磁链增量，它是正六边形中的一边。如果要逼近圆形旋转磁场，可以增多逆变器开关工作状态在每周期的切换次数。设想在一个 $\pi/3$rad 期间内的磁链增量由图 4-39 中的 $\Delta\boldsymbol{\Psi}_{11}$、$\Delta\boldsymbol{\Psi}_{12}$、$\Delta\boldsymbol{\Psi}_{13}$、$\Delta\boldsymbol{\Psi}_{14}$ 四段组成，从而形成一个 24 边形的旋转磁场。在 PWM 控制中，只要将开关频率提高 4 倍应该就能满足上述要求，问题是要按照怎样的规律来控制 PWM 逆变器的开关模式，才能真正逼近圆形旋转磁场。一种方法是仍采用只有 8 个基本电压空间矢量的六拍阶梯波逆变器，利用基本电压空间矢量的线性组合，也就是说，按照空间矢量的平行四边形合成法则，以相邻的两个有效工作电压空间矢量合成得到期望的输出电压空间矢量和磁链增量 $\Delta\boldsymbol{\Psi}$，这就是电压空间矢量 PWM（SVPWM）控制的基本思想。

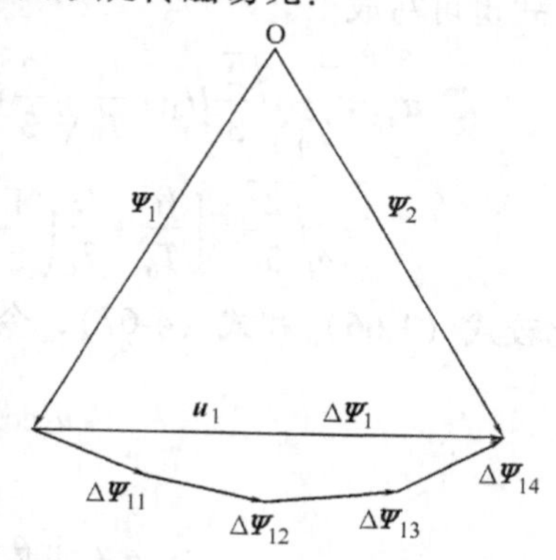

图 4-39 逼近圆形时的磁链空间矢量轨迹

具体方法是将放射形分布的电压空间矢量图按 6 个有效工作矢量分为对称的 6 个扇区，如图 4-40 所示的Ⅰ、Ⅱ、…、Ⅵ扇区，每个扇区占 $\pi/3$ 空间。当期望的 $\Delta\boldsymbol{\Psi}$ 和输出电压空间矢量落在某个扇区内时，就用和它相邻的两个有效基本电压空间矢量的合成，组成期望的输出电压空间矢量。

以在图 4-40 中第Ⅰ扇区内得到期望输出电压矢量为例，可以由基本电压矢量 $\boldsymbol{u}_1$ 和 $\boldsymbol{u}_2$ 的线性组合构成期望的电压矢量 $\boldsymbol{u}_s$，如图 4-41 所示。图中，θ 为期望电压矢量 $\boldsymbol{u}_s$ 与扇区起始边（即 $\boldsymbol{u}_1$ 矢量的轴线）间的夹角，T_0 为实现期望电压矢量的一个开关周期，t_1 为 $\boldsymbol{u}_1$ 的作用时间，t_2 为 $\boldsymbol{u}_2$ 的作用时间。按矢量合成法则，可得

$$\boldsymbol{u}_s = \frac{t_1}{T_0}\boldsymbol{u}_1 + \frac{t_2}{T_0}\boldsymbol{u}_2 = u_s\cos\theta + \mathrm{j}u_s\sin\theta \tag{4-66}$$

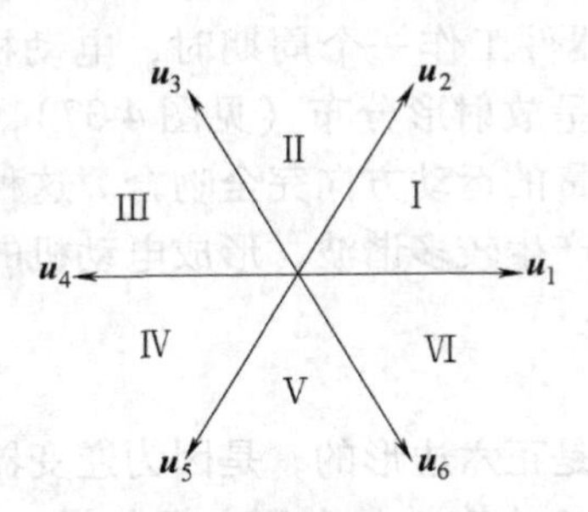

图 4-40　基本电压空间矢量的六个扇区

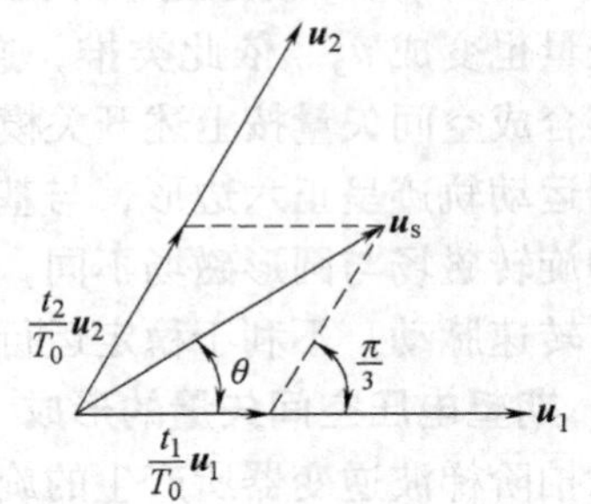

图 4-41　期望电压矢量的合成

上式也可写成

$$\boldsymbol{u}_s = \frac{t_1}{T_0}\sqrt{\frac{2}{3}}U_d + \frac{t_2}{T_0}\sqrt{\frac{2}{3}}U_d e^{j\frac{\pi}{3}} = \sqrt{\frac{2}{3}}U_d\left[\frac{t_1}{T_0} + \frac{t_2}{T_0}\left(\cos\frac{\pi}{3} + \mathrm{j}\sin\frac{\pi}{3}\right)\right]$$

$$= \sqrt{\frac{2}{3}}U_d\left[\frac{t_1}{T_0} + \frac{t_2}{T_0}\left(\frac{1}{2} + \mathrm{j}\frac{\sqrt{3}}{2}\right)\right] = \sqrt{\frac{2}{3}}U_d\left[\left(\frac{t_1}{T_0} + \frac{t_2}{2T_0}\right) + \mathrm{j}\frac{\sqrt{3}}{2}\frac{t_2}{T_0}\right] \tag{4-67}$$

比较式（4-66）和式（4-67），令两式中实数项和虚数项分别相等，则有

$$u_s\cos\theta = \sqrt{\frac{2}{3}}\left(\frac{t_1}{T_0} + \frac{t_2}{2T_0}\right)U_d$$

$$u_s\sin\theta = \sqrt{\frac{2}{3}}\frac{\sqrt{3}}{2}\frac{t_2}{T_0}U_d = \frac{t_2}{\sqrt{2}T_0}U_d$$

求解 t_1 和 t_2，得

$$t_1 = \frac{\sqrt{2}u_s T_0}{U_d}\sin\left(\frac{\pi}{3} - \theta\right) \tag{4-68}$$

$$t_2 = \frac{\sqrt{2}u_s T_0}{U_d}\sin\theta \tag{4-69}$$

一般来说，为了获得所需的期望电压空间矢量，常有 $t_1 + t_2 < T_0$。而多余的时间可用零矢量 $\boldsymbol{u}_0$ 或 $\boldsymbol{u}_7$ 的作用来填补，零矢量的作用时间为

$$t_0 = T_0 - t_1 - t_2 \tag{4-70}$$

由于六个扇区的对称性，上述计算方法可以推广到其他各个扇区。

4.6.6 SVPWM 的实现方法

从 4.6.5 节所得的结果表明，由期望电压空间矢量的幅值及空间位置可以确定所选用的相邻两个基本电压矢量，以及它们作用时间的长短，然后再计算出零矢量的作用时间。但是，两个基本电压矢量和零矢量作用的先后顺序还是可以选择的，因此 SVPWM 的实现还可有多种不同的方法。通常以开关损耗和谐波分量都较小为原则，来安排基本电压矢量与零矢量的作用顺序。首先，要恰当地安排矢量顺序，使逆变器的开关次数最少，从而减少开关损耗；与此同时，尽量使逆变器输出的 PWM 波形对称，以减少谐波分量。下面以第 I 扇区为例，介绍两种常用的 SVPWM 实现方法。

1. “零矢量集中”的实现方法

按照输出波形对称原则，将两个基本电压矢量 $\boldsymbol{u}_1$、$\boldsymbol{u}_2$ 的作用时间 t_1、t_2 平分为二，放在此开关周期的首端和末端；再把零矢量的作用时间放在开关周期的中间，并按开关次数最少的原则选用零矢量 $\boldsymbol{u}_0$ 或 $\boldsymbol{u}_7$。

图 4-42 给出了实现 SVPWM 零矢量集中的两种形式。图 a 的电压矢量作用顺序为 $\boldsymbol{u}_1$（$t_1/2$）、$\boldsymbol{u}_2$（$t_2/2$）、$\boldsymbol{u}_7$（t_0）、$\boldsymbol{u}_2$（$t_2/2$）、$\boldsymbol{u}_1$（$t_1/2$），这时在开关周期中间选用零矢量 $\boldsymbol{u}_7$。图 b 的电压矢量作用顺序为 $\boldsymbol{u}_2$（$t_2/2$）、$\boldsymbol{u}_1$（$t_1/2$）、$\boldsymbol{u}_0$（t_0）、$\boldsymbol{u}_1$（$t_1/2$）、$\boldsymbol{u}_2$（$t_2/2$），在开关周期中间选用零矢量 $\boldsymbol{u}_0$。图中还绘出了在一个周期 T_0 内逆变器输出的两种三相电压 SVPWM 波形。

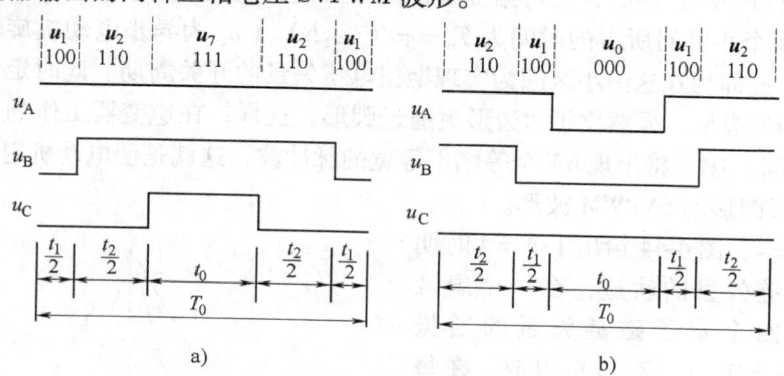

图 4-42 “零矢量集中”的 SVPWM 实现方法

a）中间选用零矢量 $\boldsymbol{u}_7$　b）中间选用零矢量 $\boldsymbol{u}_0$

由图 4-42 可知，在产生期望电压矢量的一个开关周期 T_0 内，逆变器有一相的开关状态保持不变，始终为“1”（见图 4-42a）或始终为“0”（见图 4-42b），另外两相的开关状态各切换两次，而在每次切换时，只有一相的开关状态发生变化。因此，在一个开关周期内的开关次数减少，开关损耗小。用于电动机控制的 DSP

集成了 SVPWM 实现方法，能根据基本电压矢量的作用顺序和时间，按照开关损耗最小的原则，自动选取零矢量，并确定零矢量的作用时间，大大减少了软件的工作量[64]。

2. “零矢量分散”的实现方法

将零矢量平均分为四份，在一个开关周期的首、尾各放一份，中间放两份；两个基本电压矢量 $\boldsymbol{u}_1$、$\boldsymbol{u}_2$ 的作用时间 t_1、t_2 也平分为二，分别插在零矢量中间；按照开关次数最少的原则，首、尾的零矢量取 $\boldsymbol{u}_0$，中间的零矢量取 $\boldsymbol{u}_7$。这样，实现 SVPWM 的顺序和作用时间为 $\boldsymbol{u}_0$（$t_0/4$）、$\boldsymbol{u}_1$（$t_1/2$）、$\boldsymbol{u}_2$（$t_2/2$）、$\boldsymbol{u}_7$（$t_0/2$）、$\boldsymbol{u}_2$（$t_2/2$）、$\boldsymbol{u}_1$（$t_1/2$）、$\boldsymbol{u}_0$（$t_0/4$），如图 4-43 所示。

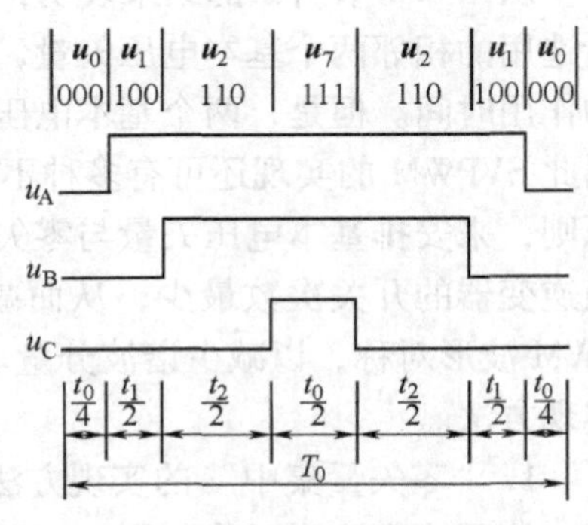

图 4-43 “零矢量分散”的 SVPWM 实现方法

“零矢量分散”实现方法的特点是：每个开关周期均从零矢量开始，并以零矢量结束，从一个基本电压矢量切换到另一个基本电压矢量时逆变器也只有一相的开关状态发生变化；但在一个开关周期内，三相的开关工作状态均各变化了两次，开关损耗略大于“零矢量集中”的实现方法。

4.6.7 SVPWM 控制时的电动机定子磁链

采用 SVPWM 控制时，将占据 π/3 的定子磁链矢量轨迹一个扇区再等分成 N 个小区间，每个小区间所占的时间为 $T_0=\pi/(3\omega_1 N)$（ω_1 为异步电动机旋转磁场角速度），T_0 亦即为在这一小区间为实现期望电压矢量的开关周期。此时定子磁链矢量将呈正 $6N$ 边形，显然比正六边形更逼近圆形。这样，在逆变器工作的一个周期（2πrad 时间）中，将出现 $6N$ 个等幅不等宽的脉冲波，这就是使电动机定子磁链矢量轨迹逼近圆形的 SVPWM 波形。

设 $N=4$，图 4-44 给出了 $N=4$ 时期望定子磁链矢量的轨迹，在一个扇区内，它由四个定子磁链矢量的增量 $\Delta\boldsymbol{\Psi}_s(k)(k=0,1,2,3)$ 组成。在每个小区间内，定子磁链矢量的增量为 $\Delta\boldsymbol{\Psi}_s(k)=\boldsymbol{u}_s(k)T_0$，由于 $\boldsymbol{u}_s$ 是期望的电压空间矢量而非基本电压空间矢量，所以必须用两个基本电压矢量来合成。为了便于找到合成期望电压矢量所需的两个基本电压矢量，可在图 4-44 中的一个扇区内初始磁链空间矢量 $\boldsymbol{\Psi}_s$（0）的顶

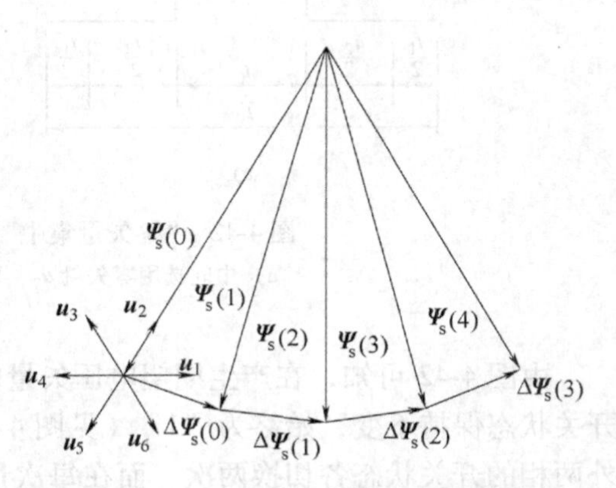

图 4-44 $N=4$ 时期望的定子磁链矢量轨迹

端绘出按放射形分布的六个有效基本电压矢量 $\boldsymbol{u}_1 \sim \boldsymbol{u}_6$，按照磁链矢量增量的需要，选择不同的基本电压矢量。

在图4-44中，当 $k=0$ 时，为了产生 $\Delta\boldsymbol{\Psi}_s(0)$，$\boldsymbol{u}_s(0)$ 可用 $\boldsymbol{u}_6$ 与 $\boldsymbol{u}_1$ 合成，此时

$$\boldsymbol{u}_s(0)=\frac{t_1}{T_0}\boldsymbol{u}_6+\frac{t_2}{T_0}\boldsymbol{u}_1=\frac{t_1}{T_0}\sqrt{\frac{2}{3}}U_d e^{j\frac{5\pi}{3}}+\frac{t_2}{T_0}\sqrt{\frac{2}{3}}U_d \tag{4-71}$$

而定子磁链矢量的增量为

$$\Delta\boldsymbol{\Psi}_s(0)=\boldsymbol{u}_s(0)T_0=t_1\boldsymbol{u}_6+t_2\boldsymbol{u}_1=t_1\sqrt{\frac{2}{3}}U_d e^{j\frac{5\pi}{3}}+t_2\sqrt{\frac{2}{3}}U_d \tag{4-72}$$

式中，t_1、t_2 可由式（4-68）、式（4-69）求得。

如采用零矢量分布的实现方法，则在第一小区间内各基本电压矢量作用的顺序和时间为 $\boldsymbol{u}_0$（$t_0/4$）、$\boldsymbol{u}_1$（$t_2/2$）、$\boldsymbol{u}_6$（$t_1/2$）、$\boldsymbol{u}_7$（$t_0/2$）、$\boldsymbol{u}_6$（$t_1/2$）、$\boldsymbol{u}_1$（$t_2/2$）、$\boldsymbol{u}_0$（$t_0/4$）。因此，在这一小区间的 T_0 时间内，定子磁链矢量的运动轨迹实际上分成以下7步（step，用符号“st”表示）：

$$\Delta\boldsymbol{\Psi}_s(0,\mathrm{st})=\begin{cases}\Delta\boldsymbol{\Psi}_s(0,1)=0\\ \Delta\boldsymbol{\Psi}_s(0,2)=\dfrac{t_2}{2}\boldsymbol{u}_1\\ \Delta\boldsymbol{\Psi}_s(0,3)=\dfrac{t_1}{2}\boldsymbol{u}_6\\ \Delta\boldsymbol{\Psi}_s(0,4)=0\\ \Delta\boldsymbol{\Psi}_s(0,5)=\dfrac{t_1}{2}\boldsymbol{u}_6\\ \Delta\boldsymbol{\Psi}_s(0,6)=\dfrac{t_2}{2}\boldsymbol{u}_1\\ \Delta\boldsymbol{\Psi}_s(0,7)=0\end{cases} \tag{4-73}$$

由式（4-73）可知，当 $\Delta\boldsymbol{\Psi}_s(0,\ \mathrm{st})=0$ 时，定子磁链空间矢量停留在原处不动，当 $\Delta\boldsymbol{\Psi}_s(0,\ \mathrm{st})\neq0$ 时，定子磁链空间矢量沿着所选定的基本电压矢量方向运动，如图4-45所示。从图中也可看出，为了采用基本电压矢量合成，实际的定子磁链矢量运动轨迹与期望的定子磁链矢量运动轨迹（见图4-44）略有不同，而一个小区间中总的磁链矢量 $\Delta\boldsymbol{\Psi}_s$（0）是一致的。

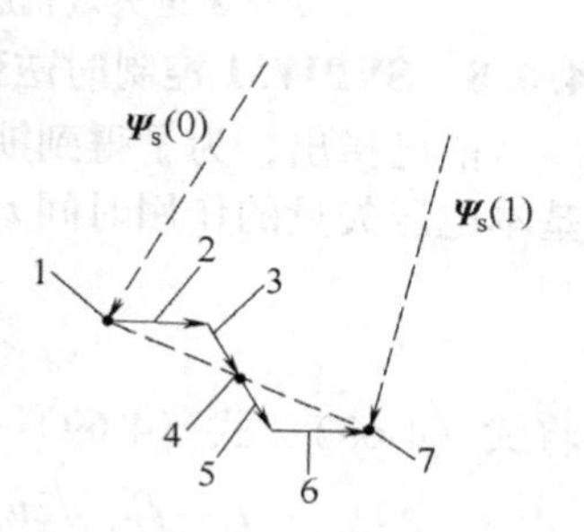

图4-45　定子磁链矢量的7步运动轨迹

这个小区间的初始磁链空间矢量 $\boldsymbol{\Psi}_s$（0）与 $\Delta\boldsymbol{\Psi}_s$（0）的矢量和形成了 $\boldsymbol{\Psi}_s$（1），它是第二个小区间

的初始磁链空间矢量。经过第二个 T_0 时间后，应形成这个小区间的磁链矢量增量 $\Delta\boldsymbol{\Psi}_s$（1）。可以看到，$\Delta\boldsymbol{\Psi}_s$（1）与 $\Delta\boldsymbol{\Psi}_s$（0）的运动方向是相似的，所以 $\Delta\boldsymbol{\Psi}_s$（1）的分析方法与 $\Delta\boldsymbol{\Psi}_s$（0）的相同，也可选用 $\boldsymbol{u}_6$ 与 $\boldsymbol{u}_1$ 的组合，只是因为 $\Delta\boldsymbol{\Psi}_s$（1）与 $\boldsymbol{u}_1$ 的夹角 θ 不同于 $\Delta\boldsymbol{\Psi}_s$（0）与 $\boldsymbol{u}_1$ 的夹角，所得的 t_1、t_2 值会有所不同。对于 $\Delta\boldsymbol{\Psi}_s$（2）和 $\Delta\boldsymbol{\Psi}_s$（3），因为它们的运动方向与 $\Delta\boldsymbol{\Psi}_s$（1）有所不同，所以选用的基本电压矢量相应地有些变动，此处须用 $\boldsymbol{u}_1$ 和 $\boldsymbol{u}_2$ 的线性组合。图 4-46 绘出了所讨论的扇区（π/3rad）内采用 SVPWM 控制技术后实际的定子磁链空间矢量轨迹。

当磁链矢量位于其他的 π/3 区间内时，可选用不同的基本电压矢量合成不同的期望电压矢量，即不同的期望磁链矢量增量，分析方法是相似的。图 4-47 是电动机定子磁链矢量在 0～2πrad 一周内的轨迹，可以看到，实际的定子磁链矢量轨迹在磁链圆的周围波动，还是比较接近圆的。显然，小区间分得越多，即 N 越大，T_0 越小，所得到的磁链矢量轨迹越接近于圆，但逆变器的开关频率将随之增大。由于 N 是有限的，所以磁链矢量轨迹只能接近于圆，而不可能等于圆。

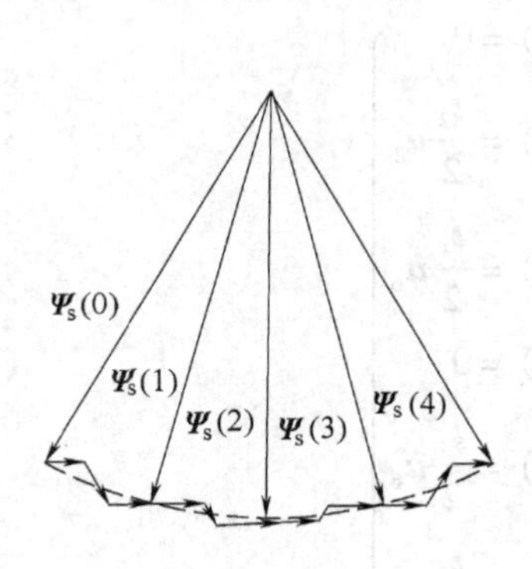

图 4-46　$N=4$ 时一个扇区的实际定子磁链矢量轨迹

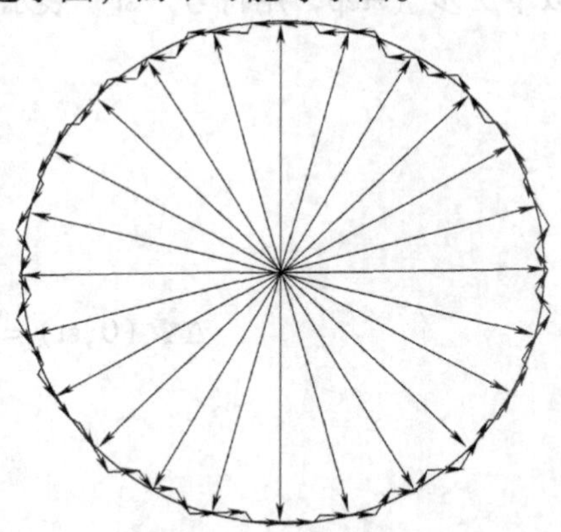

图 4-47　逼近圆的实际定子磁链矢量轨迹

4.6.8　SVPWM 控制时逆变器的输出电压

前已指出，为了得到期望的电压矢量，需要由两个基本电压矢量合成，这两个基本电压矢量的作用时间 t_1、t_2 之和应满足

$$\frac{t_1+t_2}{T_0}\leqslant 1 \tag{4-74}$$

将式（4-68）、式（4-69）代入式（4-74）得

$$\frac{t_1+t_2}{T_0}=\frac{\sqrt{2}u_s}{U_d}\left[\sin\left(\frac{\pi}{3}-\theta\right)+\sin\theta\right]=\frac{\sqrt{2}u_s}{U_d}\cos\left(\frac{\pi}{6}-\theta\right)\leqslant 1 \tag{4-75}$$

当 $\theta=\pi/6$ 时，$(t_1+t_2)/T_0$ 之值最大，等于1，因而 $t_1+t_2=T_0$，不用添加零矢量。

此时期望电压矢量 $\boldsymbol{u}_s$ 有最大的幅值

$$u_{smax}=\frac{U_d}{\sqrt{2}} \tag{4-76}$$

按照合成空间电压矢量的定义［见式（4-56）］，三相合成空间矢量的幅值是电动机定子相电压基波幅值的 $\sqrt{3/2}$倍，即 $u_s=\sqrt{3/2}U_m$。故采用 SVPWM 控制时基波相电压最大幅值可达

$$U_{mmax}=\sqrt{\frac{2}{3}}u_{smax}=\frac{U_d}{\sqrt{3}} \tag{4-77}$$

而基波线电压最大幅值为

$$U_{1mmax}=\sqrt{3}U_{mmax}=U_d \tag{4-78}$$

因此，SVPWM 控制时的直流电压利用率为

$$K_{SV}=\frac{U_{1mmax}}{U_d}=1 \tag{4-79}$$

在 4.3.3 节中已表明，采用 SPWM 控制时，直流电压利用率只有 $K_S=0.866$，两者相比为

$$\frac{K_{SV}}{K_S}=\frac{1}{0.866}=1.15 \tag{4-80}$$

由此可见，采用 SVPWM 控制的逆变器输出线电压基波最大值等于直流侧电压 U_d，它比一般 SPWM 控制的逆变器输出线电压最多可提高 15%。

*　　*　　*　　*

就本节所有讨论的问题归纳起来，SVPWM 控制模式有以下特点：

1）利用 SVPWM 控制技术，使逆变器输出一系列等幅不等宽的脉冲波电压，可以满足三相电动机逼近圆形旋转磁场的要求，获得逆变器-电动机系统总体性能最佳的效果。

2）SVPWM 控制方法将电动机旋转磁场的轨迹问题转化成电压空间矢量的运动轨迹问题，可以利用电压空间矢量的计算，很简便地直接生成 SVPWM 波电压。

3）为了使电动机旋转磁场尽可能逼近圆形，必须使开关周期 T_0 尽量短，但它受到电力电子器件允许开关频率的制约。

4）在每个开关周期 T_0 内，虽有多次开关状态的切换，但每次切换都只涉及一个开关器件，因而开关损耗较小。

5）与一般的 SPWM 逆变器比较，采用 SVPWM 控制时，逆变器输出电压最多可提高 15%。

本书后面几章将讨论的三电平逆变器和直接转矩控制系统等内容都将应用到 SVPWM 控制技术，其原理与本节所讨论的相同，仅在具体的控制方法上由于技术

要求的不同而有所变异。

4.7 桥臂器件开关死区对 PWM 变压变频器工作的影响

在前面讨论 PWM 控制的变压变频器的工作原理时，认为逆变器中的电力电子开关器件都是理想开关器件，也就是说，它们的导通与关断都随其驱动信号同步地、无时滞地完成，不占时间。实际上，所有电力电子开关器件都不是理想的开关器件，它们都存在导通时延与关断时延。因此，为了保证逆变电路的安全工作，必须在同一相上、下两个桥臂开关器件的通断信号之间设置一段死区时间 t_d（或称为时滞）。即在上（下）桥臂器件得到关断信号后，要留出 t_d 时间以后才允许给下（上）桥臂器件发出导通信号，以防止其中某个器件尚未完全关断时，另一个器件已经导通，而导致上、下两桥臂器件同时导通，产生逆变器直流侧被短路的事故。死区时间的长短因开关器件而异，一般对 IGBT 可选用 2 ~ 5μs。死区时间的存在显然会使变压变频器不能完全精确地复现 PWM 控制信号的理想波形，当然也就不能精确地实现控制目标，或产生更多的谐波，或使电流、磁链跟踪性能变差，总之，会影响传动控制系统的期望运行性能。

4.7.1 死区及其对变压变频器输出波形的影响

以图 4-48 所示的典型电压源型变压变频器为例，为分析方便起见，假设：①变频器采用 SPWM 控制，输出 SPWM 电压波形；②负载电动机的电流为正弦波形，并具有功率因数角 φ；③不考虑开关器件的反向存储时间。此时，变压变频器 A 相输出的理想 SPWM 相电压波形 $u^*_{AO'}$ 如图 4-49a 所示，它也表示该相的理想 SPWM 控制信号。考虑到器件开关死区时间 t_d 的影响后，A 相桥臂开关器件 VI_1 与 VI_4 的实际驱动信号分别如图 4-49b、c 所示。图 4-49d 为计及 t_d 影响后变压变频器实际输出的相电压波形 $u_{AO'}$。可以看出，它与理想 SPWM 波形 $u^*_{AO'}$ 相比，产生了死区畸变，在死区中，上、下桥臂两个开关器件都没有驱动信号，桥臂的工作状态取决于该相电流 i_A 的方向和续流二极管 VD_1 或 VD_4 的作用。

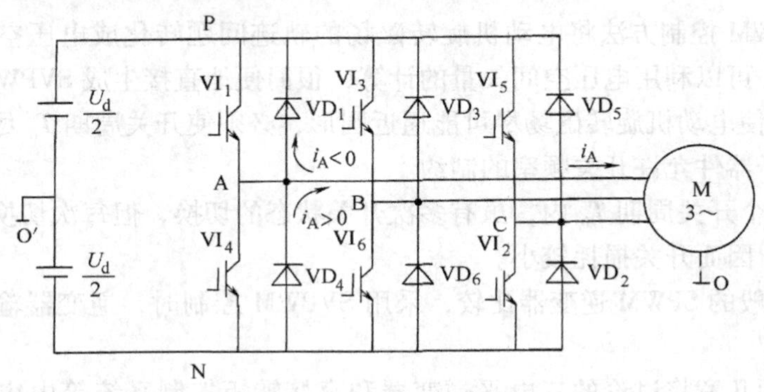

图 4-48 电压源型变压变频器

下面具体分析一下死区畸变产生的过程。在图4-48中，当开关器件VI_1导通时，A点电位为$+U_d/2$。VI_1被关断后，由于t_d的存在，VI_4并不会立即导通。这时，由于电磁惯性，使电动机绕组中的电流不会立即反向，而是通过VD_1（或VD_4）续流。图4-49f中绘出了A相电流i_A的波形，它落后于相电压u_{AO}基波的相位角为φ，并按调制角频率ω_1作正弦波变化，其正（负）半周的持续时间远大于SPWM波的单个脉冲宽度。这样，当$i_A>0$时，（见图4-48中所表示的i_A方向），VI_1关断后即通过VD_4续流，此时A点被箝位于$-U_d/2$；若$i_A<0$，则通过VD_1续流，A点被箝位于$+U_d/2$。在VI_4关断与VI_1导通间死区t_d内的续流情况也是如此。总之，当$i_A>0$时，变压变频器实际输出电压波形的负脉冲增宽，而正脉冲变窄；当$i_A<0$时，反之。这样，由于死区的影响，使变压变频器实际输出的电压产生了畸变，不同于理想的SPWM波形。波形u_{AO}与u_{AO}^*之差为一系列的脉冲电压，称为偏差脉冲电压u_{er}（见图4-49e），其宽度为t_d，幅值为$|U_d|$，极性与i_A方向相反，而和SPWM脉冲本身的正负无关。一个周期内，u_{er}的脉冲数取决于SPWM波的开关频率。

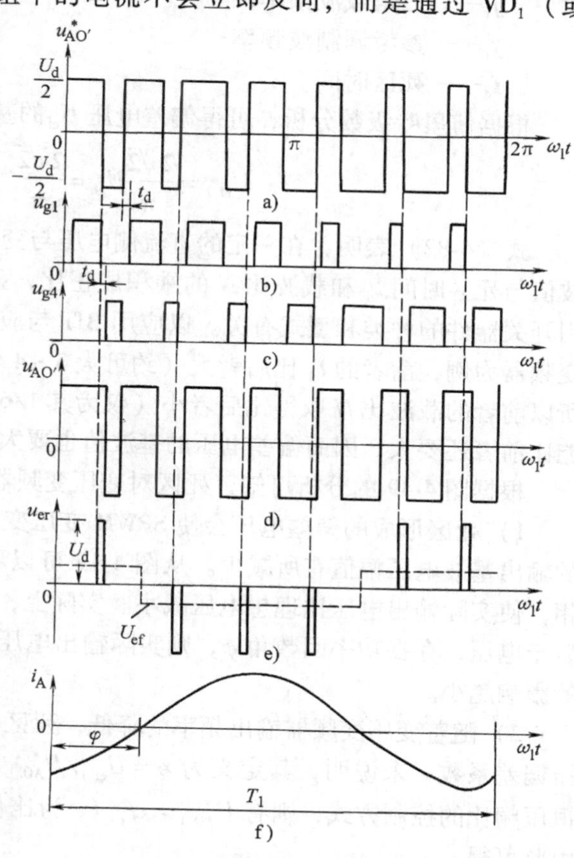

图4-49 死区对变压变频器输出波形的影响

4.7.2 死区对变压变频器输出电压的影响

为了计算死区对输出电压的影响，可将图4-49e所示的偏差电压脉冲序列u_{er}等效为一个矩形波的偏差电压U_{ef}，即取其平均电压，如图中虚线所示。由此可得

$$U_{ef}\frac{T_1}{2}=t_d U_d \frac{N}{2}$$

因而

$$U_{ef}=\frac{t_d U_d N}{T_1} \tag{4-81}$$

式中　T_1——变压变频器输出电压基波的周期；

N——SPWM 波的载波比，$N=f_t/f_r$；

f_t——三角载波频率；

f_r——参考调制波频率；

t_d——死区时间。

根据傅里叶级数分析，可得偏差电压 U_{ef}的基波分量幅值为

$$U_{ef.1}=\frac{2\sqrt{2}}{\pi}U_{ef}=\frac{2\sqrt{2}}{\pi}\cdot\frac{t_d U_d N}{T_1} \tag{4-82}$$

式（4-82）表明，在一定的直流侧电压与变压变频器输出频率下，偏差电压基波值与死区时间 t_d 和载波比 N 的乘积成正比，显然，这两个量与变压变频器所采用开关器件的种类和型式有关。以应用 BJT 与应用 IGBT 组成的两种 SPWM 型变压变频器为例，前者的 t_d 比后者大（约可大 3～4 倍），但前者的开关频率比后者低，所以前者的载波比 N 取得比后者小（仅为其 1/6～1/8）。对其积 t_dN 来说，后者可能比前者还要大，因而偏差电压的基波值也要大一些。

根据图 4-49 的分析可知，死区对变压变频器输出电压的影响有以下几点：

1）死区形成的偏差电压会使 SPWM 变压变频器实际输出基波电压幅值比理想的输出基波电压幅值有所减少。从图 4-49 可以看出，如果 $\varphi=0°$，则 U_{ef}与 U^*_{AO}反相，使实际输出电压比理想电压减小。实际上，电动机是感性负载，其电流必然落后于电压，存在功率因数角 φ，则实际输出电压会被少抵消一些。φ 角越大，死区的影响越小。

2）随着变压变频器输出频率的降低，死区的影响越来越大。这可以用基波电压偏差系数 ε 来说明，其定义为 $\varepsilon=U_{ef.1}/U^*_{AO.1}$。由于在交流变频传动中，常选用恒压频比的控制方式，则有 $U^*_{AO.1}=cf_1$（c 为比例系数，f_1 为输出电压基波频率），由此可得

$$\varepsilon=\frac{\frac{2\sqrt{2}}{\pi}\cdot\frac{t_d U_d N}{T_1}}{cf_1}=\frac{2\sqrt{2}}{c\pi}t_d U_d N \tag{4-83}$$

式中，由于 f_1 降低时 N 会增大，所以 ε 也增大，说明死区引起电压偏差的相对作用更大了。

以上仅以 SPWM 波形为例说明死区的影响，实际上，死区的影响在各种 PWM 控制方式的变压变频器中都是存在的。

第5章 中压大功率变频技术

随着工业生产的发展，大功率调速设备的应用日益增多。当它们应用于交流电气传动时，相应的电动机一般都是1～10kV级的交流中压电动机。在20世纪70～80年代，对一些功率在兆瓦级以上的风机、泵类装置，应用电动机调速实现流量调节可节省大量电能，由于它只要求有限的调速范围，而制造高性能的中压大功率变压变频装置在当时还比较困难，因而常用绕线转子异步电动机串级调速系统。现在上述困难已不存在，而且诸如轧钢机械、电力机车等大功率传动的转速控制在静、动态方面都有更高的要求，从技术上看，中压变频调速是更合适的方案，这就提出了中压大功率变频技术问题。

按照电力系统对电压等级的划分，千伏级电压属于中压，给中压电动机供电的变频器应称作“中压变频器”。但国内业界人士常将它与低压380V相比，常称为“高压变频器”。

从20世纪末到21世纪初，电力电子器件有很大的发展，特别是一些耐压高、电流大的全控型器件问世，为中压大功率变频器形成工业产品创造了良好的条件。在目前可用的大功率全控型器件中，IGBT的额定电压已达到3300V，而且已突破了串、并联技术。需要更高电压时，已开发出两种器件：一种是“软穿通”的场终止型IGBT（Field stop IGBT，FS-IGBT），还有一种是注入增强栅晶体管（Injection Enhanced Gate Transistor，IEGT），电压都已做到6500V，电流达2500A；另一方面，在GTO晶闸管的基础上形成了新的高电压场控器件——集成门极换相晶闸管（Integrated Gate-Commutated Thyristor，IGCT），也已有4500V、4000A和6000V、2500A的产品。

5.1 中压大功率变频技术的各种方案

中压大功率变频器与第4章所讨论的通用变频器在技术上有相同之处，也有根据其本身工作特点而形成的新的技术结构。现有的中压大功率变频器可以从不同角度分类。从频率变换方式上可分为：①直接变频器，即交-交变频器；②间接变频器，即交-直-交变频器。中压大容量交-交变频器一般由大功率晶闸管串、并联组成，在钢铁企业中已有较多的成功应用，但其输出频率可调范围有限，主要用于大功率低速运行机械的电气传动，交-直-交变频器则不受此限制。关于交-交变频器，在参考文献［13］中已有专门论述，本章将主要讨论中压的交-直-交变频器。

从变频电源的性质上分，有电流源型与电压源型两种。本书第10章将要讨论的晶闸管变频器-同步电动机调速系统中应用了负载电动势换相的电流源型变频器，本章将着重讨论电压源型中压变频器。

从中压变压变频电源的输出方式上可分为：①直接输出方式。将变压变频器输入端直接接在中压供电电源上，变频器的输出端直接供电给负载电动机，中间不经过其他电气设备，这就要求变频器有承受中压电压的能力。②间接输出方式。先用输入变压器 T_1 将供电电压降到低压水平，接到通用低压变频器上，然后再用输出变压器 T_2 升高电压，给中压电动机供电，称之为中-低-中（或称之为高-低-高）变频方案，如图 5-1 所示。这种方案的优点是，可以用低压变频器，便于实现；缺点是，多用了两台变压器，增加了整个变频装置的成本和占地面积，降低了变频调速系统的效率。这种方案是早期因电力电子开关器件的条件受到限制而采用的一种过渡办法，且一般仅用于功率不大的中压变频调速系统，目前已很少应用。

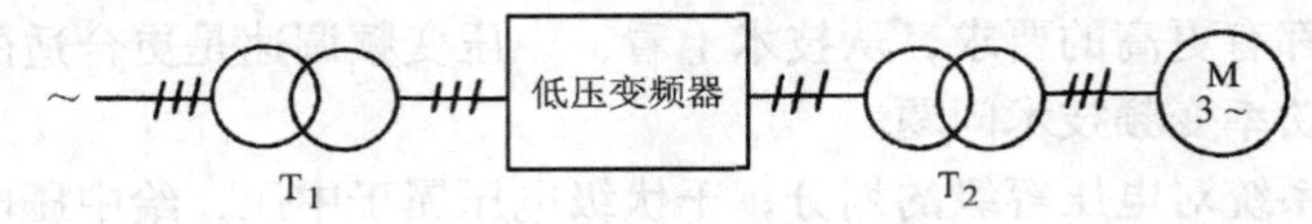

图 5-1　具有输入/输出变压器的中-低-中变频方案

目前在中压大功率可逆传动系统中多采用电流源型交-交变频系统，而对量大面广、对动态性能无甚要求的风机、泵类传动系统，则以无输出变压器的电压源型交-直-交变频器供电为多。一般有两种实现途径：一是采用电力电子器件的串联，以满足中压的要求，变频结构为两电平逆变器，但需要解决由于电力电子器件串联而引起的器件动、静态均压问题；二是采用多电平逆变电路结构，以避开器件串联问题而仍有较好的技术性能，应用较多的是三电平中压变频器和功率单元串联多电平变频器。它们是本章讨论的主要内容。

5.2　三电平逆变器

在电压源型逆变器中，被广泛应用的是两电平逆变电路，如第 4 章中所讨论的常规逆变器和 PWM 型逆变器。在两电平逆变器中，通过轮流导通的电力电子开关器件，在输出端把中间直流回路的正端电压（P）和负端电压（N）分别接到交流电动机定子的各相绕组上。当逆变器输出电压较高时，开关器件的耐压可能不够，因而提出了多电平逆变器，以适应负载的要求，三电平逆变器即是其一。所谓三电平是指逆变器交流侧每相输出端从中间直流回路取得的电压有三种电位，即正端电压 P、负端电压 N 和中性点零电位 O。由于它具有的一些优异性能，很多企业相继推出了三电平中压变频器的产品。

5.2.1　工作原理

1997 年，德国学者 Holtz 提出了一种三电平逆变器，其主电路在中性点带有一对反并联的电力电子开关器件，它的一相主电路如图 5-2a 所示。图中，在中间直流回路的中性点上引出一对电力电子开关器件 VI_2 和 VI_3，无论负载电流的流向如何，逆变器的输出电压都可能有三种状态：$\pm U_d/2$、0。后来由日本学者 Nabae 加以发展，在 20 世纪 80 年代提出了中性点带一对箝位二极管与两组开关器件串联的三电平逆变方案，称之为中性点箝位（Neutral Point Clamped，NPC）型逆变器，如图 5-2b 所示。其特点是，每相桥臂由四个电力电子开关器件串联组成，直流回路中性点 O（其电位为零）由两个箝位二极管 VD_5、VD_6 引出，分别接到上下桥臂的中间，这样，每个电力电子开关器件的耐压值可降低一半。该方案更适合于中压大功率交流传动控制，也是目前广泛应用的拓扑结构。在下面的分析中，如果没有特殊指明，所谓三电平逆变器都是指中性点箝位型逆变器。

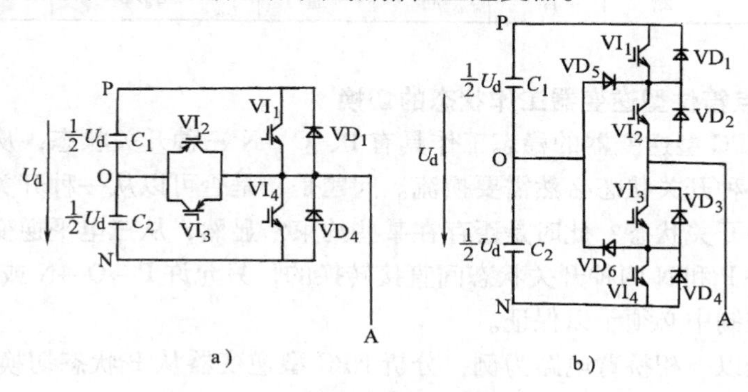

图 5-2　三电平逆变器一相原理电路

a）Holtz 方案　b）Nabae 方案

由图 5-2b 可以看出，在三电平逆变器中，每一相需要四个主开关器件、四个续流二极管、两个箝位二极管，平均每个主开关器件所承受的正向阻断电压为 $U_d/2$。下面进一步分析中性点箝位型逆变器主电路的稳态工作情况。

1. 工作模式 1——开关器件 VI_1、VI_2 导通，VI_3、VI_4 关断

分两种情况考虑：①电流方向为流入负载，即电流从 P 点流过 VI_1、VI_2 到达输出端 A。若忽略开关器件的正向导通管压降，则输出端电位等同于 P 点电位。②电流从负载流出，此时电流从输出端 A 流过续流二极管 VD_2、VD_1 注入 P 点，输出端 A 点电位仍等同于 P 点电位。

2. 工作模式 2——VI_2、VI_3 导通，VI_1、VI_4 关断

①电流流入负载，即电流从中性点 O 通过箝位二极管 VD_5、主开关器件 VI_2 到达输出端，输出端电位等同于 O 点电位。②电流从负载流出，电流从输出端流过 VI_3、VD_6 注入中性点，该相输出端电位仍等同于 O 点电位。在这种情况下，VD_5、VD_6 与 VI_2、VI_3 一起箝制了输出端电位等于中性点电位。

3. 工作模式3——VI_3、VI_4 导通，VI_1、VI_2 关断

与工作模式1相仿，输出端A点电位等同于N点电位。

由以上分析可知，在NPC型逆变器中，主开关器件 VI_1 和 VI_4 不能同时导通，而 VI_1 和 VI_3、VI_2 和 VI_4 的工作状态是互反的，这是三电平逆变器的基本控制规则。三种工作模式的开关状态与每相输出电压见表5-1。

表5-1　主开关器件开关状态与每相输出电压

工作模式	VI_1	VI_2	VI_3	VI_4	每相输出电压	状态代号
1	通	通	断	断	$+U_d/2$	P
2	断	通	通	断	0	O
3	断	断	通	通	$-U_d/2$	N

5.2.2　中性点箝位型逆变器工作状态的切换

三电平NPC型逆变器的稳态工作具有P、O、N三种开关状态，从一种开关状态转换到另一种开关状态必然需要换流。问题是，是否可以从一种开关状态转换到任意的另一种开关状态？此时是否存在某些约束？显然，从三电平逆变器的性质上看，是不允许P和N两种开关状态间直接转换的，只允许P→O→N或N→O→P的切换，这在控制中必须予以保证。

下面首先以一相桥臂电路为例，分析NPC型逆变器从P状态切换至O状态的过程。

1. 电流从逆变器流向负载

设初始状态为主开关器件 VI_1、VI_2 导通，电流路径为P电位→VI_1→VI_2→A端，如图5-3a所示。为使逆变器从P状态切换至O状态，先给 VI_1 施加关断信号，由于 VI_1 关断有时延，所以电流仍可继续流通。待 VI_1 完全关断后，便形成O电位

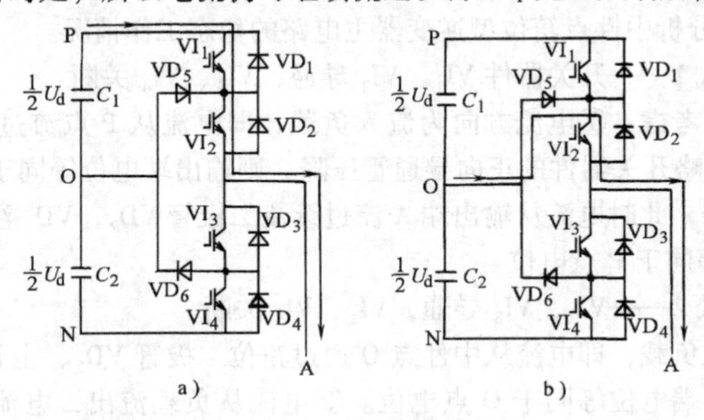

图5-3　电流流入负载时三电平逆变器P-O状态的切换

a) 从P流向A　b) 从O流向A

$\rightarrow VD_5 \rightarrow VI_2 \rightarrow$A 端的电流路径，使箝位二极管 VD_5 流过全部负载电流。这样，由 VI_1 到 VD_5 的换相过程结束，电流路径变成图 5-3b 所示。此时负载端呈零电位，逆变器进入 O 状态工作。应该指出，在这种状态下，器件 VI_3 虽然接收到导通信号，但是对电路的工作并无影响。

2. 电流从负载流向逆变器

初始状态如图 5-4a 所示，电流路径为 A 端$\rightarrow VD_2 \rightarrow VD_1 \rightarrow$P 电位，此时负载端电位就是 P 电位。从表 5-1 可知，为了使逆变器从 P 状态切换至 O 状态，VI_2、VI_3 应有导通驱动信号，而 VI_1、VI_4 则有关断信号。VI_1 的关断对电路工作没有影响，而 VI_3 的导通则提供了从 A 端$\rightarrow VI_3 \rightarrow VD_6 \rightarrow$O 电位的电流路径。由于 O 比 P 的电位低，所以从负载来的电流大量流向此路径，并使流经 $VD_2 \rightarrow VD_1$ 的电流不断减少，直至为零，如图 5-4b 所示。这就完成了从 P 状态切换到 O 状态的换相过程。

同理，可分析其他开关状态之间的切换过程。

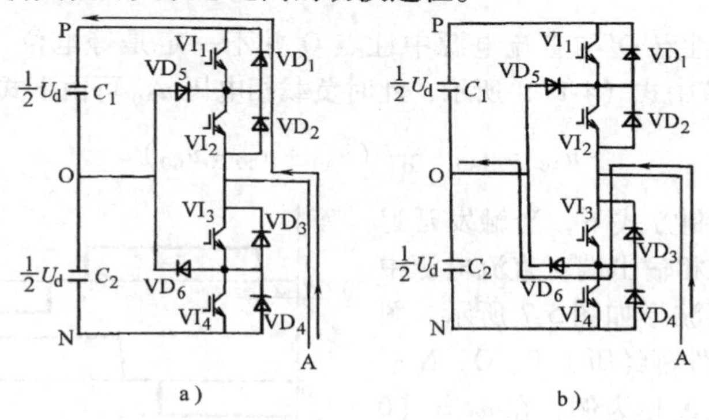

图 5-4　电流流入逆变器时三电平逆变器 P-O 状态的切换

a) 从 A 流向 P　b) 从 A 流向 O

5.2.3　中性点箝位型逆变器的输出电压波形

根据表 5-1 所示的逆变器一相桥臂开关器件的工作状态，对开关器件可以用按导通时间调节触发延迟角 α 的单脉冲控制方式，也可采用 PWM 控制方式。对应的 A 相输出端与直流输入电源中性点 O 间的电压波形 $u_{AO}=f(t)$，如图 5-5 所示。其中，图 a 所示为单脉冲控制方式，在一个周期内电压波形呈正、负半波对称的矩形波；图 b 所示为 PWM 控制方式。对逆变器的另两个桥臂开关器件的控制应使其输出端电压波形分别比 $u_{AO}(t)$ 滞后 $2\pi/3$ 与 $4\pi/3$ 电角度。

在工程实用中，我们关心的是负载上的电压波形。设逆变器三个桥臂的输出端接三相对称电阻负载，并采用 Y 联结，中性点为 O′，如图 5-6 所示。输出相电压为 $u_{AO'}$、线电压为 u_{AB}。

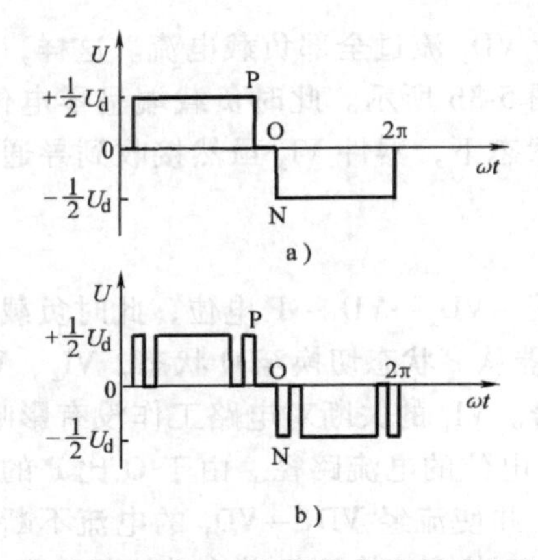

图 5-5　NPC 型逆变器输出端电压波形

a）单脉冲控制方式　b）PWM 控制方式

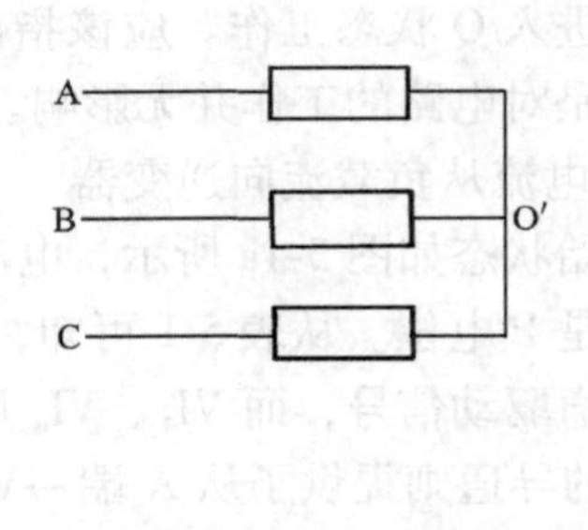

图 5-6　逆变器的负载

由于负载中性点 O′与直流电源中性点 O 并不一定是等电位，设其电位差为 $u_{OO'}$，按 4.3.2 节中式（4-17）所示，此时负载相电压 $u_{AO'}$可由下式表示：

$$u_{AO'} = u_{AO} - \frac{1}{3}(u_{AO} + u_{BO} + u_{CO}) \tag{5-1}$$

在单脉冲控制方式下，当触发延迟角 $\alpha = 30°$时，三相输出端对直流电源中性点 O 间的电压波形如图 5-7 所示。图中每一相开关器件都经历了 P、O、N 三个开关状态。以 A 相为例，在 ωt = （0 ~ π/6）区间，为 O 状态；在（π/6 ~ π）区间为 P 状态（VI_1、VI_2 导通），$u_{AO} = +U_d/2$；在（π ~ 7π/6）区间为 O 状态（VI_2、VI_3 导通），$u_{AO} = 0$；在（7π/6 ~ 2π）区间为 N 状态（VI_3、VI_4 导通），$u_{AO} = -U_d/2$。根据图 5-7 的波形，可以列出在一个周期内每 π/6 小区间逆变器三相桥臂所处的工作状态，亦即表示了此时的三相输出电压值，见表 5-2。

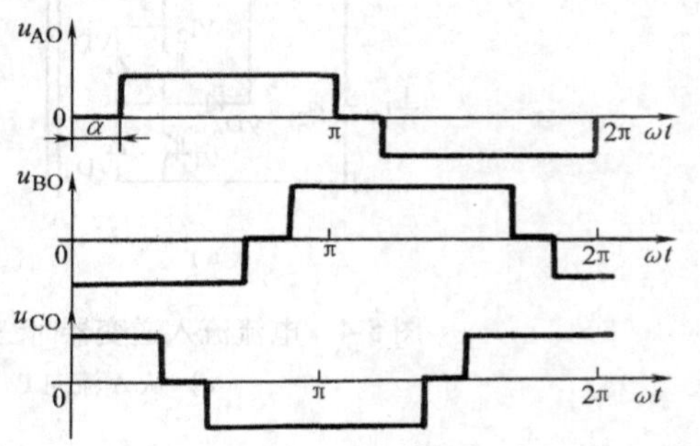

图 5-7　逆变器三相输出端电压波形

表 5-2　逆变器输出端在不同区间的工作状态（α = 30°）

区间 / 工作状态 / 输出端	0 ∫ π/6	π/6 ∫ 2π/6	2π/6 ∫ 3π/6	3π/6 ∫ 4π/6	4π/6 ∫ 5π/6	5π/6 ∫ π	π ∫ 7π/6	7π/6 ∫ 8π/6	8π/6 ∫ 9π/6	9π/6 ∫ 10π/6	10π/6 ∫ 11π/6	11π/6 ∫ 2π
A	O	P	P	P	P	P	O	N	N	N	N	N
B	N	N	N	N	O	P	P	P	P	P	O	N
C	P	P	O	N	N	N	N	N	O	P	P	P

根据表5-2与式（5-1），可求出A相负载在不同区间的电压$u_{AO'}$。

区间0～π/6：

$$u_{AO'}=0-\frac{1}{3}\left(0-\frac{1}{2}U_d+\frac{1}{2}U_d\right)=0$$

区间π/6～2π/6：

$$u_{AO'}=\frac{1}{2}U_d-\frac{1}{3}\left(\frac{1}{2}U_d-\frac{1}{2}U_d+\frac{1}{2}U_d\right)=\frac{1}{3}U_d$$

区间2π/6～3π/6：

$$u_{AO'}=\frac{1}{2}U_d-\frac{1}{3}\left(\frac{1}{2}U_d-\frac{1}{2}U_d+0\right)=\frac{1}{2}U_d$$

区间3π/6～4π/6：

$$u_{AO'}=\frac{1}{2}U_d-\frac{1}{3}\left(\frac{1}{2}U_d-\frac{1}{2}U_d-\frac{1}{2}U_d\right)=\frac{2}{3}U_d$$

区间4π/6～5π/6：

$$u_{AO'}=\frac{1}{2}U_d-\frac{1}{3}\left(\frac{1}{2}U_d+0-\frac{1}{2}U_d\right)=\frac{1}{2}U_d$$

区间5π/6～π：

$$u_{AO'}=\frac{1}{2}U_d-\frac{1}{3}\left(\frac{1}{2}U_d+\frac{1}{2}U_d-\frac{1}{2}U_d\right)=\frac{1}{3}U_d$$

同理，可求得另一半周期中6个小区间的$u_{AO'}$，依次为0、$-U_d/3$、$-U_d/2$、$-2U_d/3$、$-U_d/2$、$-U_d/3$。与$u_{AO'}$一样，按照同样的方法，可求出$u_{BO'}$与$u_{CO'}$的数值，只是所出现的区间依次滞后2π/3与4π/3时刻，这样就可画出各相负载相电压波形和线电压波形。图5-8a、b、c所示分别为A、B、C相电压波形，图5-8d所示为A、B相间的线电压波形u_{AB}，它可由$u_{AO'}-u_{BO'}$得出。

从图5-8所示的相电压波形可以看到，它是由7种以直流回路电压U_d为单位的不同电压值组成的多阶梯波，这7种电压值是$\pm 2U_d/3$、$\pm U_d/2$、$\pm U_d/3$、0。采用PWM控制方式工作时，还将有$\pm U_d/6$的阶梯波出现，这里就不详细推导了。

5.2.4 中性点箝位型逆变器的特点

在分析了NPC型逆变器的工作原理及输出波形之后，可以概括出该逆变器的特点为以下四点。

1）NPC型逆变器有助于解决实用电力电子器件耐压不够高的问题。通用逆变器属于两电平式，其输出端电压在P-N之间变化，开关器件承受的关断电压就是直流中间回路电压。而NPC型逆变器总是在P-O或O-N的状态下工作（或反之），开关器件所承受的关断电压被限制在直流中间回路电压的一半，因此三电平逆变器可适用于中压大容量变频器。当电力电子器件采用3.3kV的IGBT组成三电平逆变器时，输出交流电压最高可达2.3kV，采用4.5kV的IGCT时，中间直流电压可提高到 3.0 ~ 3.5kV。

2）通用两电平 PWM 逆变器输出的负载相电压有 5 种电平，而三电平逆变器则可有 7 ~ 9 种电平，各级电平间的幅值变化相对降低了。这种多级的电压阶梯波减少了 du/dt 对电动机绝缘的冲击。

3）通用两电平 PWM 逆变器输出的负载线电压为三种电平，而三电平逆变器则有五种电平。这样，在同等开关频率条件下，可使输出电压波形质量有较大改善。反之，当两种逆变器输出允许有相同的谐波含量时，三电平逆变器的开关频率可以低一些，开关损耗也会下降。为减少谐波对电动机的影响，一般在三电平逆变器输出端还装有滤波器，这样可使用普通电动机，也不需要降容使用。

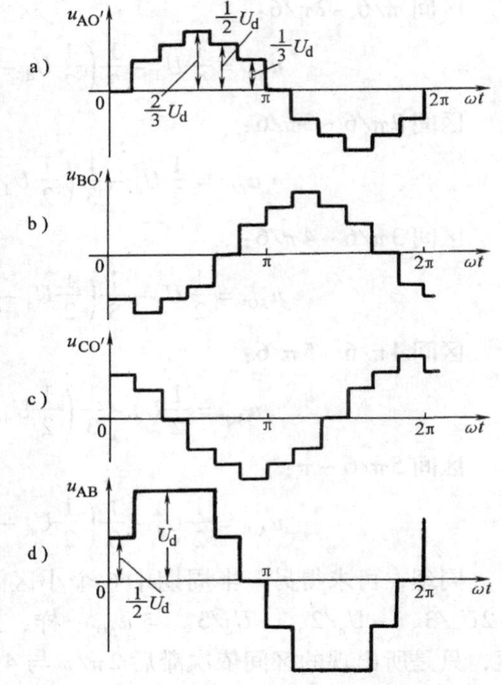

图 5-8　输出相电压与线电压波形

4）在所讨论的 NPC 型三电平逆变器中，采用两个电容量相等的电容分压构成中性点。在空载情况下，该中性点的电位为零，但在有负载的情况下，当中性点有电流流过时，会造成中性点电位的变化，即偏离在对称情况下的零电位，从而影响输出波形的正弦度。这是三电平逆变器的一个问题，可以通过控制或改进拓扑结构以抑制中性点电位的偏移。

5.2.5　三电平逆变器的控制策略

前已提及，三电平逆变器各开关器件的开关规律应按表 5-1 的规定执行，这时可以得到多阶梯波的输出电压波形，但终究还不是纯粹的正弦波，即使在其输出端加上滤波装置后，输出电压仍为非正弦波，如图 5-9 所示（图中为采用 PWM 控制方式时的输出电压波形），仅能使其谐波畸变率从 29% 降到 4% 左右，所以还要研究进一步改善其输出波形的控制策略。

1. 三电平逆变器输出电压合成空间矢量

对于通用两电平变频器，由三个桥臂开关器件组成的变频器只有 $2^3=8$ 种工作状态（见本书 4.6.3 节），从而使电压合成空间矢量组成一个正六边形，输出电压中含有较多的谐波分量。在三电平逆变器中，开关器件组成的工作状态可有 $3^3=27$ 种，根据排列组合可得出表 5-3 所示的 27 种工作状态。表中每一格内的三个字母表示三电平逆变器在此工作状态下三相输出端 A、B、C（即负载电动机三相输入端）分别与直流输入电源哪一点相连。工作状态也间接地反映了逆变器输出端的电位状态，P 表示 $+U_d/2$，N 表示 $-U_d/2$，O 表示 0 电位。

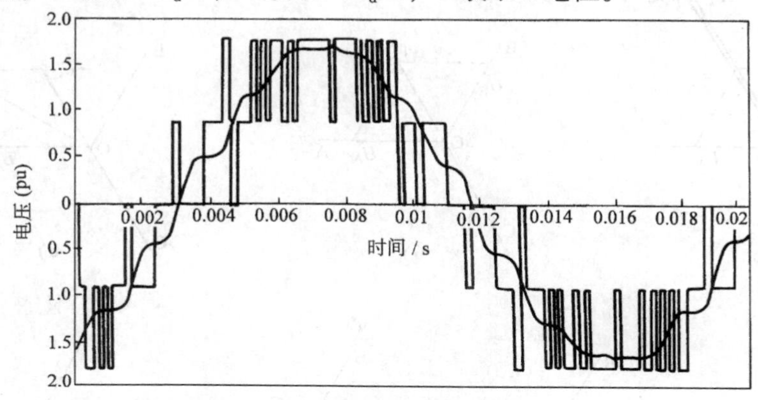

图 5-9　三电平逆变器的输出电压和滤波后电压

表 5-3　三电平逆变器的 27 种工作状态

PPP	PPN	PPO	PON	POO	PNN	POP	PNO	PNP
OOO	OPN	OPO	OON	OPP	ONN	OOP	ONO	ONP
NNN	NPN	NPO	NON	NPP	NOO	NOP	NNO	NNP

根据三相逆变器的工作原理，设 A 相输出电压空间矢量 $\boldsymbol{U}_A$ 的轴线坐落在水平线上，则 B、C 相输出电压空间矢量 $\boldsymbol{U}_B$、$\boldsymbol{U}_C$ 的轴线应依次按逆时针方向相差 120°，其模为 $U_d/2$ 或 0。图 5-10 表示了 A、B、C 三相轴线的空间分布。

利用本书 4.6.3 节所述电压合成空间矢量的原理，可求出几种工作状态的逆变器输出电压合成空间矢量（即电动机输入端的电压合成空间矢量）。在图 5-11 中列举了 7 种工作状态电压合成空间矢量的形成，方法如下：

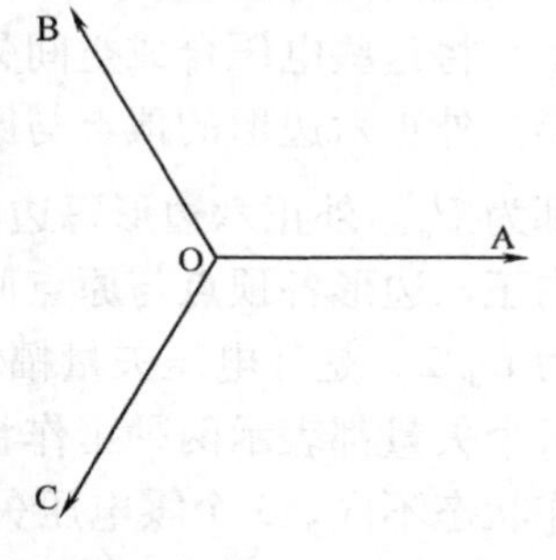

图 5-10　A、B、C 三相轴线的空间分布

1）凡该相与 P 端相连，则该相电压空间矢量坐落在 ABC 坐标系中相应轴线的正方向上，并以“$\boldsymbol{U}_A$”表示；如与 N 端相连，则坐落在 ABC 坐标系中相应相轴线的反方向上，以“$-\boldsymbol{U}_A$”表示；如与 O 端相连，则坐落在 ABC 坐标系的原点 O 上，矢量模为零。

2）用几何作图法求出电压合成空间矢量，并以工作状态的字母表示。

3）应用三角公式，求出各工作状态下的电压合成空间矢量的模。对应于图 5-

11 所示的 7 种工作状态，其模依次为$\overline{PPN}=U_d$，$\overline{PPO}=U_d/2$，$\overline{PON}=\sqrt{3}U_d/2$，$\overline{POO}=U_d/2$，$\overline{POP}=U_d/2$，$\overline{PNO}=\sqrt{3}U_d/2$，$\overline{PPP}=0$。

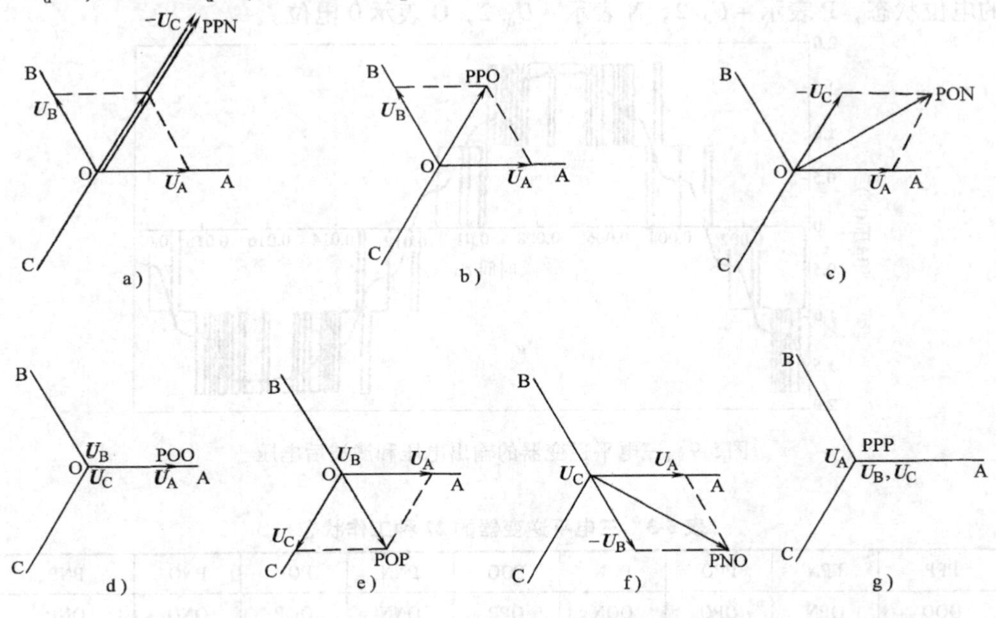

图 5-11　几种工作状态电压合成空间矢量的形成

从图 5-11 可以看出，对于不同的工作状态，电压合成空间矢量的大小有所不同，而且它们在 ABC 坐标系中的空间位置也不同。若把逆变器的 27 种工作状态的电压合成空间矢量都按上述方法一一画出，可得如图 5-12 所示的 27 个电压合成空间矢量的分布情况。

将这些电压合成空间矢量的顶点相连，可形成一个外正六边形与一个内正六边形。外正六边形的顶点与原点相连有 6 个幅值最大的矢量，称为外电压矢量，幅值都为 U_d。外正六边形每边的中点与原点间形成 6 个中电压矢量，幅值都为$\sqrt{3}U_d/2$。内正六边形各顶点与原点间形成 12 个矢量（其中各有 6 个矢量重叠），其幅值都为 $U_d/2$，是外电压矢量幅值的一半，所以可称作内电压矢量或半电压矢量；而且每个矢量都表示两种工作状态，如 POO 与 ONN 处于同一顶点，两矢量重合，但工作状态不同。3 个零电压矢量 PPP、NNN 与 OOO 都坐落在原点上。总起来说，27 种工作状态形成了 4 种电压合成空间矢量，即 6 个外电压矢量（幅值为 U_d）、6 个中电压矢量（幅值为$\sqrt{3}U_d/2$）、12 个内电压矢量（幅值为 $U_d/2$）和 3 个零电压矢量（幅值为零）。如不计重合的矢量，则独立的矢量只有 19 个。顺便指出，有些文献中称图 5-12 所示的矢量图为菱形电压合成空间矢量图。

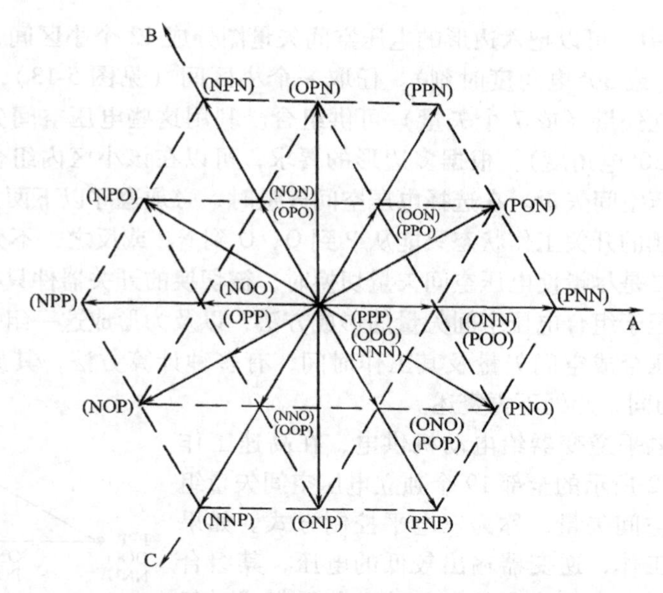

图 5-12　三电平逆变器 27 种工作状态下的输出电压合成空间矢量图

从上述分析可以知道，由于三电平逆变器的开关工作状态以及由此形成的电压合成空间矢量都较通用逆变器（即两电平逆变器）为多，所以前者的输出电压波形也会比后者好，但它仍不可能输出纯正弦波电压。因为在一个周期中，虽然可以有 12 种开关工作状态，对照表 5-3 和图 5-12 可以发现，由于每隔 30°电角度开关工作状态切换一次，每次使电压合成空间矢量在空间前进 30°，一个周期后又回复到起始点，而且每个工作状态所对应的电压合成空间矢量并不都是幅值最大的矢量。如果电压合成空间矢量能够按圆形轨迹运动，而且幅值不变，则在逆变器的输出端才能获得按正弦规律变化的电压波形，电动机也可获得圆形旋转磁场。为此，必须研究如何按照圆形运动轨迹的思路来控制三电平逆变器。

2. 电压空间矢量 PWM 控制技术

三电平逆变器并不可能获得无限个开关工作状态，所以还不能使电压合成空间矢量获得圆形运动轨迹，只能获得比六边形为好更逼近圆形的多边形运动轨迹。如何能够使它再进一步接近圆形呢？参照本书 4. 6. 3 节所述，在三电平逆变器中，也可以用几个相邻的电压合成空间矢量的组合构成新的电压空间矢量，组合后电压空间矢量的大小可根据电动机工作的要求来确定，或根据 *U/f* 控制指令来确定，其空间相位则与固有的电压合成空间矢量不同。这样，可使图 5-12 所示的固有电压合成空间矢量不要连续工作 30°电角度，而在 30°电角度中间插入其他开关工作状态，逆变器的开关工作状态将增多，且不会按表 5-3 所示的次序切换，从而使逆变器输出电压波形的脉冲也增多了。这就产生电压空间矢量的 PWM 控制技术。

在图 5-12 中，可以把六边形的电压空间矢量图分成 12 个小区间，每个小区间对应 30°空间（或 30°电角度时刻）。任取一个小区间（见图 5-13），在此小区间内，有 4 个独立矢量（或 7 个矢量）可供组合。利用这些电压空间矢量工作的不同时刻（小于 30°电角度），根据多边形的要求，可以在该小区内组合成一个或多个新的组合电压空间矢量。在选择电压空间矢量时，必须遵守以下两点：一是在矢量切换时，每相的开关工作状态只能从 P 到 O、O 到 N，或反之，不允许 P 与 N 间的直接切换；二是尽量使电压空间矢量切换时，被切换的开关器件只有一个，以降低开关损耗。至于组合电压空间矢量的形成方法，以及为形成这一组合矢量所采用的有关固有电压合成空间矢量及其工作时间，有多种计算方法，其原理都与本书 4.6.3 节所述相同，此处不再赘述。

若采用三电平逆变器给电动机供电，在高速工作时，须用图 5-12 所示的全部 19 个独立电压空间矢量组合成新的电压空间矢量，称为三电平控制方式。如果电动机在低速工作，逆变器输出较低的电压，其组合电压空间矢量可由内六边形的 7 个独立矢量组成，每个电压空间矢量都相当于只有两种电平的工作状态，虽然总的来说仍是三电平输出，也可称为两电平控制方式，此时逆变器输出的线电压波形相当于通用 PWM 变频器的输出波形。

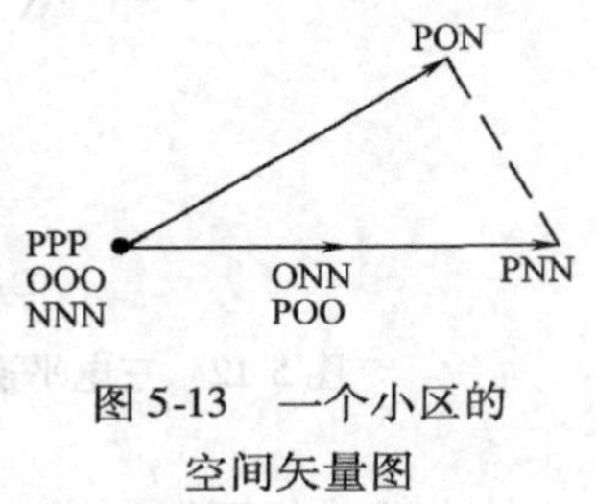

图 5-13　一个小区的空间矢量图

5.3　单元串联式多电平 PWM 变频器

顾名思义，单元串联式多电平 PWM 变频器是采用若干个低压 PWM 控制的变频器作为电力变流单元串联而实现中高压输出的一类电压源型变频器。这种变频器具有对电网谐波污染小、输入功率因数高、输出波形好、输出 du/dt 也不高，可以用于对普通异步电动机供电，因此引起了人们的关注。自从 20 世纪末在国外推出这种产品以后，很快在大容量中高压风机、水泵节能调速传动中获得推广，近年来我国一些企业也相继开发出类似的变频器。

5.3.1　单元串联式多电平变频器的工作原理

由单元串联式多电平变频器向中压交流电动机供电时，变频器和电动机都与中压等级的交流电网没有直接联系。电动机所需要的千伏级电压由每相多个独立的低压变频器（或称电力变流单元）串联组成的中压三相变频器供给，其原理电路如图 5-14 所示。图中，A_1、A_2、…、B_1、B_2…、C_1、C_2…分别表示串联在 A、B、C 三相上的低压单相变频器，形成变压变频电源，三相为 Y 联结，中性点为 N。如果电动机的额定电压是 6kV，则图 5-14 中的每相可由 5 个额定输出电压为 690V 的电力变流单元串联而成，使输出的相电压额定值得到 3450V，线电压为$\sqrt{3}\times3450\text{V}=$ 5975V，接近 6kV。此时的电力变流单元都是低压变频器，这些电力变流单元应能承受电动机的额定电流，但它们只提供1/5的电动机额定相电压及1/15的电动机额定功率，所以在变频器电力电子器件的选用时极为方便，不需要器件串、并联。

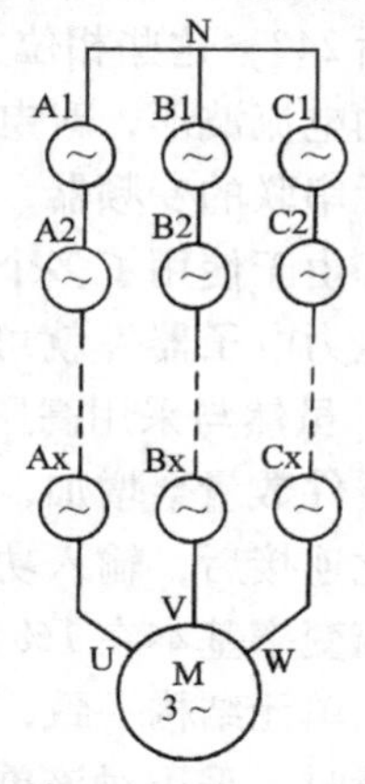

图5-14 单元串联式多电平变频器原理电路

图5-15a所示为单元串联式多电平变频器的主电路结构，图5-15b所示为电力变流单元的原理电路。每个电力变换单元都是一个交-直-交单相变频器，若干个单相变频器的输出端依次串联，形成多电平输出，为了改善输出波形，各电力变流单元都采用PWM控制。每个电力变流单元的三相输入各由一个独立的变压器二次绕组供电，共用一个变压器的一次绕组，这样各电力变流单元与交流电网在电气上是隔离的，而且采用不同的变压器联结方式使各电力变流单元的电源有不同的相位关系，形成多重化连接。例如图5-15a中，5个电力变流单元串联时，输入变压器的5个

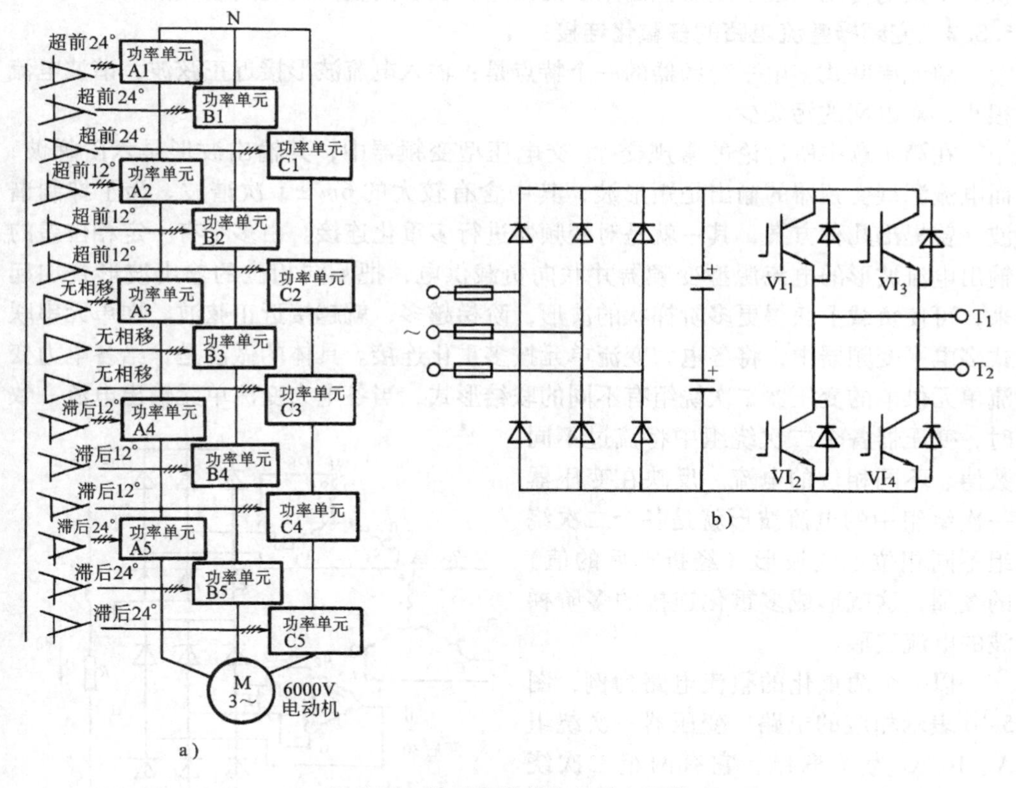

图5-15 单元串联式多电平变频器

a）主电路结构 b）电力变流单元原理电路

二次绕组与一次绕组间的相位关系分别为超前24°、超前12°、同相位、滞后12°与滞后24°，这些相位关系对A、B、C三相都是一致的。多重化可以改善变压器输入侧的电流波形，对电网的谐波污染小，输入功率因数高。对于由不同数量电力变流单元串联的变频器，有不一样的相位关系。

由于使用了多个低压变频器串联组成中压变频器，在电力变流单元中，使用低压电力电子器件就可以了，例如对于6kV的电动机，只需要耐压为1700V的IGBT。虽然与采用高压电力电子器件的变频器相比，单元串联式多电平变频器所用的器件数量会增加，但变频器的总体效率仍可达到97%左右；采用输入变压器多重化连接后，输入功率因数可达95%；采用了多电平PWM控制后，输出总谐波电流畸变率基本在1%以内，这些性能对大功率变频器都是很重要的，而且每个电力变流单元结构一致，都做成单元插入式结构，便于维修。当一个电力变流单元出现故障时，采用对该单元的旁路措施，仍可使整个变频器降额使用，不致停车。但这种变频器属电压源型，难以使电动机有四象限运行的功能，目前较多用于大功率风机、水泵的传动系统，随着控制系统的改进，正在向较高性能的领域推广。

5.3.2 变频器整流电路的多重化连接

单元串联式多电平变频器的一个特点是：输入电流波形接近正弦波，谐波电流很小，对电网的污染少。

在第4章中所讨论的常规交-直-交电压型变频器中，其输出波形是六阶梯波；而电流源型变频器的输出是矩形波，其中含有较大的$6m \pm 1$次谐波。为了抑制谐波，曾提出几种方案，其一就是对变频器进行多重化连接。由多个有一定相位差的输出电流波形的电流源型变频器并联向负载供电，把不同相位的输出波形叠加起来，可使负载上获得更多阶梯状的波形，阶梯越多，就越接近正弦波。在单元串联式多电平变频器中，将各电力变流单元按多重化连接。具体的做法是，给各电力变流单元供电的变压器二次绕组有不同的联结形式，当各电力变流单元输出电流一致时，变压器各个二次绕组中将流过不同数值、不同相位的电流。反映在变压器一次绕组中的电流波形就是各个二次绕组不同相位电流波形（经折算后的值）的叠加，这就形成多重化连接的多阶梯波的电流波形。

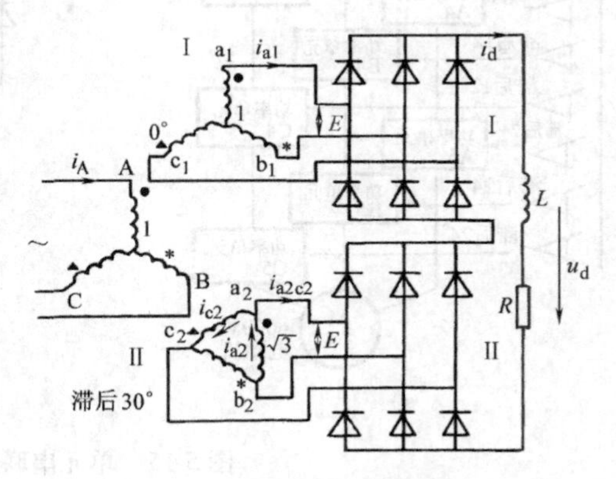

图5-16　两重化整流电路

以一个两重化的整流电路为例，图5-16表示相应的电路。变压器一次绕组A、B、C为Y联结，它有两组二次绕组，其中a_1、b_1、c_1与一次绕组呈Yy0联结，二次绕组与一次绕组对应的线电压同相；而 a_2、b_2、c_2 与一次绕组呈 Yd1 联结，二次线电压滞后于一次线电压 30°。两组二次绕组输出线电压幅值同为 E，分别给两个串联的不可控整流电路供电。

为了简化分析，作如下假设：①不考虑变压器漏抗引起的整流角影响；②整流电路有 R-L 负载，其输出电流恒定。

为了使联结方式不同的两组二次绕组输出相同大小的线电压，两组二次绕组的匝比应为 $1:\sqrt{3}$。图 5-17 绘出了一系列的电流波形。以一个周期为例，计及整流电路有自换相功能，由二次绕组 a_1、b_1、c_1 送往整流器 I 的线电流 i_{a_1} 如图 5-17a 所示，而由二次绕组 a_2、b_2、c_2 送往整流器Ⅱ的线电流 $i_{a_2c_2}$ 如图 5-17b 所示，其幅值应与 i_{a_1} 一致，但相位滞后 30°。$i_{a_2c_2}$ 由 a_2 与 c_2 两相电流合成，$i_{a_2c_2}=i_{a_2}-i_{c_2}$。为了获得 $i_{a_2c_2}$ 的矩形波，经推导可知，i_{a_2} 和 i_{c_2} 如图 5-17c 和图 5-17d 所示。而变压器一次绕组 A 相电流 i_A 的合成关系为：$i_A=i_{a_1}+\sqrt{3}i_{a_2}$，如图 5-17e 所示。由此可知，在两重化整流电路中，由于变压器绕组的不同联结方式组合，使其一次绕组线电流呈 12 阶梯波状，这就减少了输入电流中的谐波分量。

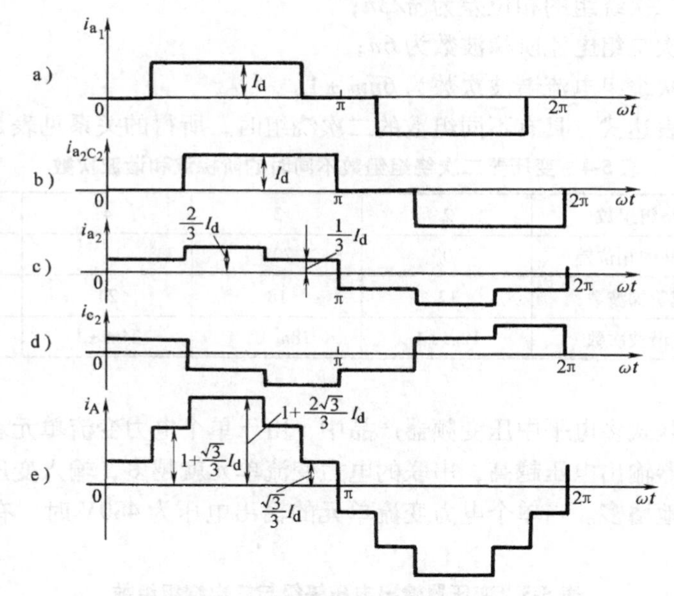

图 5-17　两重化整流电路输入电流波形

对 i_A 作傅里叶级数分析，可得

基波幅值
$$A_1=\frac{4\sqrt{3}}{\pi}I_d \tag{5-2}$$

谐波幅值 $A_k = \frac{1}{12m \pm 1} \frac{4\sqrt{3}}{\pi} I_d \quad (m=1, 2, 3\cdots)$ (5-3)

式中 k——谐波次数，$k = 12m \pm 1$。

由式（5-3）可知，输入电流中仅含 11、13、23、25、35、37 等高次谐波，且谐波幅值随谐波次数的增高而降低。

两重化整流电路还有下列特性：

输入电流有效值 $I_1 = 1.577 I_d$

基波因数 $\nu = \frac{(A_1/\sqrt{2})}{I_1} = 0.9886$

功率因数 $\lambda = \nu \cos\varphi_l = 0.9886\cos\varphi_l$

以上所讨论的是由两个相位差为 30°的输入变压器二次绕组分别供电给不可控三相桥式整流电路的情况。此时，变压器一次绕组电流呈 12 阶梯波，最低电流谐波次数为 $k=11$ 次。在一般情况下，如果变压器的二次绕组数为 n，则一般表达式为

变压器各二次绕组的相位差为 $\pi/3n$；

变压器一次绕组电流阶梯波数为 $6n$；

变压器一次绕组电流谐波次数为 $6nm \pm 1$。

按照上述表达式，具有不同组数的二次绕组时，所得的关系见表 5-4。

表 5-4 变压器二次绕组组数不同时的阶梯波和谐波次数

变压器二次绕组组数	2	3	4	5
各个二次绕组间的相位差	30°	20°	15°	12°
一次绕组电流阶梯波数	12	18	24	30
一次绕组电流谐波次数	$12m \pm 1$	$18m \pm 1$	$24m \pm 1$	$30m \pm 1$

在单元串联式多电平中压变频器产品中，由于单个电力变流单元承受电压的能力所限，变频器输出电压越高，串联的电力变流单元就越多，输入变压器二次绕组的数量也相应地增多。当单个电力变流单元的输出电压为 480V 时，有关数据见表 5-5。

表 5-5 变压器输出电压等级与二次绕组组数

变频器输出电压等级	2300V	3300V	4000V
变压器二次绕组组数	3	4	5
各个二次绕组的相位差	+20°，0° −20°	+30°，+15°，0°，−15°	+24°，+12°，0°，−12°，−24°

必须指出，上述小于30°的相位差是无法通过变压器一次、二次绕组的 Yd 或 Dy 联结来实现的，只能采用延边三角形曲折联结来完成。

图 5-18 绘出了单元串联式多电平变频器的输入电压与输入电流接近正弦波的波形。

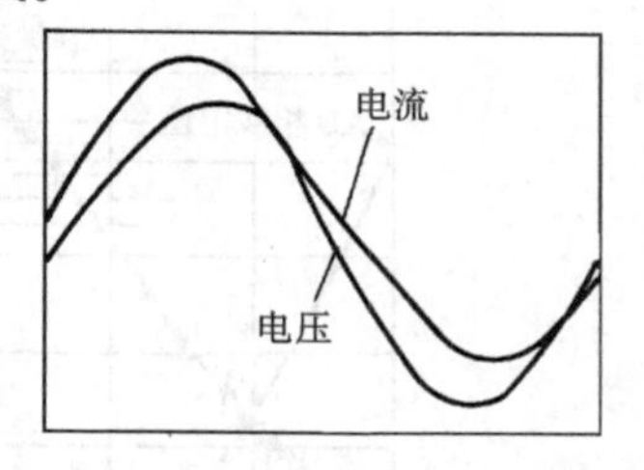

图 5-18 单元串联式多电平变频器输入电压与输入电流波形

5.3.3 多电平移相式 PWM 控制

为了减少变频器输出电流波形的谐波分量，除多重化连接外，对单元串联式多电平变频器的输出电压还应进一步采用 PWM 控制。

图 5-15b 已绘出单元串联式多电平变频器中一个电力变流单元的原理电路，为了下面分析方便，再绘于图 5-19 中。它是交-直-交单相变频器，其中逆变器由 4 个 IGBT 组成，输出电压与频率均为可调，对于额定电压为 480V 的电力变流单元，直流母线电压约为600V，可用1200V 的 IGBT 模块。它共有 4 种开关组合情况：①VI_1 与 VI_4 同时导通，输出端 T_1、T_2 之间有正的直流母线电压 U；②VI_2 与 VI_3 同时导通，输出端 T_1、T_2 之间有负的直流母线电压 $-U$；③VI_1 与 VI_3 同时导通，或④VI_2 与 VI_4 同时导通，则 T_1、T_2 端输出电压为 0。总起来看，4 种开关组合共使逆变器产生 $+U$、0、$-U$ 三种电平输出。那么，当变频器每相由 2、3、4…个电力变流单元串联时，输出相电压波形就可以有 5、7、9、…种不同的电平。以 3 个电力变流单元串联为例，相电压波形中含有0、$\pm U$、$\pm 2U$、$\pm 3U$ 共7 种电平。输出电压的电平数越多，其波形就越接近正弦波。图 5-20 绘出了由 5 个电力变流单元串联组成的 6kV 变频器的输出线电压与相电流波形。

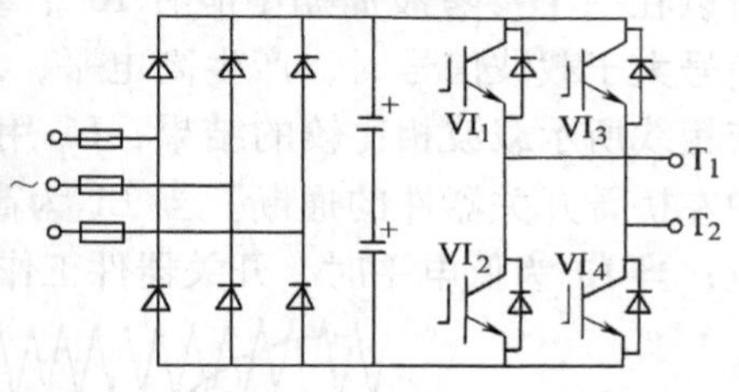

图 5-19 电力变流单元原理电路

由图 5-20 可以看出，线电压与相电流波形都很接近正弦波。但线电压波形呈脉动的阶梯波，这是由 PWM 控制所致，也正是由于 PWM 控制，再计及电动机绕组电感的低通滤波作用，可使电流波形的总电流畸变率限制在 1% 以内，非常接近理想的正弦波。

下面以每相由 3 个电力变换单元串联组成的变频器为例，分析 PWM 控制所形成的电压波形。在 PWM 控制中，往往采用移相式 PWM 方式，即同一相中，各串联电力变流单元的载波信号错开一定的电角度，使得调制叠加后输出电压的等效开关频率大大增加。在这里，仍采用三角载波对参考波进行调制，当载波频率为参考波频率的 10 倍时，变频器输出相电压的等效开关频率可为载波频率的 10 倍。

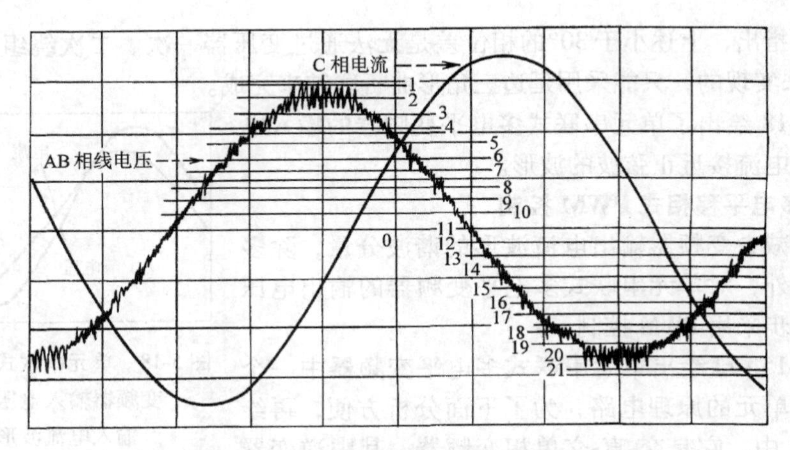

图 5-20　6kV 变频器的输出线电压和相电流波形

当每相由 3 个电力变流单元串联组成时，采用 3 对依次相移为 120°的三角载波（每对含正反相信号），对参考波进行调制（为提高电压的利用率，采用马鞍形参考波，而不是纯粹的正弦波）。图 5-21 中 RA 为 A 相的参考波，由 3 对三角载波分别对参考波进行调制。如前所述，当参考波为额定频率时，载波频率为其 10 倍，所以在一个参考波周期中应有 10 个载波波形。与一般 PWM 控制相同，当参考波信号大于载波信号时，产生高电平，反之为低电平。图 5-21 中，L1 为参考波 RA 与粗线所示载波相比较的结果，L1 用于控制变频器 A 相第一个电力变流单元 A1 中左桥臂开关器件的通断。当 L1 为高电平时，VI_1 导通，VI_2 截止，T_1 端有正电位；当 L1 为低电平时，开关器件工作状态互换，T_1 端输出负电位。

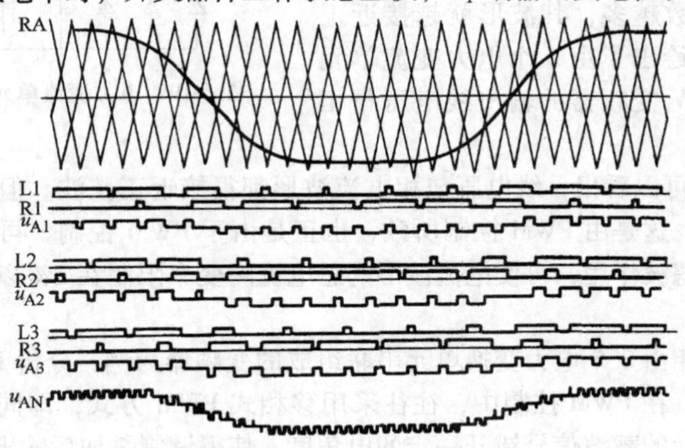

图 5-21　变频器 A 相电压的形成

参考波 RA 与粗线三角载波的反向信号（在图中未画出）比较的结果是图中的

R1，与 L1 不同，当 RA 信号大于反向载波时，R1 为低电平，反之为高电平。R1 用于控制 A1 右桥臂开关器件的通断，当 R1 为高电平时，VI_3 导通，VI_4 关断，反之，则工作状态互换。由于逆变电路的有效工作状态只有 VI_1、VI_4 同时导通或 VI_2、VI_3 同时导通两种，它们对应于 L1 高电平、R1 低电平或 L1 低电平、R1 高电平的状态，其他状态都只能使逆变器输出端呈 0 电位，所以把 L1 电平波形与 R1 电平波形进行比较（两者相减）后，就可以获得电力变流单元 A1 的逆变器输出端 T_1、T_2 间的电压波形，这就是图 5-21 中的 u_{A1}，可以看出，它具有 $+U$，0 和 $-U$ 三种电平。同理可求出移相 120°与 240°后的三角载波与参考波 RA 调制所得的电压 u_{A2}和 u_{A3}，它们分别是第二和第三个电力变流单元的输出电压波形。将三个串联电力变流单元的输出波形相加，即得到变频器 A 相的输出相电压波形 u_{AN}，如图 5-21 所示（注意 N 是变频器三相连接后的中性点，而不是电动机的中性点），可以看出，它有 7 种电平。改变参考波的幅值与频率，即可调节变频器输出电压的大小和频率值。同理，在采用比 RA 分别滞后 120°与 240°的参考波 RB、RC 时，可获得 B、C 相的输出相电压波 u_{BN}、u_{CN}，并形成变频器输出的线电压 u_{AB}，如图 5-22 所示，它比相电压波形具有更多的电平数。

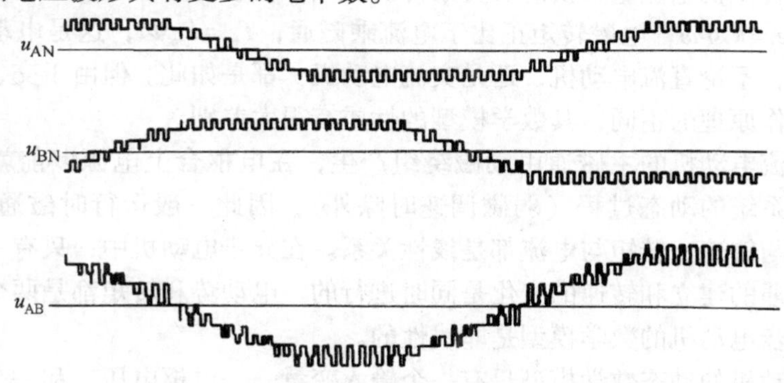

图 5-22　变频器的线电压

鉴于单元串联式多电平变频器在原理设计上的特点，使它具有良好的输入电流波形和输出电压、电流波形，这对电网与负载电动机都是有利的。再计及其结构上的特点，引起了许多工矿企业的兴趣，已有一定数量的中压大功率电动机选配了这种变频器，而且具有良好的应用前景。

第 6 章　异步电动机的动态数学模型和坐标变换

对于一般只需要平滑调速的变压变频控制系统，采用恒压频比控制的通用变频器-异步电动机调速控制就足够了。但是，如果遇到轧钢机、数控机床、机器人、载客电梯等需要高动态性能的调速系统或伺服系统，仅用恒压频比控制是不够的，须采用第 7 章以后介绍的高动态性能的控制系统。要实现高动态性能，必须首先认真研究异步电动机的动态数学模型。在讨论动态数学模型时，本章将着重阐明其基本概念，并介绍常用的表达式，而舍去繁琐的数学推导。关于更详细的数学分析可参看参考文献［1，3，7］。

6.1　异步电动机动态数学模型的性质

电磁耦合是机电能量转换的必要条件。就一个绕组而言，感应电动势正比于转速乘磁通，$e = k_e \Phi\omega$，电磁转矩正比于电流乘磁通，$T_e = k_m \Phi i$，这是电动机中的基本电磁关系，不论直流电动机，还是交流电动机，都是如此。但由于交、直流电动机结构和工作原理的不同，其数学模型的性质有很大差别。

他励直流电动机的主磁通由励磁绕组产生，在电枢合上电源以前就建立起来了，不参与系统的动态过程（弱磁调速时除外），因此一般运行时磁通 Φ 是恒定的，电动势与转速、转矩与电流都是线性关系。在异步电动机中，只有一个三相输入电源，磁通的建立和转速的变化是同时进行的，电动势和转矩都是两个变量的乘积，因此异步电动机的数学模型是非线性的。

直流电动机的动态数学模型只有一个输入变量——电枢电压，和一个输出变量——转速，可以描述成单变量（单输入、单输出）系统。异步电动机变压变频调速时需要进行电压（或电流）和频率的协调控制，有电压（电流）和频率两种独立的输入变量。在输出变量中，除转速外，磁通也应是独立的输出变量，因为需要对磁通施加控制以获得良好的动态性能，因此异步电动机是一个多变量（多输入、多输出）系统，而电压（电流）、频率、磁通、转速相互之间又都有影响，所以是强耦合的多变量系统。

直流电动机的数学模型含有机电时间常数 T_m 和电枢回路电磁时间常数 T_l，如果把电力电子变流装置的滞后作用也考虑进去，则还有其滞后时间常数 T_s，在工程上能够允许的一些假定条件下，可以描述成三阶系统。三相异步电动机定子有三个绕组，转子也可等效为三个绕组，每个绕组产生磁通时都有自己的电磁惯性，再算上运动系统的机电惯性和转速与转角的积分关系，即使不考虑变频装置的滞后因素，也是一个八阶系统。

总起来说，三相异步电动机的动态数学模型是一个高阶、非线性、强耦合的多变量系统。它和低阶、线性、单变量的他励直流电动机数学模型相比，有着本质上的区别。

6.2　三相异步电动机的多变量非线性动态数学模型

在研究异步电动机的多变量非线性动态数学模型时，常作如下的假设：

1）忽略空间谐波和齿槽效应，三相绕组对称，在空间上互差 120°电角度，所产生的磁动势沿气隙周围按正弦规律分布；

2）忽略磁路饱和，认为各绕组的自感和互感都是恒定的；

3）忽略铁心损耗；

4）不考虑频率变化和温度变化对绕组电阻的影响。

无论电动机转子是绕线型还是笼型，都将它等效成三相绕线转子，并折算到定子侧，折算后的定子和转子绕组匝数都相等。这样，电动机绕组就等效成图 6-1 所示的三相异步电动机的物理模型。图中，定子三相绕组轴线 A、B、C 在空间是固定的，以 A 轴为参考坐标轴；转子绕组轴线 a、b、c 随转子旋转，转子 a 轴和定子 A 轴间的电角度 θ 为空间角位移变量。规定各绕组电压、电流、磁链的正方向符合

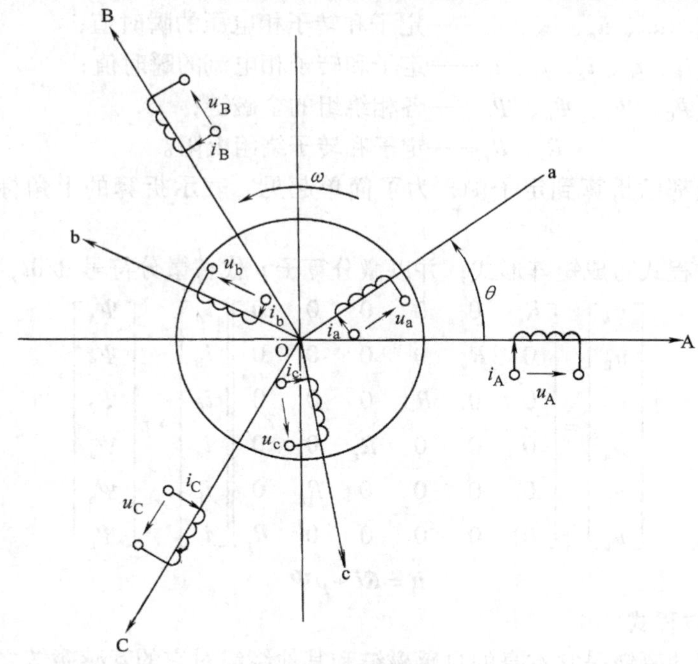

图 6-1　三相异步电动机的物理模型

电动机惯例和右手螺旋定则。这时，异步电动机的动态数学模型由下述电压方程、磁链方程、转矩方程和运动方程组成。

6.2.1 电压方程式

三相定子绕组的电压平衡方程式为

$$u_A = i_A R_s + \frac{d\Psi_A}{dt}$$

$$u_B = i_B R_s + \frac{d\Psi_B}{dt}$$

$$u_C = i_C R_s + \frac{d\Psi_C}{dt}$$

与此相应，三相转子绕组折算到定子侧后的电压方程式为

$$u_a = i_a R_r + \frac{d\Psi_a}{dt}$$

$$u_b = i_b R_r + \frac{d\Psi_b}{dt}$$

$$u_c = i_c R_r + \frac{d\Psi_c}{dt}$$

式中 u_A、u_B、u_C、u_a、u_b、u_c——定子和转子相电压的瞬时值；

i_A、i_B、i_C、i_a、i_b、i_c——定子和转子相电流的瞬时值；

Ψ_A、Ψ_B、Ψ_C、Ψ_a、Ψ_b、Ψ_c——各相绕组的全磁链；

R_s、R_r——定子和转子绕组电阻。

上述各量都已折算到定子侧，为了简单起见，表示折算的上角标“′”均省略，以下同此。

将电压方程式写成矩阵形式，并以微分算子 p 代替微分符号 d/dt，得

$$\begin{bmatrix} u_A \\ u_B \\ u_C \\ u_a \\ u_b \\ u_c \end{bmatrix} = \begin{bmatrix} R_s & 0 & 0 & 0 & 0 & 0 \\ 0 & R_s & 0 & 0 & 0 & 0 \\ 0 & 0 & R_s & 0 & 0 & 0 \\ 0 & 0 & 0 & R_r & 0 & 0 \\ 0 & 0 & 0 & 0 & R_r & 0 \\ 0 & 0 & 0 & 0 & 0 & R_r \end{bmatrix} \begin{bmatrix} i_A \\ i_B \\ i_C \\ i_a \\ i_b \\ i_c \end{bmatrix} + p \begin{bmatrix} \Psi_A \\ \Psi_B \\ \Psi_C \\ \Psi_a \\ \Psi_b \\ \Psi_c \end{bmatrix} \tag{6-1a}$$

或写成

$$\boldsymbol{u} = \boldsymbol{Ri} + p\boldsymbol{\Psi} \tag{6-1b}$$

6.2.2 磁链方程式

每个绕组的磁链是它本身的自感磁链和其他绕组对它的互感磁链之和，因此六个绕组的磁链可表述为

$$
\begin{bmatrix} \Psi_A \\ \Psi_B \\ \Psi_C \\ \Psi_a \\ \Psi_b \\ \Psi_c \end{bmatrix} = \begin{bmatrix} L_{AA} & L_{AB} & L_{AC} & L_{Aa} & L_{Ab} & L_{Ac} \\ L_{BA} & L_{BB} & L_{BC} & L_{Ba} & L_{Bb} & L_{Bc} \\ L_{CA} & L_{CB} & L_{CC} & L_{Ca} & L_{Cb} & L_{Cc} \\ L_{aA} & L_{aB} & L_{aC} & L_{aa} & L_{ab} & L_{ac} \\ L_{bA} & L_{bB} & L_{bC} & L_{ba} & L_{bb} & L_{bc} \\ L_{cA} & L_{cB} & L_{cC} & L_{ca} & L_{cb} & L_{cc} \end{bmatrix} \begin{bmatrix} i_A \\ i_B \\ i_C \\ i_a \\ i_b \\ i_c \end{bmatrix} \tag{6-2a}
$$

或写成

$$
\boldsymbol{\Psi} = \boldsymbol{L}\boldsymbol{i} \tag{6-2b}
$$

式中 $\boldsymbol{L}$——6×6 电感矩阵；

L_{AA}、L_{BB}、L_{CC}、L_{aa}、L_{bb}、L_{cc}——各有关绕组的自感。

其余各项则是绕组间的互感。

实际上，与电动机绕组交链的磁通只有两类：一类是穿过气隙的相间互感磁通，另一类是只与一相绕组交链而不穿过气隙的漏磁通，前者是主要的。与定子某一相绕组交链的最大互感磁通对应于定子互感 L_{ms}，与转子某一相绕组交链的最大互感磁通对应于转子互感 L_{mr}，由于折算后定、转子绕组匝数相等，且各绕组间互感磁通都通过气隙，磁阻相同，故可以认为 $L_{ms} = L_{mr}$。对于漏磁通，定子各相漏磁通所对应的电感称为定子漏感 L_{ls}，由于绕组的对称性，各相漏感值均相等；同样，转子各相漏磁通则对应于转子漏感 L_{lr}。

对于每一相绕组来说，它所交链的磁通是互感磁通与漏感磁通之和，因此定子各相自感为

$$
L_{AA} = L_{BB} = L_{CC} = L_{ms} + L_{ls} \tag{6-3}
$$

而转子各相自感为

$$
L_{aa} = L_{bb} = L_{cc} = L_{ms} + L_{lr} \tag{6-4}
$$

任意两相绕组之间只有互感。互感又分为两类：①定子三相彼此之间和转子三相彼此之间位置都是固定的，故互感为常值；②定子任一相与转子任一相之间的位置是变化的，互感是角位移 θ 的函数。现在先讨论第一类，由于三相绕组轴线彼此在空间的相位差为 ±120°，互感值要比同轴绕组间的互感 L_{ms} 小一些，在假定气隙磁通为正弦分布的条件下，互感值应为 $L_{ms}\cos120° = L_{ms}\cos(-120°) = -L_{ms}/2$，于是

$$
L_{AB} = L_{BC} = L_{CA} = L_{BA} = L_{CB} = L_{AC} = -\frac{1}{2}L_{ms} \tag{6-5}
$$

$$
L_{ab} = L_{bc} = L_{ca} = L_{ba} = L_{cb} = L_{ac} = -\frac{1}{2}L_{mr} = -\frac{1}{2}L_{ms} \tag{6-6}
$$

至于第二类，即定、转子绕组间的互感，由于相互间位置的变化（见图 6-1），可分别表示为

$$L_{Aa}=L_{aA}=L_{Bb}=L_{bB}=L_{Cc}=L_{cC}=L_{ms}\cos\theta \tag{6-7}$$

$$L_{Ab}=L_{bA}=L_{Bc}=L_{cB}=L_{Ca}=L_{aC}=L_{ms}\cos(\theta+120°) \tag{6-8}$$

$$L_{Ac}=L_{cA}=L_{Ba}=L_{aB}=L_{Cb}=L_{bC}=L_{ms}\cos(\theta-120°) \tag{6-9}$$

当定、转子两相绕组轴线重合时，两者之间的互感值最大，就是每相的最大互感值 L_{ms}。

将式（6-3）~式（6-9）都代入式（6-2），即得完整的磁链方程，显然这个矩阵方程是比较复杂的，为了方便起见，可以将它写成分块矩阵的形式

$$\begin{bmatrix}\boldsymbol{\Psi}_s\\ \boldsymbol{\Psi}_r\end{bmatrix}=\begin{bmatrix}\boldsymbol{L}_{ss} & \boldsymbol{L}_{sr}\\ \boldsymbol{L}_{rs} & \boldsymbol{L}_{rr}\end{bmatrix}\begin{bmatrix}\boldsymbol{i}_s\\ \boldsymbol{i}_r\end{bmatrix} \tag{6-10}$$

式中

$$\boldsymbol{\Psi}_s=[\Psi_A\quad \Psi_B\quad \Psi_C]^T$$

$$\boldsymbol{\Psi}_r=[\Psi_a\quad \Psi_b\quad \Psi_c]^T$$

$$\boldsymbol{i}_s=[i_A\quad i_B\quad i_C]^T$$

$$\boldsymbol{i}_r=[i_a\quad i_b\quad i_c]^T$$

$$\boldsymbol{L}_{ss}=\begin{bmatrix}L_{ms}+L_{ls} & -\frac{1}{2}L_{ms} & -\frac{1}{2}L_{ms}\\ -\frac{1}{2}L_{ms} & L_{ms}+L_{ls} & -\frac{1}{2}L_{ms}\\ -\frac{1}{2}L_{ms} & -\frac{1}{2}L_{ms} & L_{ms}+L_{ls}\end{bmatrix} \tag{6-11}$$

$$\boldsymbol{L}_{rr}=\begin{bmatrix}L_{ms}+L_{lr} & -\frac{1}{2}L_{ms} & -\frac{1}{2}L_{ms}\\ -\frac{1}{2}L_{ms} & L_{ms}+L_{lr} & -\frac{1}{2}L_{ms}\\ -\frac{1}{2}L_{ms} & -\frac{1}{2}L_{ms} & L_{ms}+L_{lr}\end{bmatrix} \tag{6-12}$$

$$\boldsymbol{L}_{rs}=\boldsymbol{L}_{sr}^T=L_{ms}\begin{bmatrix}\cos\theta & \cos(\theta-120°) & \cos(\theta+120°)\\ \cos(\theta+120°) & \cos\theta & \cos(\theta-120°)\\ \cos(\theta-120°) & \cos(\theta+120°) & \cos\theta\end{bmatrix} \tag{6-13}$$

值得注意的是，$\boldsymbol{L}_{rs}$和$\boldsymbol{L}_{sr}$两个分块矩阵互为转置，且均与转子位置θ有关，它们的元素都是变参数，这也是系统非线性的一个因素。

如果把磁链方程式（6-2b）代入电压方程式（6-1b），即得用矢量表示的电压方程为

$$
\begin{aligned}
\boldsymbol{u} &= \boldsymbol{Ri} + \frac{\mathrm{d}}{\mathrm{d}t}[\boldsymbol{L}(\theta)\boldsymbol{i}] = \boldsymbol{Ri} + \boldsymbol{L}(\theta)\frac{\mathrm{d}\boldsymbol{i}}{\mathrm{d}t} + \frac{\mathrm{d}\boldsymbol{L}(\theta)}{\mathrm{d}t}\boldsymbol{i} \\
&= \boldsymbol{Ri} + \boldsymbol{L}(\theta)\frac{\mathrm{d}\boldsymbol{i}}{\mathrm{d}t} + \frac{\mathrm{d}\boldsymbol{L}(\theta)}{\mathrm{d}\theta}\omega\boldsymbol{i} \\
&= \boldsymbol{Ri} + \boldsymbol{L}(\theta)\frac{\mathrm{d}\boldsymbol{i}}{\mathrm{d}t} + \boldsymbol{e}_{\mathrm{r}}
\end{aligned}
\tag{6-14}
$$

式中 $\boldsymbol{L}(\theta)\mathrm{d}\boldsymbol{i}/\mathrm{d}t$——电磁感应电动势中的脉变电动势（或称变压器电动势）；

$\boldsymbol{e}_{\mathrm{r}}$——电磁感应电动势中与角速度 ω 成正比的旋转电动势，$\boldsymbol{e}_{\mathrm{r}} = (\mathrm{d}\boldsymbol{L}(\theta)/\mathrm{d}\theta)\omega\boldsymbol{i}$。

6.2.3 转矩方程式

根据机电能量转换原理［1，26，63］，在多绕组电动机中，若忽略磁饱和，即磁化特性是线性的，则磁场中的储能 W_{m} 与磁共能 W_{m}' 相等（见图 6-2），并可用下式表示：

$$
W_{\mathrm{m}} = W_{\mathrm{m}}' = \frac{1}{2}\boldsymbol{i}^{\mathrm{T}}\boldsymbol{\psi} = \frac{1}{2}\boldsymbol{i}^{\mathrm{T}}\boldsymbol{L}(\theta)\boldsymbol{i} \tag{6-15}
$$

电磁转矩 T_{e} 等于磁共能随机械角位移 θ_{m} 的变化率（当电流不变时），且机械角位移是电角位移 θ 除以极对数 p_{n}，即 $\theta_{\mathrm{m}} = \theta/p_{\mathrm{n}}$，于是

$$
T_{\mathrm{e}} = \left.\frac{\partial W_{\mathrm{m}}'}{\partial \theta_{\mathrm{m}}}\right|_{i=ct} = p_{\mathrm{n}}\left.\frac{\partial W_{\mathrm{m}}'}{\partial \theta}\right|_{i=\mathrm{const}} \tag{6-16}
$$

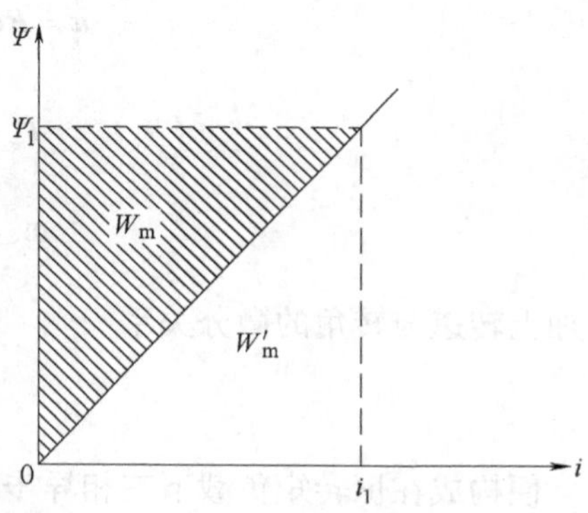

图 6-2 线性磁化特性和磁场中的能量

将式（6-15）代入式（6-16），并考虑到异步电动机电感的分块矩阵关系式（6-11）~式（6-13），得

$$
T_{\mathrm{e}} = \frac{1}{2}p_{\mathrm{n}}\boldsymbol{i}^{\mathrm{T}}\frac{\partial \boldsymbol{L}}{\partial \theta}\boldsymbol{i} = \frac{1}{2}p_{\mathrm{n}}\boldsymbol{i}^{\mathrm{T}}\begin{bmatrix} 0 & \dfrac{\partial \boldsymbol{L}_{\mathrm{sr}}}{\partial \theta} \\ \dfrac{\partial \boldsymbol{L}_{\mathrm{rs}}}{\partial \theta} & 0 \end{bmatrix}\boldsymbol{i} \tag{6-17}
$$

由于 $\boldsymbol{i}^{\mathrm{T}} = [\boldsymbol{i}_{\mathrm{s}}^{\mathrm{T}} \quad \boldsymbol{i}_{\mathrm{r}}^{\mathrm{T}}] = [i_{\mathrm{A}} \quad i_{\mathrm{B}} \quad i_{\mathrm{C}} \quad i_{\mathrm{a}} \quad i_{\mathrm{b}} \quad i_{\mathrm{c}}]$，将其代入式（6-17），并按式（6-13）把定子和转子绕组间的电感矩阵 $\boldsymbol{L}_{\mathrm{sr}}$、$\boldsymbol{L}_{\mathrm{rs}}$ 展开，得

$$
\begin{aligned}
T_{\mathrm{e}} = p_{\mathrm{n}}L_{\mathrm{ms}}[&(i_{\mathrm{A}}i_{\mathrm{a}} + i_{\mathrm{B}}i_{\mathrm{b}} + i_{\mathrm{C}}i_{\mathrm{c}})\sin\theta + (i_{\mathrm{A}}i_{\mathrm{b}} + i_{\mathrm{B}}i_{\mathrm{c}} + i_{\mathrm{C}}i_{\mathrm{a}})\sin(\theta + 120°) \\
&+ (i_{\mathrm{A}}i_{\mathrm{c}} + i_{\mathrm{B}}i_{\mathrm{a}} + i_{\mathrm{C}}i_{\mathrm{b}})\sin(\theta - 120°)]
\end{aligned}
\tag{6-18}
$$

在推导中，式（6-18）等号右侧本应有负号，这时电磁转矩的正方向是与 θ 正方向一致的，而实际转矩的作用方向应该使 θ 减小，故将负号舍去。

应该指出，式（6-18）是在线性磁路、空间磁动势按正弦分布的假定条件下得

出来的，但对定、转子电流随时间变化的波形未作任何限制，式中电流 i 都是瞬时值。因此，所得的电磁转矩公式完全适用于变压变频器供电的含有电流谐波的三相异步电动机调速系统。

6.2.4 电气传动系统的运动方程式

忽略电气传动系统传动轴的粘性摩擦和扭转弹性，传动系统的运动方程式为

$$T_{\mathrm{e}}=T_{\mathrm{L}}+\frac{J}{p_{\mathrm{n}}}\frac{\mathrm{d}\omega}{\mathrm{d}t} \tag{6-19}$$

式中 T_{L}——负载阻转矩（N·m）；

J——机组的转动惯量（$\mathrm{kg\cdot m^2}$）。

6.2.5 三相异步电动机的动态数学模型

将式（6-14）［或式（6-1）和式（6-2）］、式（6-17）、式（6-19）综合起来，重写如下：

$$\boldsymbol{u}=\boldsymbol{R}\boldsymbol{i}+\boldsymbol{L}(\theta)\frac{\mathrm{d}\boldsymbol{i}}{\mathrm{d}t}+\boldsymbol{e}_{\mathrm{r}} \tag{6-14}$$

$$T_{\mathrm{e}}=\frac{1}{2}p_{\mathrm{n}}\boldsymbol{i}^{\mathrm{T}}\frac{\partial \boldsymbol{L}}{\partial\theta}\boldsymbol{i} \tag{6-17}$$

$$T_{\mathrm{e}}=T_{\mathrm{L}}+\frac{J}{p_{\mathrm{n}}}\frac{\mathrm{d}\omega}{\mathrm{d}t} \tag{6-19}$$

再加上转速与转角的微分关系

$$\omega=\frac{\mathrm{d}\theta}{\mathrm{d}t} \tag{6-20}$$

便构成在恒转矩负载下三相异步电动机的多变量非线性动态数学模型，用结构图表示如图 6-3 所示。

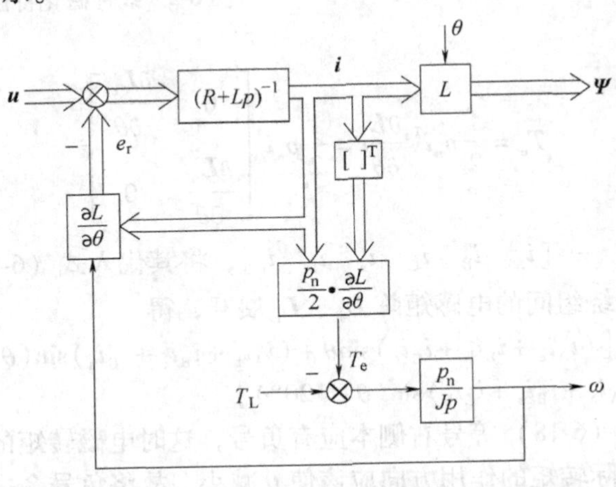

图 6-3 异步电动机的多变量非线性动态结构图

图 6-3 的动态结构图表明，异步电动机的动态数学模型具有下列要素：

1）除负载转矩输入外，异步电动机可以看成是一个双输入双输出系统，输入量是电压向量 $\boldsymbol{u}$，包含电压幅值和输入角频率 ω_1，输出量是磁链向量 $\boldsymbol{\Psi}$ 和转子角速度 ω。电流向量 $\boldsymbol{i}$ 是系统的状态变量，它和磁链向量之间有由式（6-2）或式（6-10）确定的关系。

2）非线性因素存在于旋转电动势 $\boldsymbol{e}_r$［式（6-14）］和电磁转矩 T_e［式（6-18）］这两个环节中，还包含在电感矩阵 $\boldsymbol{L}(\theta)$ 中。

3）多变量之间的耦合关系主要体现在 $\boldsymbol{e}_r$ 和 T_e 两个环节中。

6.3 坐标变换和变换矩阵

上节中虽已求得异步电动机的动态数学模型，但是要分析和求解这组非线性方程显然是十分困难的。要使数学模型便于分析和应用，必须设法予以简化，简化的基本方法是坐标变换，通过坐标变换，可以把变参数的电感矩阵转换成常参数矩阵，同时降低矩阵方程的维数。

6.3.1 坐标变换的原则和基本思路

从上节分析异步电动机动态数学模型的过程中可以看出，这个数学模型之所以复杂，关键是有一个复杂的 6×6 电感矩阵。它体现了影响磁链和受磁链影响的复杂关系。因此，要简化数学模型，须从简化磁链关系入手。

直流电动机的数学模型比较简单，首先是因为它的磁链关系简单。图 6-4 中绘出了两极直流电动机的物理模型。图中，F 为励磁绕组，A 为电枢绕组，C 为补偿绕组。F 和 C 都在定子上，只有 A 是在转子上。把 F 的轴线称作直轴或 d 轴（Direct Axis），主磁通 Φ 的方向就是沿着 d 轴的；A 和 C 的轴线则称为交轴或 q 轴（Quadrature Axis）。虽然电枢本身是旋转的，但通过换向器和电刷的作用，使电枢磁动势的轴线始终被限定在 q 轴位置上，其效果好像是一个在 q 轴上静止的绕组。但实际绕组是旋转的，会切割 d 轴的磁通而产生旋转电动势，这又和真正静止的绕组不同，通常把这种等效的静止绕组称为“伪静止绕组”（Pseudo-stationary Coil）。电枢磁动势作用在 q 轴上，如果忽略磁饱和作用，它与 d 轴垂直而对主磁通没有影响，考虑饱和作用时也可用补偿绕组磁动势抵消掉。所以直流电动机的主磁通基本上唯一地由励磁电流决定，正常运行时磁通是恒定的，这是直流电动机的数学模型及其

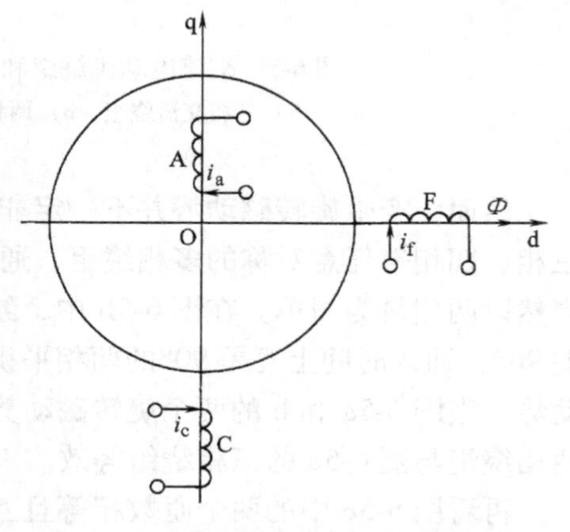

图 6-4 两极直流电动机的物理模型

控制系统比较简单的根本原因。

如果能将图 6-2 所示的交流电动机物理模型等效地变换成直流电动机模型，分析和控制就可以大大简化。坐标变换正是按照这条思路进行的。在这里，不同电动机绕组彼此等效的原则是：所产生的合成磁动势完全一样。

交流电动机原理指出，在交流电动机三相对称的静止绕组 A、B、C 中，通过三相平衡的正弦电流 i_A、i_B、i_C，所产生的合成磁动势 F 是旋转磁动势，它在空间呈正弦分布，以同步角速度 ω_1（即电流的角频率）顺着 A-B-C 的相序旋转。这样的物理模型如图 6-5a 所示。它就是图 6-2 中的定子部分。

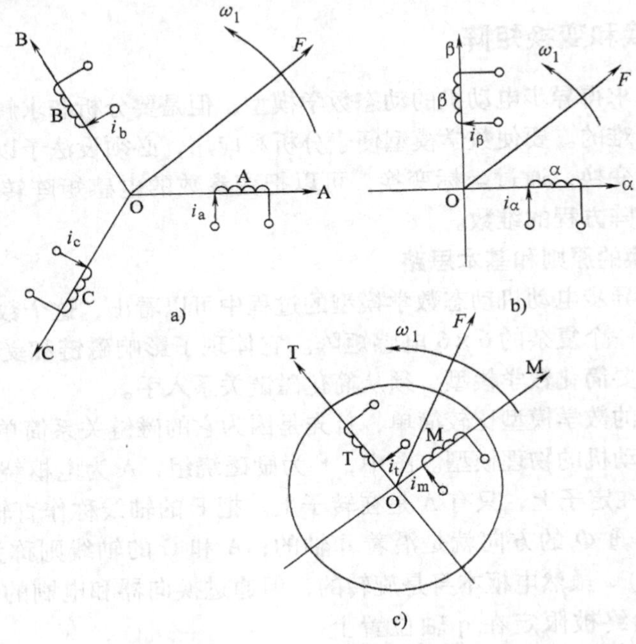

图 6-5　交流电动机绕组和等效直流电动机绕组的物理模型

a）三相交流绕组　b）两相交流绕组　c）旋转的直流绕组

然而，产生旋转磁动势并不一定非要三相绕组不可。除单相绕组以外，两相、三相、四相等任意对称的多相绕组，通入平衡的多相电流，都能产生旋转磁动势，当然以两相最为简单。在图 6-5b 中，绘出了两相静止绕组 α 和 β，它们在空间互差 90°，通入时间上互差 90°的两相平衡交流电流，所产生的磁动势 F 也是旋转磁动势。当图 6-5a 和 b 的两个旋转磁动势大小和转速都相等时，即可认为图 6-5b 的两相绕组与图 6-5a 的三相绕组等效。

再看图 6-5c 中的两个匝数相等且互相垂直的绕组 M 和 T，其中分别通以直流电流 i_m 和 i_t，产生合成磁动势 F，其位置相对于直流绕组是固定的。如果人为地让包含两个绕组在内的整个铁心以同步转速旋转，则磁动势 F 自然也随之旋转起来，成为旋转磁动势。把这个旋转磁动势的大小和转速也控制成与图 6-5a 和图 6-5b 中的旋转磁动势一样，那么这套旋转的直流绕组也就和前面两套固定的交流绕组都等效了。当观察者站到铁心上和绕组一起旋转时，在他看来，M 和 T 是两个通入直流而相互垂直的静止绕组。如果控制磁通 Φ 的位置在 M 轴上，就和图 6-4 的直流电动机物理模型没有区别了。这时，绕组 M 相当于励磁绕组，T 相当于伪静止的电枢绕组。

由此可见，以产生同样的旋转磁动势为准则，图 6-5a 所示的三相交流绕组、图 6-5b 所示的两相交流绕组和图 6-5c 所示整体旋转的直流绕组彼此等效。或者说，在三相坐标系下的 i_A、i_B、i_C 和在两相坐标系下的 i_α、i_β 以及在旋转两相坐标系下的直流 i_m、i_t 都是等效的，它们能产生相同的旋转磁动势。有意思的是，就图 6-5c 的 M、T 两个绕组而言，当观察者站在地面上看，它们是与三相交流绕组等效的旋转直流绕组；如果跳到旋转着的铁心上看，它们就的的确确是一个直流电动机的物理模型了。这样，通过坐标系的变换，可以找到与交流三相绕组等效的直流电动机模型。坐标变换的任务就是求出 i_A、i_B、i_C 与 i_α、i_β 和 i_m、i_t 之间的准确等效关系。

6.3.2 三相-两相变换（3/2 变换）

先考虑上述的第一种坐标变换——三相静止绕组 A、B、C 和两相静止绕组 a、β 之间的变换，或称从三相静止坐标系到两相静止坐标系的变换，简称 3/2 变换。

图 6-6 绘出了 A、B、C 和 a、β 两个坐标系，为方便起见，取 A 轴和 α 轴重合。设三相绕组每相有效匝数为 N_3，两相绕组每相有效匝数为 N_2，各相磁动势为有效匝数与电流的乘积，其空间矢量均位于有关相的坐标轴上。由于交流磁动势的大小随时间在变化着，磁动势矢量的长度是变化的，图中绘出的是某一瞬间的情况。

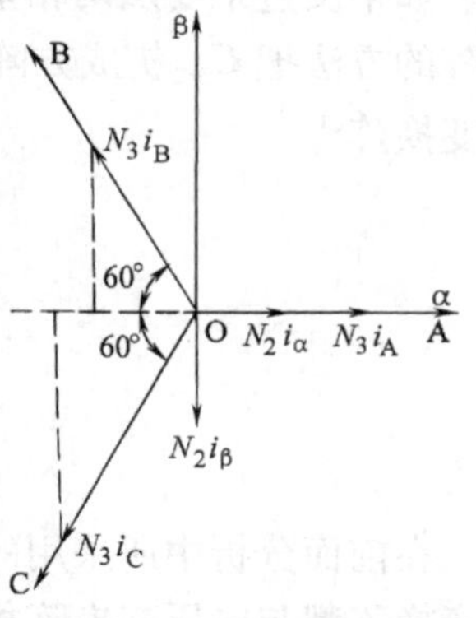

图 6-6 三相和两相坐标系与绕组磁动势的空间矢量图

设磁动势波形是正弦分布的，当三相总磁动势与两相总磁动势相等时，两套绕组瞬时磁动势在 a、β 轴上的投影都应相等，因此

$$N_2 i_\alpha = N_3 i_A - N_3 i_B \cos 60° - N_3 i_C \cos 60° = N_3\left(i_A - \frac{1}{2}i_B - \frac{1}{2}i_C\right) \tag{6-21}$$

$$N_2 i_\beta = N_3 i_B \sin 60° - N_3 i_C \sin 60° = \frac{\sqrt{3}}{2} N_3 (i_B - i_C)$$

写成矩阵形式，得

$$\begin{bmatrix} i_\alpha \\ i_\beta \end{bmatrix} = \frac{N_3}{N_2} \begin{bmatrix} 1 & -\frac{1}{2} & -\frac{1}{2} \\ 0 & \frac{\sqrt{3}}{2} & -\frac{\sqrt{3}}{2} \end{bmatrix} \begin{bmatrix} i_A \\ i_B \\ i_C \end{bmatrix} \tag{6-22}$$

考虑变换前后总功率不变，在此前提下，可以证明匝数比应为[1]

$$\frac{N_3}{N_2} = \sqrt{\frac{2}{3}} \tag{6-23}$$

将式（6-23）代入式（6-22），得

$$\begin{bmatrix} i_\alpha \\ i_\beta \end{bmatrix} = \sqrt{\frac{2}{3}} \begin{bmatrix} 1 & -\frac{1}{2} & -\frac{1}{2} \\ 0 & \frac{\sqrt{3}}{2} & -\frac{\sqrt{3}}{2} \end{bmatrix} \begin{bmatrix} i_A \\ i_B \\ i_C \end{bmatrix} \tag{6-24}$$

令 $\boldsymbol{C}_{3/2}$ 表示从三相坐标系变换到两相坐标系的变换矩阵，则

$$\boldsymbol{C}_{3/2} = \sqrt{\frac{2}{3}} \begin{bmatrix} 1 & -\frac{1}{2} & -\frac{1}{2} \\ 0 & \frac{\sqrt{3}}{2} & -\frac{\sqrt{3}}{2} \end{bmatrix} \tag{6-25}$$

如果反过来要从两相坐标系变换到三相坐标系（简称 2/3 变换），可利用增广矩阵的方法把 $\boldsymbol{C}_{3/2}$ 扩成方阵，求其逆矩阵后，再除去增加的一列，即得两相到三相的变换阵[1]

$$\boldsymbol{C}_{2/3} = \sqrt{\frac{2}{3}} \begin{bmatrix} 1 & 0 \\ -\frac{1}{2} & \frac{\sqrt{3}}{2} \\ -\frac{1}{2} & -\frac{\sqrt{3}}{2} \end{bmatrix} \tag{6-26}$$

在前面分析中所采用的条件下，可以证明，三相-两相变换的电流变换阵和磁链变换阵都与电压变换阵相同。[7]

6.3.3　两相-两相旋转变换（2s/2r 变换）

从图 6-5b 中的两相静止坐标系 a、β 上的交流绕组变换到图 6-5c 两相旋转坐标系 M、T 上整体旋转的直流绕组称作两相-两相旋转变换，简称 2s/2r 变换，其中 s 表示静止，r 表示旋转。把两个坐标系画在一起，如图 6-7 所示。图中，两相交流电流 i_α，i_β 和两个直流电流 i_m，i_t 产生同样的以同步角速度 ω_1 旋转的合成磁动势 $\boldsymbol{F}_s$。由于各绕组匝数都相等，可以消去磁动势中的匝数，直接用电流表示，例如 $\boldsymbol{F}_s$ 可以直接标成 $\boldsymbol{i}_s$。但必须注意，这里的电流都是空间矢量，而不是时间相量。

在图6-7中，M、T轴和矢量$\boldsymbol{F}_s$（$\boldsymbol{i}_s$）都以角速度ω_1旋转，分量i_m、i_t的长短不变，相当于M、T绕组的直流磁动势。但a、β轴是静止的，α轴与M轴的夹角φ随时间而变化，因此i_s在a、β轴上的分量i_α、i_β的长短也随时间变化，相当于a、β绕组交流磁动势的瞬时值。由图可见，i_α、i_β和i_m、i_t之间存在下列关系：

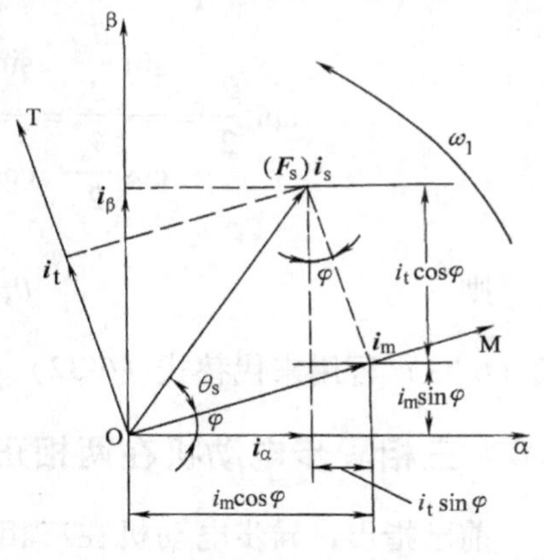

图6-7　两相静止和两相旋转坐标系与磁动势（电流）空间矢量图

$$i_\alpha = i_m\cos\varphi - i_t\sin\varphi$$
$$i_\beta = i_m\sin\varphi + i_t\cos\varphi$$

写成矩阵形式，得

$$\begin{bmatrix} i_\alpha \\ i_\beta \end{bmatrix} = \begin{bmatrix} \cos\varphi & -\sin\varphi \\ \sin\varphi & \cos\varphi \end{bmatrix} \begin{bmatrix} i_m \\ i_t \end{bmatrix}$$

$$= \boldsymbol{C}_{2r/2s} \begin{bmatrix} i_m \\ i_t \end{bmatrix} \tag{6-27}$$

式中
$$\boldsymbol{C}_{2r/2s} = \begin{bmatrix} \cos\varphi & -\sin\varphi \\ \sin\varphi & \cos\varphi \end{bmatrix} \tag{6-28}$$

这就是从两相旋转坐标系变换到两相静止坐标系的变换矩阵。

对式（6-27）两边都左乘以变换矩阵的逆矩阵，即得

$$\begin{bmatrix} i_m \\ i_t \end{bmatrix} = \begin{bmatrix} \cos\varphi & -\sin\varphi \\ \sin\varphi & \cos\varphi \end{bmatrix}^{-1} \begin{bmatrix} i_\alpha \\ i_\beta \end{bmatrix} = \begin{bmatrix} \cos\varphi & \sin\varphi \\ -\sin\varphi & \cos\varphi \end{bmatrix} \begin{bmatrix} i_\alpha \\ i_\beta \end{bmatrix} \tag{6-29}$$

则两相静止坐标系变换到两相旋转坐标系的变换矩阵是

$$\boldsymbol{C}_{2s/2r} = \begin{bmatrix} \cos\varphi & \sin\varphi \\ -\sin\varphi & \cos\varphi \end{bmatrix} \tag{6-30}$$

电压和磁链的旋转变换矩阵与电流（磁动势）旋转变换矩阵相同。

6.3.4　直角坐标-极坐标变换（K/P变换）

平面上的矢量是二维的，除了上面所述的直角坐标之外，还可以用极坐标表示，这时两个独立的变量是矢量的幅值和相位角。在图6-7中，令矢量$\boldsymbol{i}_s$和M轴的夹角为θ_s，已知i_m和i_t，求幅值i_s和相位角θ_s，就是直角坐标-极坐标变换，简称K/P变换。显然，其变换式应为

$$i_s = \sqrt{i_m^2 + i_t^2} \tag{6-31}$$

$$\theta_s = \arctan\frac{i_t}{i_m} \tag{6-32}$$

当θ_s在0°~90°之间变化时，$\tan\theta_s$的变化范围是0~∞，这个变化幅度太大，

在数字变换器中很容易溢出，因此常改用下列方式来表示 θ_s 值：

$$\tan\frac{\theta_s}{2}=\frac{\sin\dfrac{\theta_s}{2}}{\cos\dfrac{\theta_s}{2}}=\frac{\sin\dfrac{\theta_s}{2}\left(2\cos\dfrac{\theta_s}{2}\right)}{\cos\dfrac{\theta_s}{2}\left(2\cos\dfrac{\theta_s}{2}\right)}=\frac{\sin\theta_s}{1+\cos\theta_s}=\frac{i_t}{i_s+i_m}$$

则

$$\theta_s=2\arctan\frac{i_t}{i_s+i_m} \tag{6-33}$$

式（6-33）可用来代替式（6-32），作为 θ_s 的变换式。

6.4 三相异步电动机在两相正交坐标系上的动态数学模型

前已指出，异步电动机在三相静止 ABC 坐标系上的原始数学模型比较复杂，如果把它等效地变换到两相正交坐标系上，由于两相坐标轴互相垂直，两相绕组之间没有磁的耦合，仅此一点，就会使数学模型简单得多。

6.4.1 异步电动机在静止两相正交坐标系（αβ 坐标系）上的动态数学模型

在图 6-1 所示的三相异步电动机物理模型中，定子绕组的 ABC 三相是静止的，把 6-2 节分析所得到的三相定子数学模型进行 3/2 变换，就可以获得 αβ 坐标系上的定子数学模型。转子绕组 abc 三相以角速度 ω 逆时针旋转，进行 3/2 变换以后，再通过两相-两相旋转变换，才能得到 αβ 坐标系上的转子数学模型。具体的变换运算比较复杂，此处从略，读者需要时可参看参考文献［1，2，7］。下面是变换后得到的数学模型。

1. αβ 坐标系上的磁链方程式

$$\begin{bmatrix}\psi_{s\alpha}\\ \psi_{s\beta}\\ \psi_{r\alpha}\\ \psi_{r\beta}\end{bmatrix}=\begin{bmatrix}L_s & 0 & L_m & 0\\ 0 & L_s & 0 & L_m\\ L_m & 0 & L_r & 0\\ 0 & L_m & 0 & L_r\end{bmatrix}\begin{bmatrix}i_{s\alpha}\\ i_{s\beta}\\ i_{r\alpha}\\ i_{r\beta}\end{bmatrix} \tag{6-34}$$

在推导过程中，定义了等效两相绕组的电感 L_m、L_s 和 L_r，它们是

L_m——定子与转子同轴等效绕组间的互感，$L_m=3L_{ms}/2$；

L_s——定子等效两相绕组的自感，$L_s=3L_{ms}/2+L_{ls}=L_m+L_{ls}$；

L_r——转子等效两相绕组的自感，$L_r=3L_{ms}/2+L_{lr}=L_m+L_{lr}$。

应该注意：等效两相绕组互感 L_m 是原三相绕组中任意两相间最大互感（当轴线重合时）L_{ms} 的 3/2 倍，这是因为用两个绕组等效地取代了原来的三个绕组的缘故。

比较 αβ 坐标系上的磁链方程式（6-34）和三相异步电动机原始的磁链方程式（6-2）或式（6-10），不难看出，采用坐标变换简化数学模型时，通过 3/2 变换将

互差 120°的三相绕组等效成互相正交的两相绕组，互感磁链只在同轴绕组间存在，消除了三相间的耦合关系，6×6 的电感矩阵便简化成 4×4 矩阵。旋转变换又使转子绕组也等效成静止的绕组，消除了定、转子间时变的夹角 θ 的影响，使变参数的磁链方程转化为线性定常方程。这样的简化效果同样也反映到下述的电压方程和转矩方程式中。

2. αβ 坐标系上的电压方程式

$$\begin{bmatrix} u_{s\alpha} \\ u_{s\beta} \\ u_{r\alpha} \\ u_{r\beta} \end{bmatrix} = \begin{bmatrix} R_s + L_s p & 0 & L_m p & 0 \\ 0 & R_s + L_s p & 0 & L_m p \\ L_m p & \omega L_m & R_r + L_r p & \omega L_r \\ -\omega L_m & L_m p & -\omega L_r & R_r + L_r p \end{bmatrix} \begin{bmatrix} i_{s\alpha} \\ i_{s\beta} \\ i_{r\alpha} \\ i_{r\beta} \end{bmatrix} \tag{6-35}$$

将磁链方程式（6-34）代入电压方程式（6-35），并参考式（6-14）把电压方程式分解成电阻压降、脉变电动势和旋转电动势三部分，则得

$$\begin{bmatrix} u_{s\alpha} \\ u_{s\beta} \\ u_{r\alpha} \\ u_{r\beta} \end{bmatrix} = \begin{bmatrix} R_s & 0 & 0 & 0 \\ 0 & R_s & 0 & 0 \\ 0 & 0 & R_r & 0 \\ 0 & 0 & 0 & R_r \end{bmatrix} \begin{bmatrix} i_{s\alpha} \\ i_{s\beta} \\ i_{r\alpha} \\ i_{r\beta} \end{bmatrix} + p \begin{bmatrix} \psi_{s\alpha} \\ \psi_{s\beta} \\ \psi_{r\alpha} \\ \psi_{r\beta} \end{bmatrix} + \begin{bmatrix} 0 \\ 0 \\ \omega\psi_{r\beta} \\ -\omega\psi_{r\alpha} \end{bmatrix} \tag{6-36a}$$

令 $\boldsymbol{u} = [\,u_{s\alpha} \quad u_{s\beta} \quad u_{r\alpha} \quad u_{r\beta}\,]^{T}$ $\boldsymbol{i} = [\,i_{s\alpha} \quad i_{s\beta} \quad i_{r\alpha} \quad i_{r\beta}\,]^{T}$ $\boldsymbol{\Psi} = [\,\Psi_{s\alpha} \quad \Psi_{s\beta} \quad \Psi_{r\alpha} \quad \Psi_{r\beta}\,]^{T}$

$$\boldsymbol{R} = \begin{bmatrix} R_s & 0 & 0 & 0 \\ 0 & R_s & 0 & 0 \\ 0 & 0 & R_r & 0 \\ 0 & 0 & 0 & R_r \end{bmatrix} \qquad \boldsymbol{L} = \begin{bmatrix} L_s & 0 & L_m & 0 \\ 0 & L_s & 0 & L_m \\ L_m & 0 & L_r & 0 \\ 0 & L_m & 0 & L_r \end{bmatrix}$$

旋转电动势矢量

$$\boldsymbol{e}_r = \begin{bmatrix} 0 & 0 & 0 & 0 \\ 0 & 0 & 0 & 0 \\ 0 & 0 & 0 & \omega \\ 0 & 0 & -\omega & 0 \end{bmatrix} \begin{bmatrix} \Psi_{s\alpha} \\ \Psi_{s\beta} \\ \Psi_{r\alpha} \\ \Psi_{r\beta} \end{bmatrix}$$

则式（6-36a）变成

$$\boldsymbol{u} = \boldsymbol{R}\boldsymbol{i} + \boldsymbol{L}p\boldsymbol{i} + \boldsymbol{e}_r \tag{6-36b}$$

电压向量方程式（6-36b）和三相坐标系中的向量方程式（6-14）从形式上看是相仿的，展开后，其实际内容却简单得多。

3. αβ 坐标系上的电磁转矩

$$T_e = p_n L_m \left(i_{s\beta} i_{r\alpha} - i_{s\alpha} i_{r\beta} \right) \tag{6-37}$$

它和三相坐标系的转矩方程式（6-18）相比，也简单得多。

式（6-34）、式（6-36）和式（6-37），再加上运动方程式（6-19），构成 αβ

坐标系上的异步电动机动态数学模型。这种在两相静止坐标系上的数学模型又称为Kron的异步电动机方程式或双轴原型电动机（Two Axis Primitive Machine）基本方程式。

须要强调一下，在αβ坐标系上的数学模型是三相数学模型经过3/2变换和旋转变换后得到的，坐标变换的基本原则是变换前后的模型所产生的旋转磁场不变，因此它们是完全等效的。用变换后的αβ坐标模型进行分析和设计要简单得多，但系统非线性、强耦合的性质并未改变。

6.4.2 异步电动机在两相同步旋转坐标系（dq坐标系）上的动态数学模型

另一种两相模型是在两相同步旋转坐标系（dq坐标系）上的模型，简称dq模型。d轴就是直轴，q轴就是交轴。由于dq坐标系和电动机中的旋转磁场是同步的，当三相ABC坐标系中的电压和电流是在电源频率下的交流正弦波时，变换到dq坐标系上就成为直流，这将给dq模型带来很有用的价值。

通过3/2变换和旋转变换可以把三相模型变换成dq模型。dq坐标轴的旋转角速度等于定子频率的同步角速度ω_1，而转子的角速度为ω，因此dq轴相对于转子的角速度是$\omega_1-\omega=\omega_s$，即角转差。和前一小节一样，略去推导过程，直接给出变换后的结果。

1. dq坐标系上的磁链方程式

利用3/2变换和两相旋转变换可将三相定子和转子的磁链和电流都变换到两相同步旋转的dq坐标系上来，得到

$$\begin{bmatrix}\Psi_{sd}\\ \Psi_{sq}\\ \Psi_{rd}\\ \Psi_{rq}\end{bmatrix}=\begin{bmatrix}L_s & 0 & L_m & 0\\ 0 & L_s & 0 & L_m\\ L_m & 0 & L_r & 0\\ 0 & L_m & 0 & L_r\end{bmatrix}\begin{bmatrix}i_{sd}\\ i_{sq}\\ i_{rd}\\ i_{rq}\end{bmatrix} \tag{6-38a}$$

或写成

$$\left.\begin{aligned}\Psi_{sd}&=L_s i_{sd}+L_m i_{rd}\\ \Psi_{sq}&=L_s i_{sq}+L_m i_{rq}\\ \Psi_{rd}&=L_m i_{sd}+L_r i_{rd}\\ \Psi_{rq}&=L_m i_{sq}+L_r i_{rq}\end{aligned}\right\} \tag{6-38b}$$

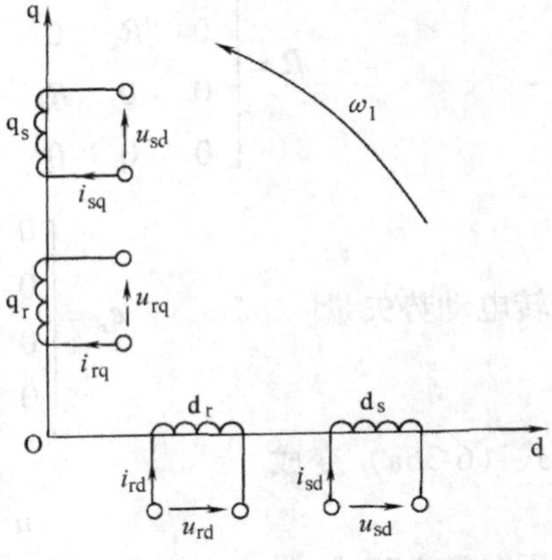

图6-8 异步电动机在两相旋转坐标系dq上的物理模型

与式（6-38a）和式（6-38b）相应，异步电动机变换到dq坐标系上的物理模型如图6-8所示。比较式（6-38a）和式（6-34）可见，dq坐标系和αβ坐标系上的磁链与电流分量不同，而两相坐标的电感矩阵完全一样。

2. dq坐标系上的电压方程式

变换到 dq 坐标系上的电压方程式为

$$\left.\begin{aligned} u_{sd} &= R_s i_{sd} + p\Psi_{sd} - \omega_1 \Psi_{sq} \\ u_{sq} &= R_s i_{sq} + p\Psi_{sq} + \omega_1 \Psi_{sd} \\ u_{rd} &= R_r i_{rd} + p\Psi_{rd} - \omega_s \Psi_{rq} \\ u_{rq} &= R_r i_{rq} + p\Psi_{rq} + \omega_s \Psi_{rd} \end{aligned}\right\} \tag{6-39a}$$

把电阻压降、电感压降（即脉变电动势）和旋转电动势分开表述，并考虑到式（6-38）的磁链方程式，即得

$$\begin{bmatrix} u_{sd} \\ u_{sq} \\ u_{rd} \\ u_{rq} \end{bmatrix} = \begin{bmatrix} R_s & 0 & 0 & 0 \\ 0 & R_s & 0 & 0 \\ 0 & 0 & R_r & 0 \\ 0 & 0 & 0 & R_r \end{bmatrix} \begin{bmatrix} i_{sd} \\ i_{sq} \\ i_{rd} \\ i_{rq} \end{bmatrix} + \begin{bmatrix} L_s p & 0 & L_m p & 0 \\ 0 & L_s p & 0 & L_m p \\ L_m p & 0 & L_r p & 0 \\ 0 & L_m p & 0 & L_r p \end{bmatrix} \begin{bmatrix} i_{sd} \\ i_{sq} \\ i_{rd} \\ i_{rq} \end{bmatrix} + \begin{bmatrix} 0 & -\omega_1 & 0 & 0 \\ \omega_1 & 0 & 0 & 0 \\ 0 & 0 & 0 & -\omega_s \\ 0 & 0 & \omega_s & 0 \end{bmatrix} \begin{bmatrix} \Psi_{sd} \\ \Psi_{sq} \\ \Psi_{rd} \\ \Psi_{rq} \end{bmatrix} \tag{6-39b}$$

写成向量形式为

$$\boldsymbol{u} = \boldsymbol{Ri} + \boldsymbol{L}p\boldsymbol{i} + \boldsymbol{e}_r \tag{6-39c}$$

这样的 dq 坐标异步电动机非线性动态电压方程式通称为派克（Park）方程。

将磁链方程式（6-38b）代入式（6-39a）中，得到 dq 坐标系上的电压-电流方程式如下：

$$\begin{bmatrix} u_{sd} \\ u_{sq} \\ u_{rd} \\ u_{rq} \end{bmatrix} = \begin{bmatrix} R_s + L_s p & -\omega_1 L_s & L_m p & -\omega_1 L_m \\ \omega_1 L_s & R_s + L_s p & \omega_1 L_m & L_m p \\ L_m p & -\omega_s L_m & R_r + L_r p & -\omega_s L_r \\ \omega_s L_m & L_m p & \omega_s L_r & R_r + L_r p \end{bmatrix} \begin{bmatrix} i_{sd} \\ i_{sq} \\ i_{rd} \\ i_{rq} \end{bmatrix} \tag{6-40}$$

3. 转矩和运动方程式

将式（6-18）转矩方程式中的三相电流变换到两相旋转坐标系上，并化简后，即得 dq 坐标系上的转矩方程式为

$$T_e = p_n L_m (i_{sq} i_{rd} - i_{sd} i_{rq}) \tag{6-41}$$

恒转矩负载时的运动方程式与坐标变换无关，仍为

$$T_e = T_L + \frac{J}{p_n} \frac{d\omega}{dt} \tag{6-19}$$

4. 异步电动机的 dq 数学模型和等效电路

式（6-38a、b）、式（6-39a、b、c）［或式（6-40）］、式（6-41）和式（6-

19）构成异步电动机在两相同步旋转 dq 坐标系上的数学模型。

将式（6-39）或式（6-40）的 dq 轴电压方程绘成动态等效电路，如图 6-9 所示。其中，图 6-9a 是 d 轴电路，图 6-9b 是 q 轴电路，它们之间靠 4 个旋转电动势互相耦合。图中所有表示电压或电动势的箭头都是按电压降方向画的。

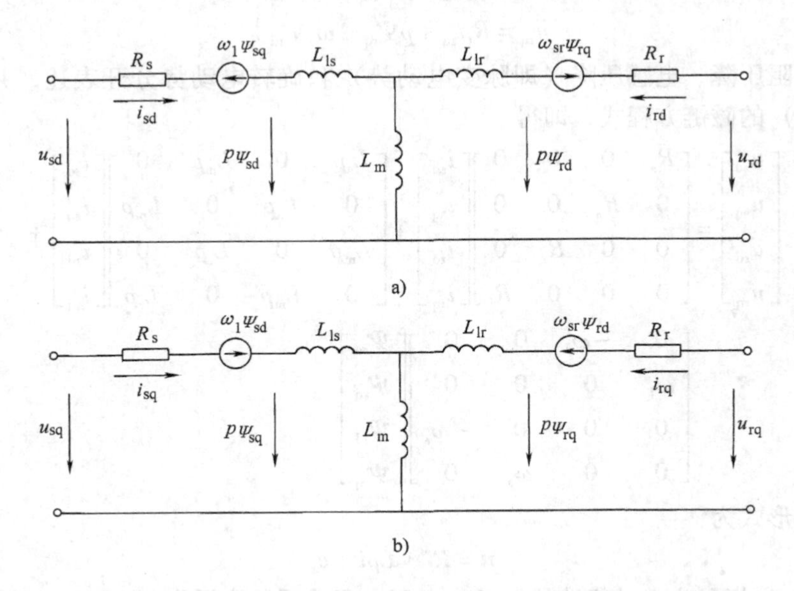

图 6-9　异步电动机在 dq 坐标系上的动态等效电路

a）d 轴电路　b）q 轴电路

6.5　三相异步电动机在两相坐标系上的状态方程式

数学模型是异步电动机控制系统分析和设计的基础，本章前几节都用矩阵方程来表示。近来很多文献越来越多采用状态方程式的形式，为了便于读者阅读，本节介绍几种状态方程式。这里只介绍两相同步旋转 dq 坐标系上的状态方程式，如果需要其他类型两相坐标系的状态方程式，只须稍加变换，就可以得到。

6.4 节的分析结果告诉我们，在两相坐标系上的异步电动机具有 4 阶电压方程和 1 阶运动方程式，用状态方程式表示时共有 5 阶，须选取 5 个状态变量。而可选的变量共有 9 个，即角速度 ω，4 个电流变量 i_{sd}、i_{sq}、i_{rd}、i_{rq}和 4 个磁链变量 Ψ_{sd}、Ψ_{sq}、Ψ_{rd}、Ψ_{rq}。转子电流 i_{rd}和 i_{rq}是不可测的，不宜用作状态变量，因此只能选定子电流 i_{sd}、i_{sq}和转子磁链 Ψ_{rd}、Ψ_{rq}，或者选定子电流 i_{sd}、i_{sq}和定子磁链 Ψ_{sd}、Ψ_{sq}，也就是说，可以有 $\omega-\Psi_r-i_s$ 状态方程式和 $\omega-\Psi_s-i_s$ 状态方程式两类。

6.5.1　$\omega-\Psi_r-i_s$ 状态方程式

式（6-38b）表示 dq 坐标系上的磁链方程式，即

$$
\begin{aligned}
\Psi_{sd} &= L_s i_{sd} + L_m i_{rd} \\
\Psi_{sq} &= L_s i_{sq} + L_m i_{rq} \\
\Psi_{rd} &= L_m i_{sd} + L_r i_{rd} \\
\Psi_{rq} &= L_m i_{sq} + L_r i_{rq}
\end{aligned} \tag{6-38b}
$$

式（6-39a）为 dq 坐标系上的电压方程式：

$$
\begin{aligned}
u_{sd} &= R_s i_{sd} + p\Psi_{sd} - \omega_1 \Psi_{sq} \\
u_{sq} &= R_s i_{sq} + p\Psi_{sq} + \omega_1 \Psi_{sd} \\
u_{rd} &= R_r i_{rd} + p\Psi_{rd} - \omega_s \Psi_{rq} \\
u_{rq} &= R_r i_{rq} + p\Psi_{rq} + \omega_s \Psi_{rd}
\end{aligned} \tag{6-39a}
$$

考虑到笼型转子内部是短路的，$u_{rd} = u_{rq} = 0$，于是电压方程式可写成

$$
\begin{aligned}
u_{sd} &= R_s i_{sd} + p\Psi_{sd} - \omega_1 \Psi_{sq} \\
u_{sq} &= R_s i_{sq} + p\Psi_{sq} + \omega_1 \Psi_{sd} \\
0 &= R_r i_{rd} + p\Psi_{rd} - \omega_s \Psi_{rq} \\
0 &= R_r i_{rq} + p\Psi_{rq} + \omega_s \Psi_{rd}
\end{aligned} \tag{6-42}
$$

由式（6-38b）中第 3、4 两式可解出

$$
i_{rd} = \frac{1}{L_r}(\Psi_{rd} - L_m i_{sd})
$$

$$
i_{rq} = \frac{1}{L_r}(\Psi_{rq} - L_m i_{sq})
$$

将其代入式（6-41）的转矩公式，得

$$
\begin{aligned}
T_e &= \frac{p_n L_m}{L_r}(i_{sq}\Psi_{rd} - L_m i_{sd} i_{sq} - i_{sd}\Psi_{rq} + L_m i_{sd} i_{sq}) \\
&= \frac{p_n L_m}{L_r}(i_{sq}\Psi_{rd} - i_{sd}\Psi_{rq})
\end{aligned} \tag{6-43}
$$

将式（6-38b）代入式（6-42），消去 i_{rd}、i_{rq}、Ψ_{sd}、Ψ_{sq}，再将式（6-43）代入运动方程式（6-19），并用 $(\omega_1 - \omega)$ 代替 ω_s，整理后即得 $\omega - \Psi_r - i_s$ 状态方程式如下：

$$
\frac{d\omega}{dt} = \frac{p_n^2 L_m}{J L_r}(i_{sq}\Psi_{rd} - i_{sd}\Psi_{rq}) - \frac{p_n}{J} T_L \tag{6-44}
$$

$$
\frac{d\Psi_{rd}}{dt} = -\frac{1}{T_r}\Psi_{rd} + (\omega_1 - \omega)\Psi_{rq} + \frac{L_m}{T_r} i_{sd} \tag{6-45}
$$

$$
\frac{d\Psi_{rq}}{dt} = -\frac{1}{T_r}\Psi_{rq} - (\omega_1 - \omega)\Psi_{rd} + \frac{L_m}{T_r} i_{sq} \tag{6-46}
$$

$$\frac{\mathrm{d}i_{sd}}{\mathrm{d}t}=\frac{L_m}{\sigma L_s L_r T_r}\Psi_{rd}+\frac{L_m}{\sigma L_s L_r}\omega\Psi_{rq}-\frac{R_s L_r^2+R_r L_m^2}{\sigma L_s L_r^2}i_{sd}+\omega_1 i_{sq}+\frac{u_{sd}}{\sigma L_s} \tag{6-47}$$

$$\frac{\mathrm{d}i_{sq}}{\mathrm{d}t}=\frac{L_m}{\sigma L_s L_r T_r}\Psi_{rq}-\frac{L_m}{\sigma L_s L_r}\omega\Psi_{rd}-\frac{R_s L_r^2+R_r L_m^2}{\sigma L_s L_r^2}i_{sq}-\omega_1 i_{sd}+\frac{u_{sq}}{\sigma L_s} \tag{6-48}$$

式中　σ——电动机漏磁系数，$\sigma=1-L_m^2/(L_s L_r)$；

T_r——转子电磁时间常数，$T_r=L_r/R_r$。

在式（6-44）~式（6-48）的状态方程式中，状态变量为

$$\boldsymbol{X}=[\omega\quad \Psi_{rd}\quad \Psi_{rq}\quad i_{sd}\quad i_{sq}]^{\mathrm{T}} \tag{6-49}$$

输入变量为

$$\boldsymbol{U}=[u_{sd}\quad u_{sq}\quad \omega_1\quad T_L]^{\mathrm{T}} \tag{6-50}$$

6.5.2　$\omega-\Psi_s-i_s$ 状态方程式

推导过程同上，所不同的只是在把式（6-38b）代入式（6-42）时，消去的变量是 i_{rd}、i_{rq}、Ψ_{rd}、Ψ_{rq}，整理后得 $\omega-\Psi_s-i_s$ 状态方程式为

$$\frac{\mathrm{d}\omega}{\mathrm{d}t}=\frac{p_n^2}{J}(i_{sq}\Psi_{sd}-i_{sd}\Psi_{sq})-\frac{p_n}{J}T_L \tag{6-51}$$

$$\frac{\mathrm{d}\Psi_{sd}}{\mathrm{d}t}=-R_s i_{sd}+\omega_1\Psi_{sq}+u_{sd} \tag{6-52}$$

$$\frac{\mathrm{d}\Psi_{sq}}{\mathrm{d}t}=-R_s i_{sq}-\omega_1\Psi_{sd}+u_{sq} \tag{6-53}$$

$$\frac{\mathrm{d}i_{sd}}{\mathrm{d}t}=\frac{1}{\sigma L_s T_r}\Psi_{sd}+\frac{1}{\sigma L_s}\omega\Psi_{sq}-\frac{R_s L_r+R_r L_s}{\sigma L_s L_r}i_{sd}+(\omega_1-\omega)i_{sq}+\frac{u_{sd}}{\sigma L_s} \tag{6-54}$$

$$\frac{\mathrm{d}i_{sq}}{\mathrm{d}t}=\frac{1}{\sigma L_s T_r}\Psi_{sq}-\frac{1}{\sigma L_s}\omega\Psi_{sd}-\frac{R_s L_r+R_r L_s}{\sigma L_s L_r}i_{sq}-(\omega_1-\omega)i_{sd}+\frac{u_{sq}}{\sigma L_s} \tag{6-55}$$

式中，状态变量为

$$\boldsymbol{X}=[\omega\quad \Psi_{sd}\quad \Psi_{sq}\quad i_{sd}\quad i_{sq}]^{\mathrm{T}} \tag{6-56}$$

输入变量为

$$\boldsymbol{U}=[u_{sd}\quad u_{sq}\quad \omega_1\quad T_L]^{\mathrm{T}} \tag{6-57}$$

第7章　异步电动机按动态模型控制的高性能调速系统

第6章表明，异步电动机的动态数学模型是一个高阶、非线性、强耦合的多变量系统，虽然通过坐标变换，可以使之降阶并化简，但并没有改变其非线性、多变量的本质。因此，需要异步电动机调速系统具有高动态性能时，不得不面对按动态模型控制的难题。经过多年的潜心研究和实践，有多种控制方案已经获得了成功的应用，目前应用最广的有两种方案：①矢量控制系统；②直接转矩控制系统。下面先分析矢量控制系统。

7.1　矢量控制系统的发展历史和基本思路

在6.3.1节中已经阐明，以产生同样的旋转磁动势为准则，在三相坐标系上的定子交流电流 i_A、i_B、i_C，通过三相-两相变换可以等效成两相静止坐标系上的交流电流 i_α 和 i_β，再通过同步旋转变换，可以等效成同步旋转坐标系上的直流电流 i_m 和 i_t。如果观察者站到铁心上与坐标系一起旋转，他所看到的便是一台直流电动机。通过控制，可使交流电动机的转子总磁通 Φ_r 等于等效直流电动机的励磁磁通，则M绕组相当于直流电动机的励磁绕组，i_m 相当于励磁电流，T 绕组相当于伪静止的电枢绕组，i_t 相当于与转矩成正比的电枢电流。

把上述等效关系用结构图的形式画出来，如图7-1所示。从整体上看，输入为A，B，C三相电压，输出为角速度 ω，是一台异步电动机。但从内部看，经过3/2变换和矢量旋转变换，成为一台由 i_m 和 i_t 输入、由 ω 输出的直流电动机。

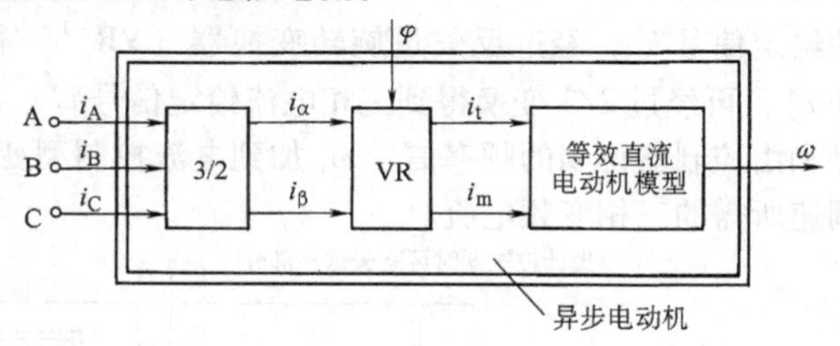

图7-1　异步电动机的坐标变换结构图
3/2—三相-两相变换　VR—矢量旋转变换器
φ—M轴与α轴（A轴）的夹角

既然异步电动机经过坐标变换可以等效成直流电动机，那么模仿直流电动机的控制策略，得到直流电动机的控制量，经过相应的坐标反变换，就能够控制异步电动机了。由于进行坐标变换的是电流（代表磁动势）的空间矢量，所以这样通过坐标变换实现的控制系统就叫作矢量控制（Vector Control，VC），即VC系统。

VC系统的基本原理首先是由德国西门子公司Felix Blaschke工程师发表的论文《异步电机矢量变换（TRANSVECTOR）控制的磁场定向原理》（《西门子评论》

1971 年德文[27]，1972 年英文[28]）和美国 P. C. Custman 与 A. A. Clark 申请的专利《感应电机定子电压的坐标变换控制》在 20 世纪 70 年代初同时提出的。F. Blaschke 的主要贡献是：在异步电动机物理模型基础上提出了在磁场定向坐标上控制电流的概念，这样异步电动机便可以和直流电动机一样实现对转矩的控制，而不受其固有特性的限制。为了实现磁场定向控制，他设计了矢量旋转变换器（VR）的算法和运算电路，其中，确定磁场位置的磁场角 φ 是一个关键的变量，为了得到这一变量，他提出用霍尔发生器检测气隙磁通，并通过矢量分析器（VA）来计算 φ 角的三角函数。很明显，这些论断奠定了矢量控制的基础，但要实现实用的高性能的矢量控制系统，还有许多工作要做。此后，F. Blaschke 进入德国不伦瑞克技术大学（TU Braunschweig），在 W. Leonhard 教授的指导下攻读博士学位，并于 1973 年完成他的博士论文[29]。我国四川大学刘竟成教授[65]和湖南大学卢骥教授[66]从德国进修回来后，在 1981 年和 1982 年先后发表论文介绍 F. Blaschke 的工作，成为我国推广矢量控制技术的先驱。1983 年，笔者在昆明全国交流调速系统学习班上讲授"矢量变换控制系统"，开始了面向全国的普及工作。在 F. Blaschke 以后，W. Leonhard 教授又指导了博士生 R. Gabriel[30~32]、G. Heinemann[33,34]等人继续研究和开发，最后，在 W. Leonhard 教授 1985 年出版的专著《Control of Electrical Drives》[3]中，利用异步电动机的空间矢量模型，完善了数字化高性能矢量控制系统原理的论述。

VC 系统的原理结构图如图 7-2 所示。图中的给定和反馈信号经过类似于直流调速系统所用的控制器，产生等效直流电动机励磁电流的给定信号 i_m^* 和电枢电流的给定信号 i_t^*，经过反矢量旋转变换器（VR^{-1}）得到交流两相电流给定信号 i_α^* 和 i_β^*，再经过 2/3 变换得到三相电流给定信号 i_A^*、i_B^* 和 i_C^*。把这三个电流给定信号和由控制器得到的频率信号 ω_1 加到电流控制型变频器上，即可输出异步电动机调速所需的三相变频电流。

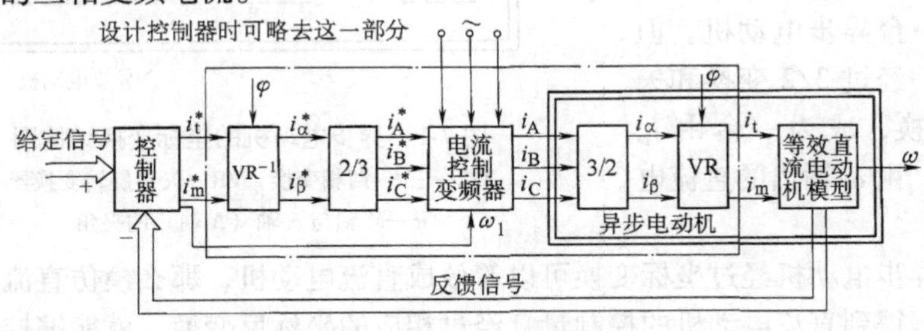

图 7-2　VC 系统原理结构图

在设计 VC 系统时，如果忽略变频器可能产生的滞后，只看作是一台功率放大器，并认为在控制器后面的反矢量旋转变换器（VR^{-1}）与电动机内部的矢量旋转

(VR) 变换环节互相抵消，2/3 变换器与电动机内部的 3/2 变换环节互相抵消，则图 7-2 中虚线框内的部分可以化简成一台放大器，剩下的就是直流调速系统了。可以想象，这样的矢量控制交流变压变频调速系统在静、动态性能上完全能够与直流调速系统媲美。

7.2 按转子磁链定向的矢量控制方程式及其解耦控制

上节的定性分析只阐明了矢量控制的基本思路，实际上异步电动机具有定子和转子，对定、转子电流都得进行坐标变换，情况要复杂一些，必须用完整的动态数学模型进行分析。

在第 6 章的动态模型分析中，进行两相同步旋转坐标变换时，只规定了 d、q 两轴的相互垂直关系和与定子频率同步的旋转速度，并未规定两轴与电动机旋转磁场的相对位置，对此是有选择余地的。在 VC 系统中，取 d 轴为沿着转子磁链矢量 $\boldsymbol{\Psi}_r$ 的方向，称作 M（Magnetization）轴，再逆时针转 90° 就是 q 轴，又称为 T（Torque）轴，它垂直于矢量 $\boldsymbol{\Psi}_r$。这样的两相同步旋转坐标系就具体规定为 M、T 坐标系，即按转子磁链定向的同步旋转坐标系，或称为按磁场定向（Field Orientation）坐标系。

当两相同步旋转坐标系按转子磁链定向时，d 轴落在转子磁链矢量 $\boldsymbol{\Psi}_r$ 方向上，而 $\boldsymbol{\Psi}_r$ 在 q 轴上的分量为 0，故有

$$\Psi_{rd} = \Psi_{rm} = \Psi_r \qquad \Psi_{rq} = \Psi_{rt} = 0 \tag{7-1}$$

将式（7-1）代入第 6 章转矩方程式（6-41）和 $\omega - \Psi_r - i_s$ 状态方程式（6-44）~式（6-48），并用下角标 m、t 替代 d、q，即得

$$T_e = \frac{p_n L_m}{L_r} i_{st} \Psi_r \tag{7-2}$$

$$\frac{d\omega}{dt} = \frac{p_n^2 L_m}{J L_r} i_{st} \Psi_r - \frac{p_n}{J} T_L \tag{7-3}$$

$$\frac{d\Psi_r}{dt} = -\frac{1}{T_r}\Psi_r + \frac{L_m}{T_r} i_{sm} \tag{7-4}$$

$$0 = -(\omega_1 - \omega)\Psi_r + \frac{L_m}{T_r} i_{st} \tag{7-5}$$

$$\frac{di_{sm}}{dt} = \frac{L_m}{\sigma L_s L_r T_r}\Psi_r - \frac{R_s L_r^2 + R_r L_m^2}{\sigma L_s L_r^2} i_{sm} + \omega_1 i_{st} + \frac{u_{sm}}{\sigma L_s} \tag{7-6}$$

$$\frac{di_{st}}{dt} = -\frac{L_m}{\sigma L_s L_r}\omega \Psi_r - \frac{R_s L_r^2 + R_r L_m^2}{\sigma L_s L_r^2} i_{st} - \omega_1 i_{sm} + \frac{u_{st}}{\sigma L_s} \tag{7-7}$$

由于 $d\Psi_{rt}/dt = 0$，状态方程式中的式（7-5）蜕化为代数方程，将它整理后可

得转差公式

$$\omega_1-\omega=\omega_s=\frac{L_m i_{st}}{T_r\Psi_r} \tag{7-8}$$

由此可见，令转子磁链矢量 Ψ_r 的方向为 d 轴后，状态方程式得到进一步简化，又降低了一阶。

由式（7-4）可得 $$T_r p\Psi_r+\Psi_r=L_m i_{sm}$$

则 $$\Psi_r=\frac{L_m}{T_r p+1}i_{sm} \tag{7-9}$$

或 $$i_{sm}=\frac{T_r p+1}{L_m}\Psi_r \tag{7-10}$$

式（7-9）和式（7-10）表明，转子磁链 Ψ_r 仅由定子电流励磁分量 i_{sm} 产生，与转矩分量 i_{st} 无关，从这个意义上看，定子电流的励磁分量与转矩分量获得了解耦。式（7-9）还表明，Ψ_r 与 i_{sm} 之间的传递函数是一阶惯性环节，其时间常数 T_r 是转子磁链励磁时间常数，当励磁电流分量 i_{sm} 突变时，Ψ_r 的变化要受到励磁惯性的阻挠，这和直流电动机励磁绕组的惯性作用是一致的。一般小功率异步电动机的 T_r 约为 100ms，电动机功率越大时 T_r 越大，大功率电动机的 T_r 达到秒级。

式（7-9）［或式（7-10）］、式（7-8）和式（7-2）构成 VC 基本方程式，利用这组基本方程式以及运动方程式［见式（6-19）］可求得异步电动机经坐标变换分成两个定子电流分量 i_{sm} 和 i_{st} 的数学模型，其结构图如图 7-3 所示。由图可见，VC 系统把等效直流电动机模型分解成 ω 和 Ψ_r 两个子系统。

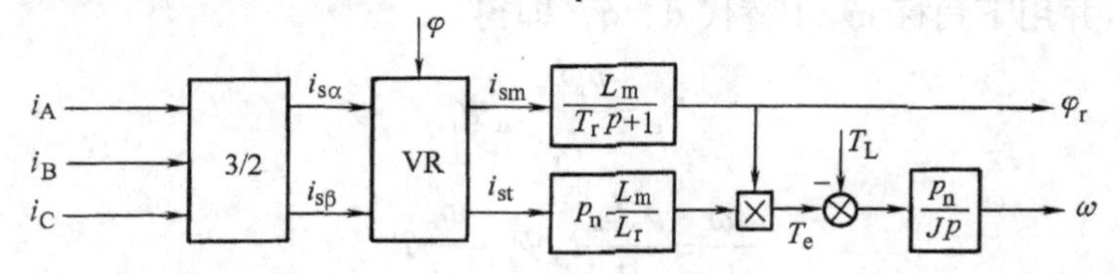

图 7-3　异步电动机经矢量变换后的电流解耦数学模型

既然 VC 系统的等效直流电动机模型有转速和转子磁链两个子系统，进行控制时，可设置磁链调节器 AΨR 和转速调节器 ASR 分别控制 Ψ_r 和 ω，如图 7-4a 所示。虽然通过矢量变换已将定子电流解耦成 i_{sm} 和 i_{st} 两个分量，但是由于电磁转矩 T_e 是 i_{st} 和 Ψ_r 的乘积，两个子系统仍旧是耦合着的。为了使两个子系统完全解耦，还应设法消除或抑制转子磁链 Ψ_r 对电磁转矩 T_e 的影响。比较直观的办法是，把 ASR 的输出信号除以 Ψ_r，当控制器的坐标反变换与电动机中的坐标变换对消，且变频器的滞后作用可以忽略时，此处的“$\div\Psi_r$”便可与电动机模型中的“$\times\Psi_r$”对消，两个子系统就完全解耦了。这时，带除法环节的矢量控制系统可以看成是两个独立的线性子系统（见图7-4b，图中的磁链模型将在7.4节中详述）。可以采用线性调节器工程设计方法来设计AΨR和ASR，具体设计时还应考虑变频器滞后、反馈滤波等因素的影响。

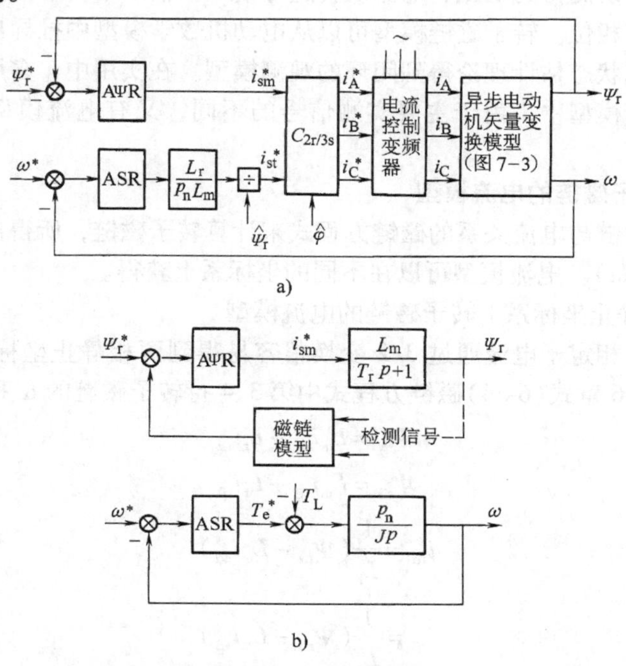

图7-4 用除法环节解耦的VC系统

a）矢量控制系统 b）解耦后的ω和Ψ_r两个子系统

AΨR—磁链调节器 ASR—转速调节器

应该注意，在异步电动机矢量变换模型中的转子磁链Ψ_r和它的定向相位角φ都是在电动机中实际存在的，而在控制器中引入的这两个量却难以直接检测到，只能采用磁链模型来计算，在图7-4a中冠以符号“^”以示区别。因此，上述两个子系统的完全解耦只有在下面三个假定条件下才能成立：①转子磁链的计算值$\hat{\psi}_r$等于其实际值Ψ_r；②转子磁链相位角的计算值$\hat{\varphi}$等于其实际值φ；③忽略电流控制变频器的滞后作用。

7.3 转子磁链模型

图7-4表明，要实现按转子磁链定向的VC系统，关键是要获得转子磁链信号，以供磁链反馈以及除法环节的需要。开始提出VC系统时，曾尝试直接检测磁链的方法，一种是在电动机槽内埋设探测线圈，另一种是利用贴在定子内表面的霍尔元件或其他磁敏元件。从理论上说，直接检测应该比较准确，但实际上这些方法

都遇到了不少工艺上和技术上的问题，而且由于齿槽影响，使检测信号中含有较大的脉动分量，越到低速时影响越严重。因此，现在实用的系统中多采用间接计算的方法，即利用容易测得的电压、电流或转速等信号，借助于转子磁链模型，实时计算磁链的幅值与相位。转子磁链模型可以从电动机数学模型中推导出来，也可以利用状态观测器或状态估计理论得到闭环的观测模型。在实用中，多用比较简单的计算模型。在计算模型中，由于主要实测信号的不同，又有电流模型和电压模型两种。

7.3.1 计算转子磁链的电流模型

根据描述磁链与电流关系的磁链方程式来计算转子磁链，所得出的模型叫做电流模型（简称 IM）。电流模型可以在不同的坐标系上获得。

1. 在两相静止坐标系上转子磁链的电流模型

由实测的三相定子电流通过 3/2 变换很容易得到两相静止坐标系上的电流 $i_{s\alpha}$ 和 $i_{s\beta}$，再利用第 6 章式(6-34)磁链方程式中第 3、4 行转子磁链的 α 和 β 分量，得

$$\Psi_{r\alpha}=L_m i_{s\alpha}+L_r i_{r\alpha} \tag{7-11}$$

$$\Psi_{r\beta}=L_m i_{s\beta}+L_r i_{r\beta} \tag{7-12}$$

则

$$i_{r\alpha}=\frac{1}{L_r}(\Psi_{r\alpha}-L_m i_{s\alpha}) \tag{7-13}$$

$$i_{r\beta}=\frac{1}{L_r}(\Psi_{r\beta}-L_m i_{s\beta}) \tag{7-14}$$

在式（6-34）的 α-β 坐标系电压矩阵方程式第 3、4 行中，由于笼型异步电动机转子是短路的，故 $u_{\alpha r}=u_{\beta r}=0$，得

$$L_m p i_{s\alpha}+L_r p i_{r\alpha}+\omega(L_m i_{s\beta}+L_r i_{r\beta})+R_r i_{r\alpha}=0$$

$$L_m p i_{s\beta}+L_r p i_{r\beta}-\omega(L_m i_{s\alpha}+L_r i_{r\alpha})+R_r i_{r\beta}=0$$

将式（7-11）、式（7-12）、式（7-13）、式（7-14）代入上列两式，得

$$p\Psi_{r\alpha}+\omega\Psi_{r\beta}+\frac{1}{T_r}(\Psi_{r\alpha}-L_m i_{s\alpha})=0$$

$$p\Psi_{r\beta}-\omega\Psi_{r\alpha}+\frac{1}{T_r}(\Psi_{r\beta}-L_m i_{s\beta})=0$$

整理后得转子磁链的电流模型为

$$\Psi_{r\alpha}=\frac{1}{T_r p+1}(L_m i_{s\alpha}-\omega T_r\Psi_{r\beta}) \tag{7-15}$$

$$\Psi_{r\beta}=\frac{1}{T_r p+1}(L_m i_{s\beta}+\omega T_r\Psi_{r\alpha}) \tag{7-16}$$

按式（7-15）和式（7-16）构成转子磁链分量的计算框图如图 7-5 所示。有了 $\Psi_{r\alpha}$和 $\Psi_{r\beta}$，就不难计算 Ψ_r 的幅值和相位角了。

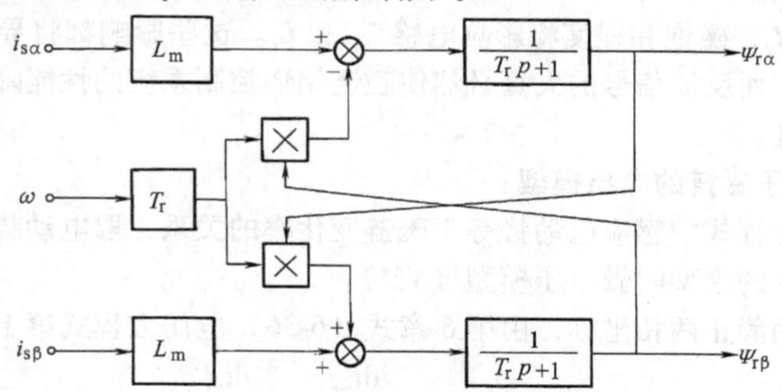

图 7-5　在两相静止坐标系上计算转子磁链的电流模型

图 7-5 所示的转子磁链的电流模型在模拟控制中可用运算放大器和乘法器实现。采用微机数字控制时，由于 $\Psi_{r\alpha}$与 $\Psi_{r\beta}$之间有交叉反馈关系，离散计算时有可能不收敛，不如采用下述第二种模型。

2. 在按磁场定向两相同步旋转坐标系上转子磁链的电流模型

图 7-6 是在 M-T 坐标系上转子磁链的电流模型计算框图。三相定子电流 i_A、i_B、i_C 经 3/2 变换变成两相静止坐标系电流 $i_{s\alpha}$、$i_{s\beta}$，再经同步旋转变换并按转子磁链定向，得到 M-T 坐标系上的电流 i_{sm}和 i_{st}，利用矢量控制方程式（7-9）和式（7-8）可以获得 Ψ_r 和 ω_s 信号，由 ω_s 与实测角速度 ω 相加，得到定子频率信号 ω_1，再经积分即为转子磁链的相位角 φ，它也就是同步旋转变换的旋转相位角。和第一种模型相比，这种模型更适合于微机实时计算，容易收敛，也比较准确。在这种模型中，相位角 φ 的计算准确度受角速度 ω 检测误差的影响较大，所以最好采用高准确度的编码器，而不用一般的测速发电机。

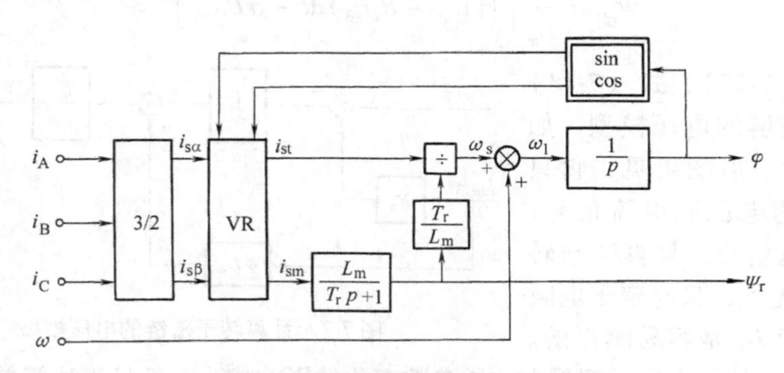

图 7-6　在按转子磁链定向两相旋转坐标系上计算转子磁链的电流模型

上述两种计算转子磁链的电流模型都需要实测的电流和角速度信号，不论转速高低时都能适用，但都受电动机参数变化的影响。例如电动机温升和频率变化都会影响转子电阻 R_r，磁饱和程度将影响电感 L_m 和 L_r。这些影响都将导致磁链幅值与相位信号失真，而反馈信号的失真必然使磁链闭环控制系统的性能降低，这是电流模型的不足之处。

7.3.2 计算转子磁链的电压模型

根据电压方程式中感应电动势等于磁链变化率的关系，取电动势的积分就可以得到磁链，这样的模型叫做电压模型（VM）。

还是先利用静止两相坐标，由第6章式（6-36）电压方程式第1、2行可得

$$u_{s\alpha}=R_s i_{s\alpha}+L_s\frac{di_{s\alpha}}{dt}+L_m\frac{di_{r\alpha}}{dt}$$

$$u_{s\beta}=R_s i_{s\beta}+L_s\frac{di_{s\beta}}{dt}+L_m\frac{di_{r\beta}}{dt}$$

再用式（7-13）和式（7-14）把上面两式中的 $i_{r\alpha}$ 和 $i_{r\beta}$ 置换掉，整理后得

$$\frac{L_m}{L_r}\frac{d\Psi_{r\alpha}}{dt}=u_{s\alpha}-R_s i_{s\alpha}-\left(L_s-\frac{L_m^2}{L_r}\right)\frac{di_{s\alpha}}{dt}$$

$$\frac{L_m}{L_r}\frac{d\Psi_{r\beta}}{dt}=u_{s\beta}-R_s i_{s\beta}-\left(L_s-\frac{L_m^2}{L_r}\right)\frac{di_{s\beta}}{dt}$$

以漏磁系数 $\sigma=1-L_m^2/(L_sL_r)$ 代入式中，并对等式两侧取积分，即得转子磁链的电压模型为

$$\Psi_{r\alpha}=\frac{L_r}{L_m}\left[\int(u_{s\alpha}-R_s i_{s\alpha})dt-\sigma L_s i_{s\alpha}\right] \tag{7-17}$$

$$\Psi_{r\beta}=\frac{L_r}{L_m}\left[\int(u_{s\beta}-R_s i_{s\beta})dt-\sigma L_s i_{s\beta}\right] \tag{7-18}$$

按式（7-17）、式（7-18）构成转子磁链的电压模型，如图7-7所示。由图可见，它只需要实测的电压和电流信号，不需要转速信号，且算法与转子电阻 R_r 无关，只与定子电阻 R_s 有关，而 R_s 是容易测得的。

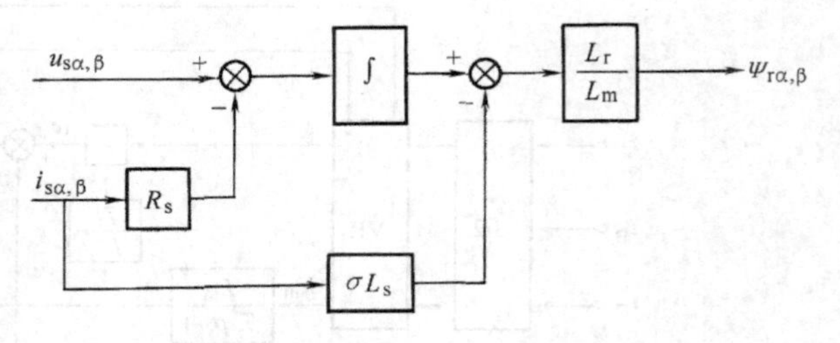

图7-7 计算转子磁链的电压模型

和电流模型相比，电压模型受电动机参数变化的影响较小，而且算法简单，便于应用。但是，由于电压模型包含纯积分项，积分的初始值和累积误差都会影响计算的

结果。在低速时，定子电阻压降变化的影响较大，使电压模型不够准确。总体来看，高速时电压模型（VM）较准确，而低速时电流模型（IM）优于电压模型（VM）。

7.3.3　电压模型与电流模型的选择和切换

上一节表明，计算转子磁链的电压模型适合于中、高速范围，而电流模型更能适应低速范围。在实际系统中，为了提高准确度，可以把两种模型配合应用，在低速（例如 $\omega<5\%\omega_N$）时，采用 IM，在中、高速（例如 $\omega>10\%\omega_N$）时，采用 VM，在 $5\%\omega_N<\omega<10\%\omega_N$ 区间，两种模型过渡，就可以提高整个运行范围中计算转子磁链的准确度。

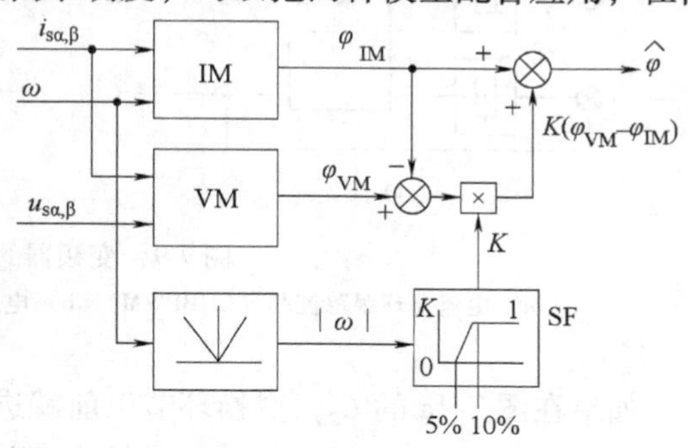

图 7-8　电流模型与电压模型的 $\hat{\varphi}$ 角计算值切换框图

以转子磁链定向相位角 φ 的计算和切换为例，图 7-8 所示为高低速间 IM 和 VM 输出相位角计算值 $\hat{\varphi}$ 的切换框图。切换模型输出的 $\hat{\varphi}$ 角计算值为

$$\hat{\varphi}=\varphi_{IM}-K(\varphi_{VM}-\varphi_{IM})\qquad(7\text{-}19)$$

式中，切换信号 K 来自转速阈值发生器 SF。当角速度绝对值 $|\omega|<5\%\omega_N$ 时，$K=0$，$\hat{\varphi}=\varphi_{IM}$；当 $|\omega|>10\%\omega_N$ 时，$K=1$，$\hat{\varphi}=\varphi_{VM}$；当 $5\%\omega_N<|\omega|<10\%\omega_N$ 时，$0<K<1$，$\hat{\varphi}$ 值在 φ_{IM} 和 φ_{VM} 之间平滑过渡。

转子磁链幅值 Ψ_r 的计算和切换与此相仿。

7.4　转速、磁链闭环控制的矢量控制系统——直接矢量控制系统

对解耦后的转速和磁链两个独立的线性子系统分别进行闭环控制的系统称为直接矢量控制系统。在这类 VC 系统中，可以有不同的解耦方法。

7.4.1　带磁链除法环节和电流内环的直接矢量控制系统

在前述的图 7-4a 中，转速调节器输出带“$\div\Psi_r$”环节，使系统可以在 7.2 节最后所述的三个假定条件下简化成完全解耦的 Ψ_r 与 ω 两个子系统，这是一种典型的直接矢量控制系统。两个子系统都是单变量系统，其调节器的设计方法和直流调速系统相似。变频器的电流内环可以采用电流滞环跟踪控制（CHBPWM）（见图 7-9a，并参阅第 4 章）；也可采用电压源型 PWM 变频器的电流内环控制（见图 7-9b），图中三相电流调节器 1ACR、2ACR、3ACR 的输出为 PWM 变频器的三相电压给定值 u_A^*、u_B^*、u_C^*。从原理上看，上述两类电流闭环控制的作用是一样的。实际上，电流滞环跟踪控制是两点式控制，电流的动态响应快，而纹波较大；电流内环调节器采用连续的 PI 控制，电流纹波小，动态响应稍差。前者一般采用硬件电路实现，后者则采用软件实现。由于受到微机运算速度的限制，早期产品多采用电流

跟踪控制，随着微机芯片性能的提高，现代产品多采用软件电流闭环调节。

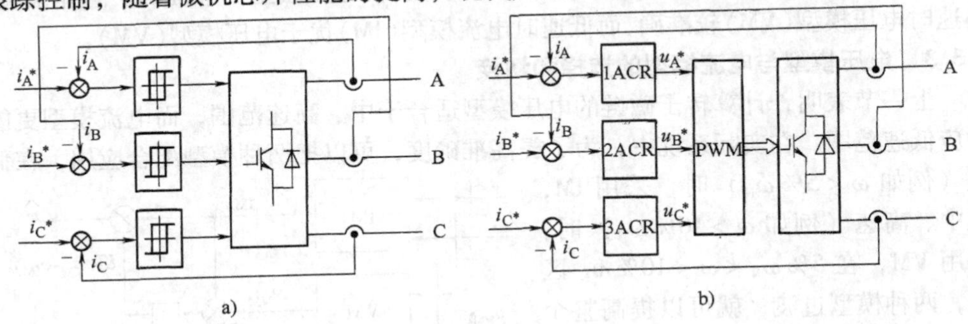

图 7-9　变频器的电流控制

a）电流滞环跟踪控制（CHBPWM）　b）电压源型 PWM 变频器的电流内环控制

如果在图 7-4a 的 $C_{2r/3s}$ 变换环节以前就进行电流调节，可以只设置两个电流调节器 ACMR 和 ACTR（见图 7-10），输出两相电压给定 u_{sm}^* 和 u_{st}^*，再经过反旋转变换后，控制电压源型 PWM 变频器。图中省去了“ $\div\Psi_r$ ”环节，它所起的作用可由转速调节器 ASR 承担。

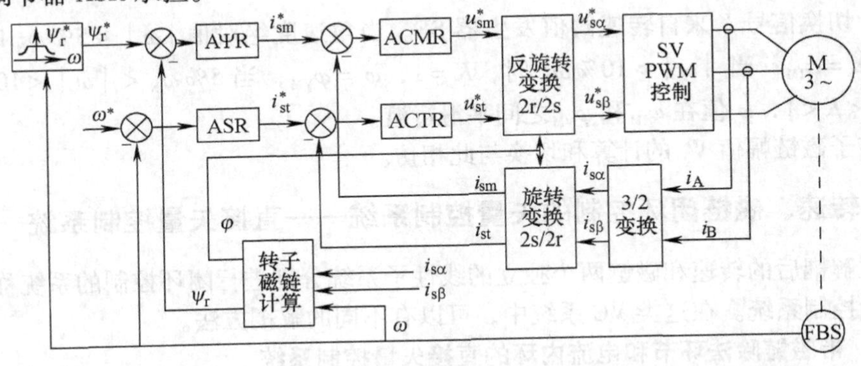

图 7-10　定子电流励磁分量和转矩分量闭环控制的矢量控制系统结构图

7.4.2　带转矩内环的直接矢量控制系统

另外一种提高转速和磁链闭环控制系统解耦性能的办法是，在转速环内增设转矩控制内环，如图 7-11 所示。图中，INV-IM 表示逆变器-异步电动机的动态结构，其中虚线上下是磁链和转速两个子系统，它们是互相耦合的，电流 i 和磁链 ψ 对转速子系统的耦合作用相当于两种扰动，它们作用在转矩内环所包围系统的前向通道上，因而受到转矩内环的抑制。也就是说，转矩内环改造了转速子系统，使它少受磁链和电流变化的影响，或者说，转矩内环实现了磁链和转速两个子系统间的近似解耦。

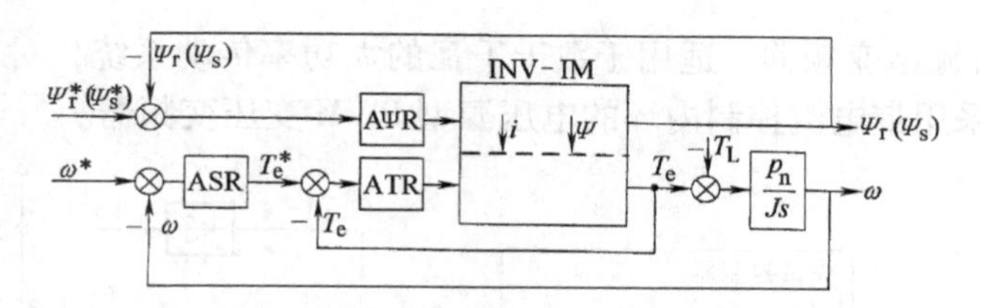

图 7-11　带转矩内环的转速、磁链子系统闭环控制结构图
ASR—转速调节器　AΨR—磁链调节器　ATR—转矩调节器

图 7-12 中绘出了一种实际的带转矩内环的直接矢量控制系统，其中主电路选择了电流滞环跟踪控制的 CHBPWM 变频器，这只是一种示例，也可以用带电流内环的电压源型变频器。系统中还画出了转速正、反向和弱磁升速环节，磁链给定信号由函数发生程序获得。转速调节器 ASR 的输出作为转矩给定信号，弱磁时它也受到磁链给定信号的控制。

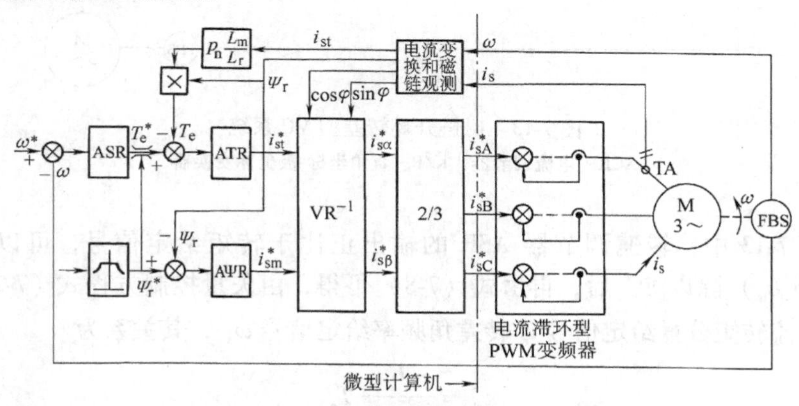

图 7-12　带转矩内环的转速、磁链闭环直接矢量控制系统
FBS—测速反馈环节

7.5　磁链开环转差型矢量控制系统——间接矢量控制系统

在磁链闭环控制的 VC 系统中，转子磁链反馈信号是由磁链模型获得的，其幅值和相位角都受到电动机参数 T_r 和 L_m 变化的影响，造成控制的不准确性。既然这样，与其采用磁链闭环控制而反馈不准，不如采用磁链开环控制，系统反而会简单一些。1980 年日本难波江章（Akira Nabae）教授在他人工作的基础上提出了转差频率控制法[67]，利用矢量控制方程中的转差公式［见式（7-8）］，从转速调节器 ASR 输出的代表转矩给定的信号形成转差角频率给定信号 ω_s^*，构成磁链开环转差型 VC 系统，又称为间接矢量控制系统，其原理图如图 7-13 所示。图中主电路采用

了交-直-交电流源型变频器，适用于数千千瓦的大功率传动系统，对于中、小容量的装置，则多采用带电流控制内环的电压源型 PWM 变压变频器。

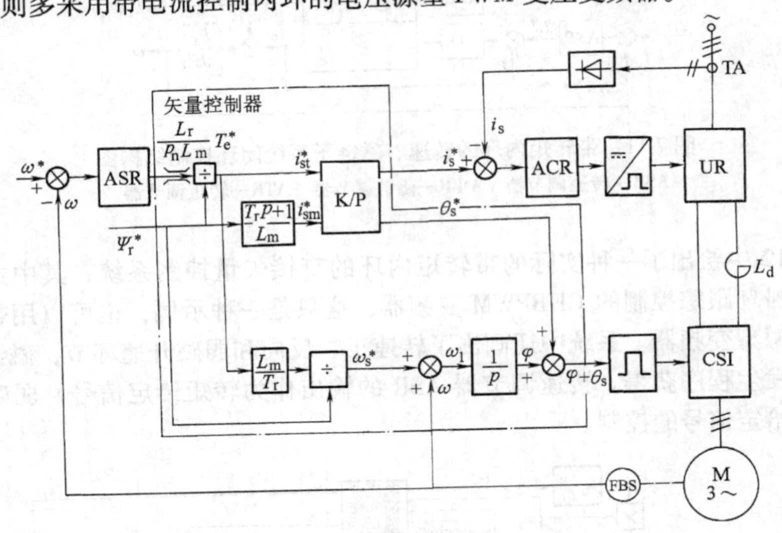

图 7-13　磁链开环转差型 VC 系统

ACR—电流调节器　K/P—直角坐标-极坐标变换器

在图 7-13 中，转速调节器 ASR 的输出正比于转矩给定信号，可以认为是 $L_r T_e^* / (p_n L_m)$ 除以 Ψ_r^* 后，再由式（7-8）可得，由矢量控制方程式（7-2）可求出定子电流转矩分量给定信号 i_{st}^* 转差角频率给定信号 ω_s^*，其关系为

$$i_{st}^* = \frac{L_r}{p_n L_m \Psi_r} T_e^*$$

$$\omega_s^* = \frac{L_m}{T_r \Psi_r} i_{st}^*$$

两式分母中都有转子磁链 Ψ_r，因此两个通道中各设置一个除法环节。

定子电流励磁分量给定信号 i_{sm}^* 和转子磁链给定信号 ψ_r^* 之间的关系是靠式（7-10）建立的，其中的比例微分环节（$T_r p+1$）使 i_{sm} 在动态中获得强迫励磁效应，从而克服实际磁通的滞后。i_{st}^* 和 i_{sm}^* 经直角坐标-极坐标变换器 K/P 合成后，产生定子电流幅值给定信号 i_s^* 和相位角给定信号 θ_s^*。前者经电流调节器 ACR 控制定子电流的大小，后者则控制逆变器换相的时刻，从而决定定子电流的相位。定子电流相位能否得到及时的控制对于动态转矩的发生极为重要。极端来看，如果电流幅值很大，但相位落后 90°，所产生的转矩仍只能是零。

由矢量控制方程计算出的转差角频率给定信号 ω_s^* 与实测的角速度信号 ω 相

加，得到定子角频率信号 ω_1，即旋转磁场的同步旋转角频率：

$$\omega_s^* + \omega = \omega_1 \tag{7-20}$$

将 ω_1 积分即得同步旋转坐标相位角 φ，也就是转子磁链定向角，再加上定子电流相位角 θ_s^*，用来控制逆变器的换相。式（7-20）所示的关系是转差型 VC 系统的突出特点。它表明，在调速过程中，定子角频率 ω_1 随角速度 ω 同步地上升或下降，有如水涨而船高，使加、减速平滑而且稳定。

由以上关系可以看出，磁链开环转差型 VC 系统的磁场定向由磁链和转矩给定信号确定，靠矢量控制方程保证，并没有用磁链模型去计算转子磁链及其相位，所以属于间接的磁场定向，或者称“间接矢量控制”。但由于矢量控制方程中包含了电动机的转子参数，定向准确度仍受参数变化的影响。

无论是直接矢量控制还是间接矢量控制，都具有动态性能好、调速范围宽的优点，采用光电码盘转速传感器时，一般可以达到调速范围 $D = 100$，当系统和传感器精度高时，甚至可达 $D = 1000$，已在实践中获得普遍的应用。动态性能受电动机参数变化的影响是其主要不足之处。为了解决这个问题，在参数辨识、自适应控制、智能控制等方面都做了许多研究工作，获得不少成果。

7.6 异步电动机按定子磁链砰-砰控制的直接转矩控制系统

异步电动机直接转矩控制系统是继矢量控制系统之后发展起来的另一种高动态性能的变压变频调速系统。在它的转速环里面，利用转矩反馈直接控制电动机的电磁转矩，因而得名。

7.6.1 直接转矩控制系统的发展历史和基本特点

1977 年，A. B. Plunkett 首先提出磁链-转矩直接调节的思想[36]，但由于需要检测磁链，未获实际应用。其后，鉴于电气机车等具有大惯量负载的运动系统在起制动时有快速瞬态转矩响应的需要，特别是在弱磁调速范围内运行的情况，德国鲁尔大学 M. Depenbrock 教授研制了直接自控制系统（德文 Direkte Selbstregelung，简称 DSR），采用转矩模型和电压型磁链模型，以及电压空间矢量控制的 PWM 逆变器，实现转速和定子磁链的非线性砰-砰控制，取得成功，于 1985 年发表了论文[37,38]，随后日本学者 I. Takahashi 也提出了类似的控制方案[39]，逐渐推广应用后，在国际上通称为直接转矩控制系统，简称为 DTC（Direct Torque Control）系统。

图 7-14 绘出了按定子磁链砰-砰控制的 DTC 系统原理框图。和 VC 系统一样，它也是分别控制异步电动机的转速和磁链，转速调节器 ASR 的输出作为电磁转矩的给定信号 T_e^*，与图 7-12 所示的带转矩内环的转速、磁链闭环直接矢量控制系统相似，在 T_e^* 后面设置转矩控制内环，它可以抑制磁链变化对转速子系统的影响，从而使转速和磁链子系统实现了近似的解耦。因此，从总体控制结构上看，DTC 系统和 VC 系统是一致的，都能获得较高的静、动态性能。

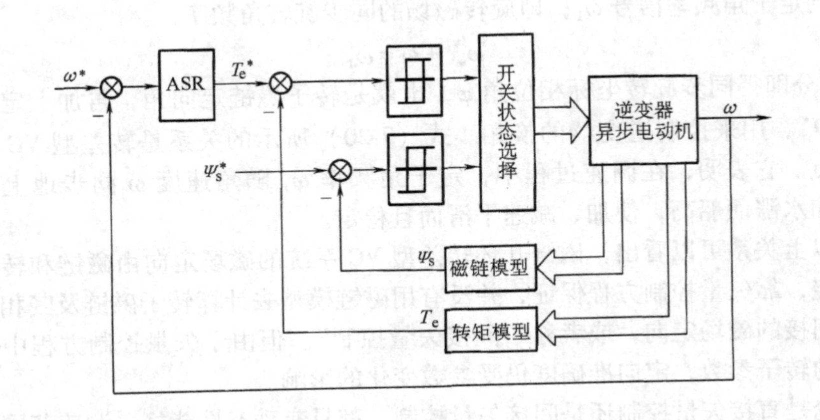

图 7-14 按定子磁链砰-砰控制的 DTC 系统原理框图

在具体控制方法上，DTC 系统与 VC 系统有所不同，DTC 系统的基本特点是：

1）转矩和磁链的控制采用非线性的双位式砰-砰控制器，并在 PWM 逆变器中直接用这两个控制信号产生电压的 SVPWM 波形，从而避开了将定子电流分解成转矩分量和磁链分量，省去了旋转变换和电流控制，简化了控制器的结构。

2）选择定子磁链作为被控量，而不像 VC 系统中那样选择转子磁链。计算定子磁链的电压模型不受转子参数变化的影响，因而提高了控制系统的鲁棒性。但是，从 $\omega-\Psi_s-i_s$ 状态方程式（见 6.5.2 节）得到的控制规律不像按转子磁链定向时那样容易实现解耦和线性化。因此采用非线性的砰-砰控制而不采用线性调节。

3）由于直接采用了转矩反馈的砰-砰控制，在加减速或负载变化的动态过程中，可以获得快速的转矩响应，但必须注意限制过大的冲击电流，以免损坏电力电子开关器件，因此实际转矩响应也是受到限制的。

7.6.2 定子磁链和转矩反馈模型

在 DTC 系统中，采用两相静止坐标系（$\alpha\beta$ 坐标系），为了简化数学模型，由三相坐标变换到两相坐标是必要的，所避开的仅仅是旋转变换。由 6.4.1 节中式（6-34）和式（6-35）可知

$$u_{s\alpha}=R_s i_{s\alpha}+L_s p i_{s\alpha}+L_m p i_{r\alpha}=R_s i_{s\alpha}+p\Psi_{s\alpha}$$
$$u_{s\beta}=R_s i_{s\beta}+L_s p i_{s\beta}+L_m p i_{r\beta}=R_s i_{s\beta}+p\Psi_{s\beta}$$

移项并积分后得

$$\Psi_{s\alpha}=\int(u_{s\alpha}-R_s i_{s\alpha})\mathrm{d}t \tag{7-21}$$

$$\Psi_{s\beta} = \int (u_{s\beta} - R_s i_{s\beta}) dt \tag{7-22}$$

式（7-21）、式（7-22）就是图 7-14 中所采用的定子磁链模型，其结构如图 7-15 所示。显然，这是一个电压模型，如前所述，它适合于中、高速运行的系统，在低速时误差较大，甚至无法应用。必要时，只好在低速时切换到电流模型，但这时上述能提高鲁棒性的优点就不得不丢弃了。

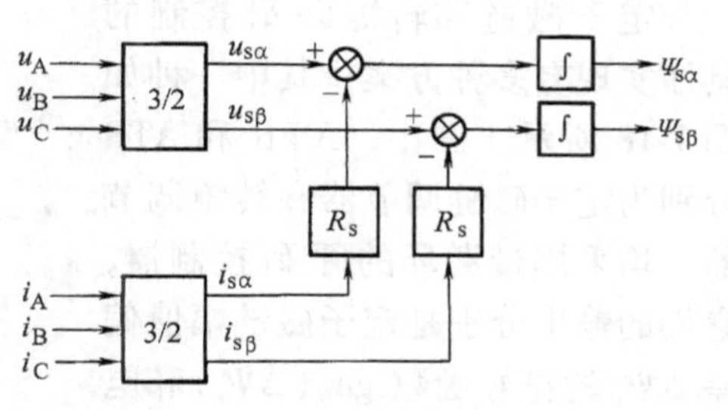

图 7-15　定子磁链模型结构框图

第 6 章式（6-37）给出静止两相坐标系上的电磁转矩表达式，重写如下：

$$T_e = p_n L_m (i_{s\beta} i_{r\alpha} - i_{s\alpha} i_{r\beta}) \tag{7-23}$$

又由式（6-34）可知

$$i_{r\alpha} = \frac{1}{L_m}(\Psi_{s\alpha} - L_s i_{s\alpha})$$

$$i_{r\beta} = \frac{1}{L_m}(\Psi_{s\beta} - L_s i_{s\beta})$$

将其代入式（7-23），并整理后得

$$T_e = p_n (i_{s\beta} \Psi_{s\alpha} - i_{s\alpha} \Psi_{s\beta}) \tag{7-24}$$

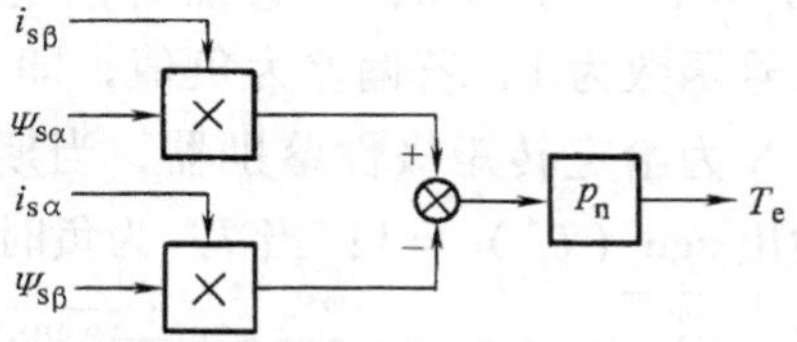

图 7-16　转矩模型结构框图

这就是 DTC 系统所用的转矩模型，其结构框图如图 7-16 所示。

7.6.3　定子电压矢量开关状态的选择

在图 7-14 所示的 DTC 系统中，根据定子磁链和电磁转矩的给定与反馈信号进行砰－砰控制，按控制程序选取电压空间矢量的作用顺序和持续时间。如果只要求正六边形的磁链轨迹，则逆变器的控制程序简单，主电路开关频率低，但定子磁链偏差较大；如果要逼近圆形磁链轨迹，则控制程序较复杂，主电路开关频率高，定子磁链接近恒定。该系统也可用于弱磁升速，这时要设计好 $\psi_s^* = f(\omega^*)$ 函数发生程序，以确定不同转速时的磁链给定值。

在第 4 章所述的 SVPWM 两电平逆变器中，有 8 个输出的电压空间矢量，包括 6 个有效工作矢量 $\boldsymbol{u}_1 \sim \boldsymbol{u}_6$ 和 2 个零矢量 $\boldsymbol{u}_0$、$\boldsymbol{u}_7$。期望的定子磁链轨迹可分为 6 个扇区，在每个扇区内，施加不同的电压空间矢量，对磁链矢量的变化就有不同的影响。如图 7-17 所示，在第Ⅰ扇区定子磁链矢量 $\boldsymbol{\Psi}_{sI}$ 顶端施加 6 种不同的电压矢量，将产生不同的磁链增量。例如，施加 $\boldsymbol{u}_2$ 可使 $\boldsymbol{\Psi}_{sI}$ 的幅值增加，并朝正向旋转；若施加 $\boldsymbol{u}_4$，则使 $\boldsymbol{\Psi}_{sI}$ 的幅值减小，同样朝正向旋转；若施加 $\boldsymbol{u}_5$，则使 $\boldsymbol{\Psi}_{sI}$ 的幅值减小，但朝反向旋转。当定子磁链矢量 $\boldsymbol{\Psi}_{sIII}$ 位于第Ⅲ扇区时，同样施加 $\boldsymbol{u}_2$ 将使 $\boldsymbol{\Psi}_{sIII}$ 的幅值减小，并朝反向旋转；若施加 $\boldsymbol{u}_5$，则使 $\boldsymbol{\Psi}_{sIII}$ 的幅值增加，而朝正向旋转。施加

零矢量 $\boldsymbol{u}_0$ 或 $\boldsymbol{u}_7$ 时，定子磁链的幅值和位置均保持不变。

定子磁链和转矩砰-砰控制的具体实现有多种方案，其中一种如图 7-18 所示。图中，AΨR 和 ATR 分别为定子磁链调节器和转矩调节器，均采用带滞环的砰-砰控制器，它们的输出分别是定子磁链幅值偏差 $\Delta\boldsymbol{\Psi}_s$ 的符号函数sgn（$\Delta\boldsymbol{\Psi}_s$）和电磁转矩偏差 ΔT_e 的符号函数 sgn（ΔT_e），两个符号函数的取值都是 1 或 0。如图 7-19 所示，若偏差为正值，即 $\Delta\boldsymbol{\Psi}_s=\boldsymbol{\Psi}_s^*-\boldsymbol{\Psi}_s>0$，或 $\Delta T_e=T_e^*-T_e>0$，经过滞环后的符号函数为 1；若偏差为负值，即 $\Delta\boldsymbol{\Psi}_s<0$ 或 $\Delta T_e<0$，则滞环后的符号函数为 0。P/N 为给定转矩极性鉴别器，当期望的电磁转矩 T_e^* 为正时，P/N = 1，即 P/N 的输出 sgn（T_e^*） = 1；当 T_e^* 为负时，P/N = 0。

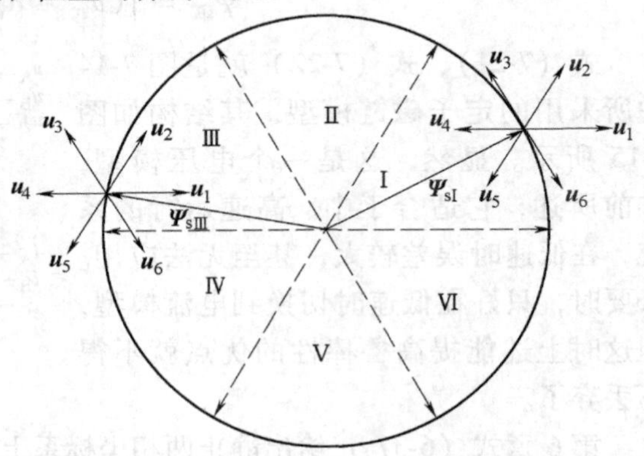

图 7-17　在不同扇区中定子电压空间矢量对定子磁链的影响

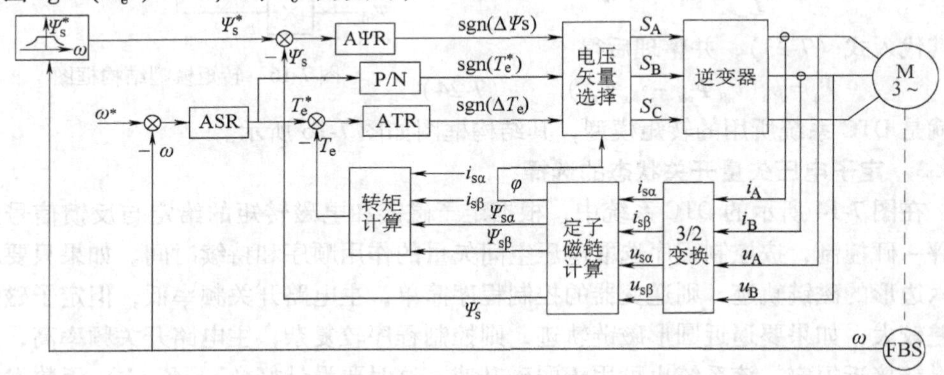

图 7-18　DTC 系统原理结构图

当定子磁链矢量位于第 Ⅰ 扇区中的不同位置时，按砰-砰控制器输出的符号函数值 sgn（$\Delta\boldsymbol{\Psi}_s$）、sgn（$\Delta T_e$）和给定转矩极性输出值 P/N 用查表法选择电压空间矢量，见表 7-1。例如，在起动和正向运行时，期望的电磁转矩为正，查表 7-1 的第 1 列，P/N = 1；此时，若定子磁链偏差为正，即 $\Delta\boldsymbol{\Psi}_s=\boldsymbol{\Psi}_s^*-\boldsymbol{\Psi}_s>0$，其符号函数 sgn（$\Delta\boldsymbol{\Psi}_s$） = 1，在表 7-1 中是第 2 列第 1 行，应选择合适的电压空间矢量使实际的定子磁链幅值 $\boldsymbol{\Psi}_s$ 增大；若电磁转矩偏差亦为正，即 $\Delta T_e=T_e^*-T_e>0$，其符号函数 sgn（ΔT_e） = 1，在表 7-1 中是第 3 列第 1 行，应选择合适的电压空间矢量使定子磁动势正向旋转，从而使实际转矩 T_e 增大；实际选择的电压空间矢量须同时满足 $\Delta\Psi_s$ 和 ΔT_e 的要求。此时，如果定子磁链位于第Ⅰ扇区的 0 位，由图 7-17 可见，要同时满足 $\Delta\Psi_s$ 和 ΔT_e 的要求，应选择电压空间矢量 $\boldsymbol{u}_2$，见表 7-1 的第 4 列第 1 行；如果定子磁链位于 π/6 处，由图 7-17，可选择电压空间矢量 $\boldsymbol{u}_3$，见表 7-1 的第 6 列第 1 行。在 P/N = 1，sgn（$\Delta\Psi_s$） =1的情况下，若电磁转矩偏差为负，即 $\Delta T_e = T_e^* - T_e < 0$，其符号函数 sgn（$\Delta T_e$） =0，在表 7-1 中是第 3 列第 2 行，一般选择电压空间矢量为零矢量，使定子磁动势停止转动，从而使实际转矩 T_e 减小。至于零矢量究竟是 $\boldsymbol{u}_0$ 还是 $\boldsymbol{u}_7$，可按开关损耗最小的原则选取。其他情况下定子电压空间矢量的选择可依此类推。

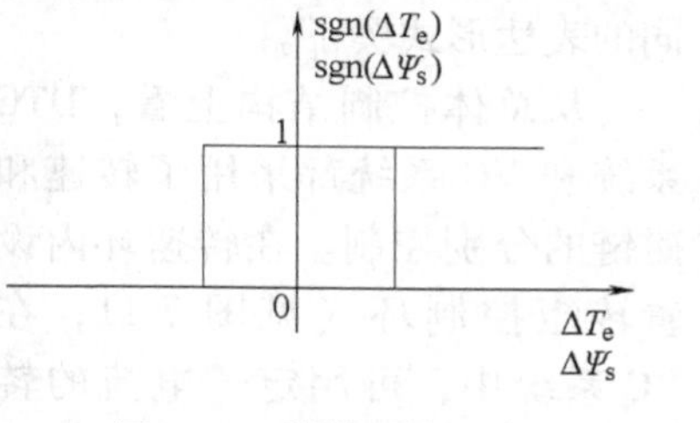

图 7-19 带滞环的双位式砰-砰控制器

表 7-1 电压空间矢量选择表

P/N	sgn（$\Delta\Psi_s$）	sgn（ΔT_e）	0	$0\sim\frac{\pi}{6}$	$\frac{\pi}{6}$	$\frac{\pi}{6}\sim\frac{\pi}{3}$	$\frac{\pi}{3}$
1	1	1	$\boldsymbol{u}_2$	$\boldsymbol{u}_2$	$\boldsymbol{u}_3$	$\boldsymbol{u}_3$	$\boldsymbol{u}_3$
		0	$\boldsymbol{u}_1$	$\boldsymbol{u}_0$，$\boldsymbol{u}_7$	$\boldsymbol{u}_0$，$\boldsymbol{u}_7$	$\boldsymbol{u}_0$，$\boldsymbol{u}_7$	$\boldsymbol{u}_0$，$\boldsymbol{u}_7$
	0	1	$\boldsymbol{u}_3$	$\boldsymbol{u}_3$	$\boldsymbol{u}_4$	$\boldsymbol{u}_4$	$\boldsymbol{u}_4$
		0	$\boldsymbol{u}_4$	$\boldsymbol{u}_0$，$\boldsymbol{u}_7$	$\boldsymbol{u}_0$，$\boldsymbol{u}_7$	$\boldsymbol{u}_0$，$\boldsymbol{u}_7$	$\boldsymbol{u}_0$，$\boldsymbol{u}_7$
0	1	1	$\boldsymbol{u}_1$	$\boldsymbol{u}_0$，$\boldsymbol{u}_7$	$\boldsymbol{u}_0$，$\boldsymbol{u}_7$	$\boldsymbol{u}_0$，$\boldsymbol{u}_7$	$\boldsymbol{u}_0$，$\boldsymbol{u}_7$
		0	$\boldsymbol{u}_6$	$\boldsymbol{u}_6$	$\boldsymbol{u}_6$	$\boldsymbol{u}_1$	$\boldsymbol{u}_1$
	0	1	$\boldsymbol{u}_4$	$\boldsymbol{u}_0$，$\boldsymbol{u}_7$	$\boldsymbol{u}_0$，$\boldsymbol{u}_7$	$\boldsymbol{u}_0$，$\boldsymbol{u}_7$	$\boldsymbol{u}_0$，$\boldsymbol{u}_7$
		0	$\boldsymbol{u}_5$	$\boldsymbol{u}_5$	$\boldsymbol{u}_5$	$\boldsymbol{u}_6$	$\boldsymbol{u}_6$

按上述规律控制的原始的 DTC 系统存在如下的问题：

1）由于采用砰-砰控制，实际转矩必然在上下限内脉动，而不是完全恒定的；

2）由于磁链计算采用了带积分环节的电压模型，积分初值、累积误差和定子电阻的变化都会影响磁链计算的准确度。

这两个问题的影响在低速时比较显著，使 DTC 系统的调速范围受到限制。因此抑制转矩脉动、提高低速性能便成为改进原始的 DTC 系统的主要方向。

7.6.4 直接转矩控制系统与矢量控制系统的比较

DTC 系统和 VC 系统都是已获实际应用的高性能交流调速系统。两者都采用转矩（转速）和磁链分别控制，都是基于异步电动机动态数学模型设计的，数学模型的结构都是同样的多变量非线性系统，如图 7-20 所示。图中，给定输入变量为 u_{sd}、u_{sq}和 ω_1，负载转矩 T_L 是扰动输入变量，ω 和 Ψ_r（VC）或 Ψ_s（DTC）的 d、

q 分量是输出变量。两种系统的控制基础是相同的，只是所用的状态方程式采用不同的表达形式罢了。

从总体控制结构上看，DTC 系统和 VC 系统都采用了转速和磁链的分别控制。在转速环内设置转矩控制环（见图 7-11，在 VC 系统中，可用定子电流的转矩分量 i_{st} 内环代替转矩内环），其主要作用就是抑制磁链变化对转速子系统的影响，从而使转速和磁链子系统实现了近似的解耦。有人以为，DTC 系统没有采用旋转坐标变换把定子电流分解成励磁分量和转矩分量，就是没有解耦，这是一种误解。对于一个多变量系统，所谓解耦就是能不能把它分解成相对独立的单变量子系统来进行控制，DTC 系统采用转速和磁链分别控制，并用转矩内环抑制磁链变化对转速的影响，因而也是解耦的。

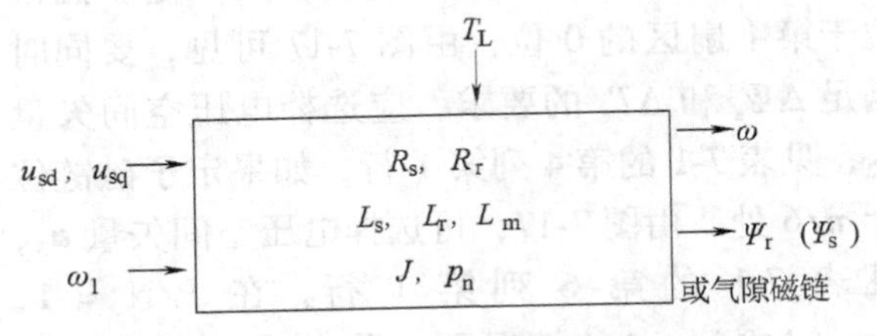

图 7-20 异步电动机多变量非线性动态数学模型

由此可见，DTC 系统和 VC 系统的基本控制结构是相同的，都能获得较高的静、动态性能，这是两种系统的基本性质。

当然，由于两种系统在具体控制方案上的区别，两者在控制性能上又各有特色。在一般情况下，DTC 系统可以获得更快的动态转矩响应（由于没有电流内环，须注意限制最大冲击电流），而 VC 系统则具有更好的低速稳态性能，从而可以获得更宽的调速范围。因此，VC 系统更适用于宽范围调速系统和伺服系统，而 DTC 系统则更适用于需要快速转矩响应的大惯量运动控制系统（如电力机车）。表 7-2 列出了两种系统的特点及其性能的比较。

表 7-2 DTC 系统和 VC 系统的特点与性能比较

性能与特点	DTC 系统	VC 系统
磁链控制	定子磁链	转子磁链
转矩控制	砰-砰控制，有转矩脉动	连续控制，比较平滑
坐标变换	静止坐标变换，较简单	旋转坐标变换，较复杂
转子参数变化影响	无①	有
调速范围	原始系统不够宽，现已有改进	宽

① 有时为了提高调速范围，在低速时改用电流模型计算磁链，则转子参数变化对 DTC 系统也有影响。

现在，DTC 和 VC 两种系统的产品都在朝着克服其缺点的方向前进，如果在现有的 DTC 系统和 VC 系统之间取长补短，构成新的控制系统，应该能够获得更为优越的控制性能，这是一个很有意义的研究方向。

7.6.5 改善直接转矩控制系统性能的方案

针对原始 DTC 系统的不足，许多学者和工程师进行了辛勤的研发工作，使其性能得到不同程度的改善，改进方案有：

1）磁链和转矩的砰-砰控制以及由其输出信号直接选择逆变器的电压空间矢量这一基本框架不变，具体改进方法如下[40,41]：

①对磁链偏差实行细化，使磁链轨迹接近圆形；

②对转矩偏差实行细化，直接减少转矩脉动；

③对电压空间矢量实行无差拍调制或预测控制；

④对电压空间矢量实行智能控制[42]。

2）改砰-砰控制为连续控制：

①间接自控制（ISR）系统[43,44]；

②按定子磁链定向的控制系统[3,45]。

1. 间接自控制（ISR）系统

20 世纪 90 年代初，德国鲁尔大学 EAEE 研究室在 Depenbrock 教授和 Steimel 教授的领导下提出了作为 DSR 系统改进方案的间接自控制（Indirekt Selbstregelung，ISR）系统，如图 7-21 所示。其中，将砰-砰控制器改为连续的 PI 调节器，用定子磁链调节器对定子磁链幅值进行闭环控制，以建立圆形的定子磁链轨迹，又根据电磁转矩调节器推算出磁链矢量增量所对应的角度 $\Delta\theta$，最后按照两个调节器的输出合成推算出定子电压矢量，求得相应的逆变器开关状态。可以看出，ISR 系统舍去了 DTC 系统中的砰-砰控制，而采用与 VC 系统相似的线性调节器，只是在控制算法上，将定子磁链的幅值与角度分开，利用转矩的偏差来推算磁链矢量的角度，这样做虽然可以实现连续控制，但在算法中又引入转子参数，从而牺牲了 DTC 系统的鲁棒性。

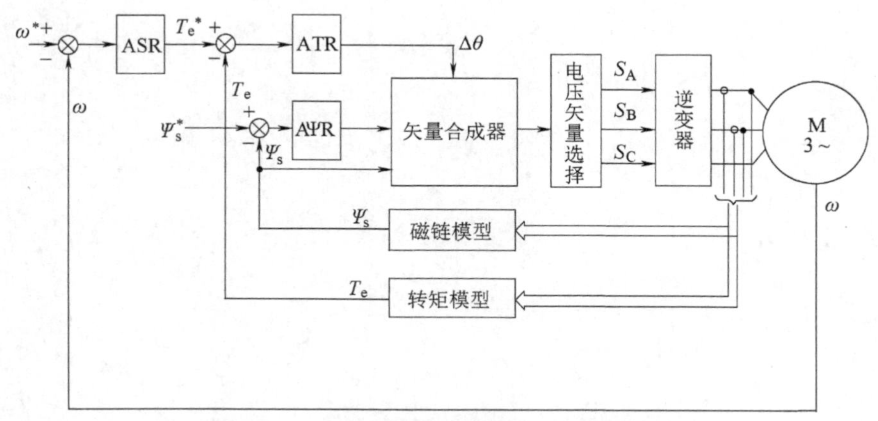

图 7-21 间接自控制（ISR）系统原理框图

2. 按定子磁链定向的 VC 系统

另外一种将 DTC 和 VC 融合起来取长补短的方案是按定子磁链定向的 VC 系统。按定子磁链定向后，使 $\Psi_{sd}=\Psi_s$，而 $\Psi_{sq}=0$，于是电磁转矩 $T_e=p_n i_{sq}\Psi_s$，似乎也能够得到类似直流电动机的转矩特性了。实际上，将 $\Psi_{sd}=\Psi_s$ 和 $\Psi_{sq}=0$ 代入状态方程式的第 2 式和第 4 式后得

$$\frac{\mathrm{d}\Psi_s}{\mathrm{d}t}=-R_s i_{sd}+u_{sd}$$

$$u_{sd}=\sigma L_s\frac{\mathrm{d}i_{sd}}{\mathrm{d}t}-\frac{1}{T_r}\Psi_s+\left(R_s+\frac{L_s}{T_r}\right)i_{sd}-\sigma L_s\omega_s i_{sq}$$

将两式合并，再用 p 代替微分符号 d/dt，得

$$(T_r p+1)\Psi_s=(\sigma T_r p+1)L_s i_{sd}-\sigma L_s T_r\omega_s i_{sq}$$

由此可见，按定子磁链定向时，Ψ_s 并非由定子电流的 d 轴分量唯一决定，还同时受到 q 轴分量 i_{sq} 的影响。采用 i_{sq} 补偿控制抵消掉 $-\sigma L_s T_r\omega_s i_{sq}$ 项，才能实现定子电流分量的解耦[3,45]。但是，这种补偿控制的算法又受到转子参数 T_r 的影响，从而牺牲了控制系统的鲁棒性。为了解决这个问题，对系统模型作进一步的研究，可以得到避开转子参数影响的、按定子磁链定向的 VC 系统[46,47]。

第8章 异步电机转差功率馈送型控制系统——绕线转子异步电机双馈控制和串级调速

除笼型异步电动机外，绕线转子异步电动机在实践中也有应用。由于这类异步电动机在结构上的特点，它的转子绕组能通过集电环与外部电气设备相连接，因而除了可在其定子侧控制电压、频率等物理量以实现对电动机的控制以外，在转子侧也能进行控制。

以往广泛使用的在转子侧控制电动机的方法是在转子回路中串入可调电阻，利用改变电阻值获得电动机的不同机械特性，以实现电气传动的转速调节。这种调速方法比较简单，但从调速的技术性能与经济性能来看，有较多的不足之处，其主要缺点可以归纳如下：

1）这种方法是通过增大异步电动机转子回路的电阻值来降低电动机转速的。当电动机轴上带有恒转矩负载时，转速越低，转差功率就越大，而这些转差功率又全部被转化为热能消耗在转子回路电阻上。所以它属于低效率的调速方法，而且调速越深，效率越低。

2）用这种方法调速时，由于电动机的极对数与施加于定子侧的电压、频率都不变，所以电动机的同步转速也不变。这时同步转速就是理想空载转速，电气传动系统的机械特性是一簇通过理想空载转速点的特性，调速时机械特性随着转子回路所串入电阻值的增大而变软，从而大大降低了电气传动系统的稳态调速准确度。

3）在实际应用中，由于串入电动机转子回路的附加电阻级数有限，电阻值不可能平滑地变化，因而无法实现平滑调速。

上述三个问题使转子回路串电阻调速方法不可能应用于要求高性能调速的场合，要让绕线转子异步电动机实现较高性能的调速和控制，必须寻求效率更高、性能更好的途径，一种办法是：把电动机绕线转子回路与外部电力电子装置连接起来，通过调节绕线转子与外部装置间所馈送（馈入或馈出）的电功率来控制电动机，则系统的效率应该高于转子回路串接电阻时纯粹消耗电能的情况。这种在转子侧馈出或馈入电功率从而控制电动机的系统称为双馈（Double Fed，DF）控制系统。

8.1 绕线转子异步电机双馈时的转子回路

绕线转子异步电机定子由电网供电，转子回路与外部电力电子装置连接，改变转子侧的什么物理量可以控制电机的转速而不过多地增加损耗呢？可以设想，如果改变转子的电动势，应该能控制转子侧输出或输入的电功率，而不增加转子回路的损耗。下面具体研究改变转子电动势所产生的效果。

8.1.1 异步电机转子回路附加电动势的作用

异步电机运行时其转子相电动势为

$$E_r = sE_{r0} \tag{8-1}$$

式中 s——异步电机的转差率；

E_{r0}——绕线转子异步电机在转子不动时的相电动势，或称为转子开路电动势，也就是转子额定相电压值。

式（8-1）表明，绕线转子异步电机工作时，其转子电动势 E_r 值与转差率 s 成正比。此外，转子频率 f_2 也与 s 成正比，$f_2 = sf_1$。

当转子短路时，转子相电流 I_r 的表达式为

$$I_r = \frac{sE_{r0}}{\sqrt{R_r^2 + (sX_{r0})^2}} \tag{8-2}$$

式中 R_r——转子绕组每相电阻；

X_{r0}——$s=1$ 时的转子绕组每相漏抗。

如果在转子回路中串入一个可控的交流附加电动势 E_{add}（见图 8-1），则此附加电动势与转子电动势 E_r 有相同的频率，并与 E_r 同相串接（$+E_{add}$）或反相串接（$-E_{add}$），则转子相电流为

$$I_r = \frac{sE_{r0} \pm E_{add}}{\sqrt{{R_r}^2 + (sX_{r0})^2}} \tag{8-3}$$

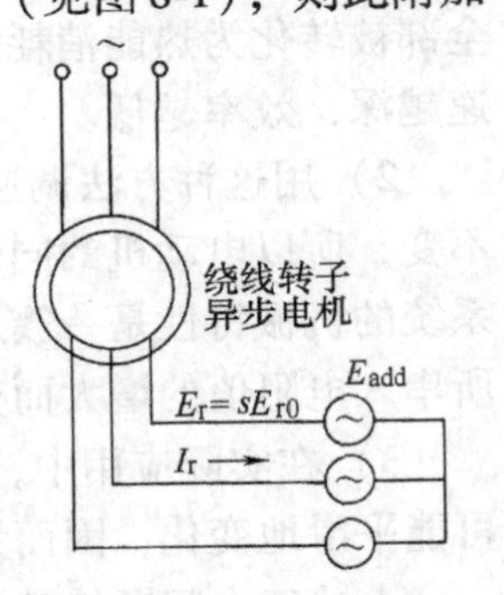

图 8-1 绕线转子异步电机转子附加电动势的原理电路

当电机处于电动状态时，转子电流 I_r 与负载大小有直接关系。如果电机带有恒定的负载转矩 T_L，则不论转速高低，可以近似地认为转子电流都不变，这时在不同 s 值下的式（8-2）与式（8-3）应相等。设在未串入附加电动势前，电机原在某一转差率 s_1 下稳定运行。引入同相串接的附加电动势后，电机转子回路的合成电动势增大了，转子电流和电磁转矩也相应地增大，由于负载转矩未变，电机必然加速，因而 s 降低，转子电动势 $E_r = sE_{r0}$ 随之减小，转子电流也逐渐减小；直至转差率降低到 s_2（$< s_1$）时，转子电流 I_r 又恢复到负载所需的原值，电动机便进入新的更高转速的稳定状态。同理可知，若减少 $+E_{add}$ 或串入反相的附加电动势 $-E_{add}$，则可使电机的转速降低。此时式（8-2）与式（8-3）的电流方程为

$$I_r = \frac{s_1 E_{r0}}{\sqrt{R_r^2 + (s_1 X_{r0})^2}} = \frac{s_2 E_{r0} \pm E_{add}}{\sqrt{R_r^2 + (s_2 X_{r0})^2}}$$

所以，在绕线转子异步电机的转子侧引入可控的附加电动势可以调节电机的转速。

8.1.2 转子回路的电力变流单元

异步电机转子电动势与电流的频率在不同转速下有不同的数值（$f_2 = sf_1$），其值与交流电网的频率往往不一致，所以不能把电机转子直接与交流电网相连，必须通过一个中间变换环节才能连接到交流电网。换言之，恒压恒频（工频）的交流电网不能直接向电机转子提供可变压变频的附加电动势，需要通过中间变换环节来解决。比较方便的办法是将转子电压先整流成直流电压，也就是说，在中间变换环节中先采用一组不可控整流器，输出直流电压，然后再引入一个附加的直流电动势，控制此直流电动势的幅值，就可以调节异步电机的转速。这样，就把复杂的交流变压变频问题转化为与频率无关的直流变压问题，对问题的分析与工程实现都方便多了。当然对这一直流附加电动势要有一定的技术要求。首先，它应该是平滑可调的，以满足对电机转速平滑调节的要求；其次，从节能的角度看，希望产生附加直流电动势的装置能够吸收从异步电机转子侧经过整流器传递过来的转差功率，并加以利用。根据以上两点要求，可以采用工作在有源逆变状态的晶闸管可控整流装置作为产生附加直流电动势的电源，这又是一个中间变换环节。两个中间变换环节除了有频率变换功能外，主要的功能是进行功率的变换与传递，称为电力变流单元（Power Converter Unit，PCU），如图 8-2 所示，其中，PCU1 为整流器，PCU2 为有源逆变器。

上述由二极管不控整流器和晶闸管有源逆变器组成的转子回路电力变流装置只能用于双馈调速中由转子回路馈出电功率的系统，又称为串级调速系统（详见 8.3 节）。对于既需要由转子回路馈入电功率又需要馈出电功率的双馈系统，电力变流装置必须是可逆的，需要用可控器件组成的交-直-交变频器，现多用 IGBT 等可控开关器件，如图 8-3 所示，其中 PCU1 和 PCU2 都是可兼作可控整流和逆变单元。由此还可看出，双馈系统实际上是一类转子变频控制系统。

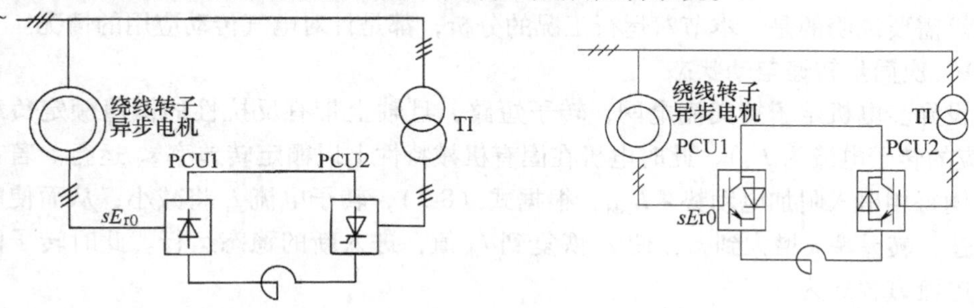

图 8-2　转子回路馈出电功率的电力变流单元

图 8-3　转子回路馈出和馈入可逆的电力变流单元

顺便指出，双馈系统的转子电力变流装置也可用由晶闸管组成的交-交变频器。因为双馈系统适用于大功率、有限调速范围的场合，一般调速范围最高为 1.4 ~ 1.5。即使电机在超同步电动状态下工作，受到转子绕组机械强度的限制，超过同步转速的程度也不会很高，交-交变频器正适用于这种情况。

8.2 异步电机双馈控制的五种工况

所谓"双馈"，就是指把绕线转子异步电机的定子绕组和转子绕组分别与交流电网和其他含交流电动势的电路相连接，使它们可以进行电功率的相互传递。至于电功率是馈入定子绕组和/或转子绕组，还是由定子绕组和/或转子绕组馈出，则要视电机的工况而定。

如 8.1.1 节所述，在绕线转子异步电机转子侧引入一个可控的附加电动势并改变其数值，就可以实现对电机转速的调节。这个调节过程必然在转子侧形成功率的传输，可以是把转子侧的转差功率传输到与之相连的交流电网或外电路中去，也可以是从外接交流电路或电网传输功率到电机转子中来。从功率传输的角度看，是用控制异步电机转子中转差功率的大小与流向来实现对电机转速的调节。

忽略机械损耗和杂散损耗时，异步电机在任何工况下的功率关系都可写作

$$P_m = sP_m + (1-s)P_m \tag{8-4}$$

式中 P_m——从电机定子传给转子（或由转子传给定子）的电磁功率；

sP_m——输入或输出转子回路的功率，即转差功率；

$(1-s)P_m$——从电机轴上输出或输入的功率。

当电机工作在电动状态时，P_m 和 s 均为正值。

由于转子侧串入附加电动势极性和大小的不同，s 和 P_m 都是可正可负的，因而从功率传输角度看，绕线转子异步电机双馈控制系统可以有下述五种不同的工作状况。需要说明的是，本节对运行工况的分析，都是针对电气传动应用的情况。

8.2.1 次同步转速电动状态

设异步电机定子接交流电网，转子短路，且轴上带有反抗性的恒值额定负载（对应的转子电流为 I_{rN}），此时电机在固有机械特性上以额定转差率 s_N 运行。若在转子侧每相串入附加电动势 $-E_{add}$，根据式（8-3），转子电流 I_r 将减小，从而使电机减速，转差率 s 增大到 s_1，使 I_r 恢复到 I_{rN} 值，进入新的稳态运行。此时转子回路的电流方程式为

$$I_{rN} = \frac{s_1 E_{r0} - E_{add}}{\sqrt{R_r^2 + s_1^2 X_{r0}^2}} \qquad (s_1 > s_N)$$

如果不断加大 $|-E_{add}|$ 值，将使 s 值不断增大，实现了对电机的调速。

由于轴上带有反抗性负载，此时电动机在 T_e-n 坐标系的第一象限作电动运行，转差率为 $0<s<1$。对照式（8-4）可知，在此工况下电机从定子侧输入功率，轴上输出机械功率，而转差功率在扣除转子损耗后通过电力变流单元PCU从转子侧馈送到电网，功率流程如图8-4a所示。由于电机在低于同步转速下工作，故称为次同步转速的电动运行。

以下讨论都以图8-4a中箭头所示方向作为功率传输的正方向。

8.2.2 反转倒拉制动状态

设异步电机原在转子侧已接入一定数值 $-E_{add}$ 的情况下作低速电动运行，其轴上带有位能性恒转矩负载（这是进入倒拉制动运行的必要条件）。此时若继续增大 $|-E_{add}|$ 值，且使 $|-E_{add}|>E_{r0}$，根据式（8-3）的平衡条件，可使 $s>1$，则电机将反转。这表明在反相附加电动势与位能负载外力的作用下，可以使电机进入倒拉制动运行状态（在 T_e-n 坐标系的第四象限）。$|-E_{add}|$ 值越大，电动机的反向转速越高。由于 $s>1$，故式（8-4）可改写为 $P_m+|(1-s)|P_m=sP_m$。此时，由电网输入电机定子的功率加上由负载输入电机轴的功率一起合成转差功率，并从转子侧馈送给电网，如图8-4b所示。

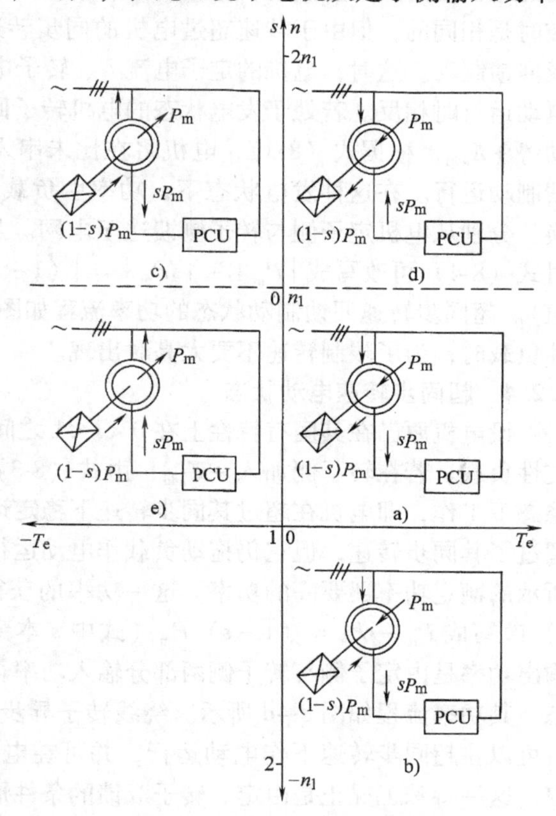

图8-4 异步电机在转子附加电动势时的工况及功率流程

a）次同步转速电动状态 b）反转倒拉制动状态 c）超同步转速回馈制动状态 d）超同步转速电动状态 e）次同步转速回馈制动状态

必须指出，在这种工况中，由于电机输出的转差功率 sP_m 较大，要求电力变流单元的装置功率也较大，增加了初始投资，所以这种倒拉制动方法非必要时很少应用。

8.2.3 超同步转速回馈制动状态

进入这种运行状态的必要条件是有位能性机械外力作用在电机轴上，并使电机能在超过其同步转速 n_1 的情况下运行。典型的工况为电机拖动车辆下坡的运动。

当车辆上坡时，由电机拖动车辆作电动运行。变为下坡后，如果车辆重量所形成的坡向分力能克服各种摩擦阻力而导致车辆下滑；为了防止下坡速度过高，被车辆拖动的电机便需要产生制动转矩，以限制车辆的下坡速度。此时电机的运转方向和上坡时是相同的，但由于转速超过电机的同步转速 n_1，转差率 $s<0$，使运行状态变成回馈制动。这时，电机的定子电流 I_s、转子电流 I_r 和转子电动势 sE_{r0} 的相位都与电动运行时相反。若处于发电状态的电机转子回路再串入一个与 sE_{r0} 反相的附加电动势 $+E_{add}$，根据式（8-3），电机将在比未串入 $+E_{add}$ 时的转速更高的状态下作回馈制动运行。在这种发电状态下，功率由负载通过电机轴输入，经过机电能量变换，分别从电机定子侧与转子侧馈送至电网。从式（8-4）也可看出这个结果，此时式（8-4）可改写成 $|P_m|+|sP_m|=|(1-s)P_m|$（式中，P_m 与 s 本身都为负值）。超同步转速回馈制动状态的功率流程如图 8-4c 所示。这种工况只有在带位能性负载时，为了限制转速不要太高时出现。

8.2.4 超同步转速电动状态

设电机原已在其固有特性上在 $0<s<1$ 之间作电动运行，轴上拖动恒转矩的反抗性负载。若在转子侧加入 $+E_{add}$，由式（8-3）可知，电机将加速到 $s<0$ 的新的稳态下工作，即电机在超过其同步转速下稳定运行。必须指出，此时电机转速虽然超过了其同步转速，但它仍拖动负载作电动运行，因此电机轴上可以输出比其铭牌所示的额定功率还要高的功率。这一功率的获得可以从式（8-4）看出。把式（8-4）改写成 $P_m-sP_m=(1-s)P_m$（式中 s 本身为负值），此式表明，电机轴上的输出功率是由定子侧与转子侧两部分输入功率合成的，电机处于定、转子双输入状态，其功率流程如图 8-4d 所示。绕线转子异步电机在转子回路中串入附加电动势后可以在超同步转速下作电动运行，并可在电机轴上输出超过其额定值的机械功率，这一特殊工况正是由定、转子双馈的条件形成的。至于本工况能否应用，主要视电机的超速能力与机械承受能力而定。

8.2.5 次同步转速回馈制动状态

为了提高生产率，很多工作机械希望其电气传动装置能够缩短减速和停车的时间，因此必须使运行在低于同步转速电动状态的电机切换到回馈制动状态下工作。那么，异步电机在转子附加电动势后能否满足这一要求呢？设电机原在低于同步转速下作电动运行，其转子侧已加入一定的 $-E_{add}$（注意在电动状态工作时，$|-E_{add}|<sE_{r0}$）。现若增大 $|-E_{add}|$ 值，并使 $|-E_{add}|$ 大于此时的 sE_{r0}，由式（8-3）可知，I_r 变为负值，电机进入回馈制动状态，即在 $0<s<1$ 范围内的第二象限工作。在这个象限内，电机不可能稳定运行，而是在制动转矩作用下不断减速，必须随电机转差率的增大而相应地增大 $|-E_{add}|$ 值，以维持所需的制动转矩。

必须说明，I_r 变为负值，在电机相量图上表现为 $\dot{I}_r$ 反相，但不一定反相 180°。

从图 8-5 所示的电机相量图可知，相应的定子电流相量 $\dot{I}_s$ 的相位也变了，从而使定子电压相量 $\dot{U}_s$ 与定子电流相量 $\dot{I}_s$ 之间的夹角 $\varphi_s>90°$。当 $\varphi_s>90°$时，三相异步电机的输入功率 $P_1=3U_sI_s\cos\varphi_s$ 变负，说明是由电机定子侧输出功率给电网，电机变成发电状态而处于回馈制动状态，并产生制动转矩，以加快减速停车过程。回馈电网的功率一部分由负载的机械功率转换而成，不足部分则由转子提供。由式（8-4）可知，电机的功率关系为 $|P_m|=(1-s)|P_m|+s|P_m|$，此时转子从电网获取转差功率$s|P_m|$，功率流程如图 8-4e 所示。

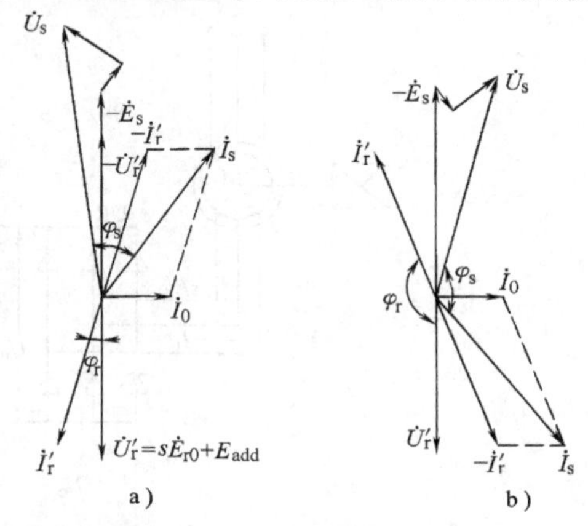

图 8-5　异步电机在次同步转速下运行时的相量图
a）电动运行状态　b）回馈制动状态

8.3　绕线转子异步电动机串级调速系统

由于全控型电力电子器件组成的变频器在 20 世纪 90 年代后期才被广泛应用，在此以前，工业上所见的绕线转子异步电动机双馈调速系统基本上是工作在 8.2.1 节所述的次同步电动状态，且以大功率的工业水泵、风机作为拖动对象为主。受当时电力电子器件水平所限，调速系统中与绕线转子异步电动机转子相连的三相不可控整流装置由功率二极管组成（图 8-2 中的 PCU1），而工作在有源逆变状态的三相可控整流装置则由晶闸管组成（图 8-2 中的 PCU2）。这样组成的异步电动机调速系统称为绕线转子异步电动机串级调速系统。这类调速系统在各行业中都有所应用。近年来，随着电力电子变频技术的发展，PCU2 较多采用由 IGBT 等开关器件组成的 PWM 逆变器（详见第 4 章），以取代晶闸管有源逆变装置，这样可以克服晶闸管装置带来的一些缺点。但由于现存设备中基本都采用晶闸管装置，故本章仍按由晶闸管有源逆变装置组成的电气串级调速系统进行论述。

8.3.1　电气串级调速系统的组成

按照上述图 8-2 原理组成的异步电动机串级调速系统原理电路如图 8-6 所示。按国家标准称之为电气串级调速系统（国际上通称为 Scherbius 系统）。图中，M 为三相绕线转子异步电动机，其转子相电动势 sE_{r0} 经三相不可控整流装置 UR 整流，输出直流电压 U_d。工作在有源逆变状态的三相可控整流装置 UI 提供了可调的直流电压 U_i，作为电动机调速所需的附加直流电动势，同时将经 UR 整流输出的转差功率逆变后回馈到交流电网。TI 为逆变变压器（其功能和特点将在后面详细讨论），L 为平波电抗器。U_d 和 U_i 的极性以及直流电路电流 I_d 的方向如图 8-6 中所示。显然，系统在稳定工作时，必有 $U_d > U_i$。

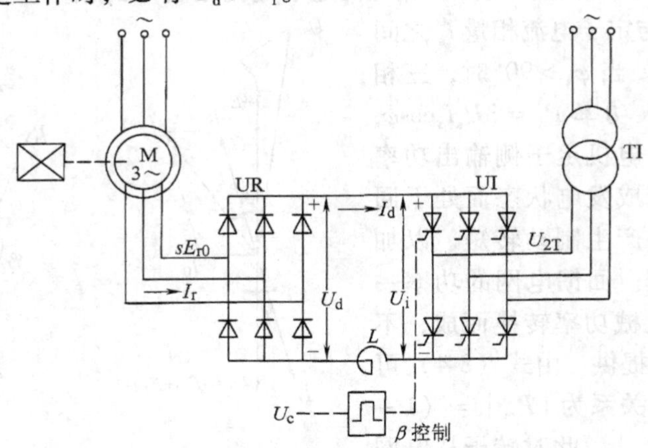

图 8-6　异步电动机串级调速系统原理电路

由此可以写出整流后的转子直流回路电压平衡方程式

$$U_d = U_i + I_d R$$

或
$$K_1 sE_{r0} = K_2 U_{T2}\cos\beta + I_d R \tag{8-5}$$

式中　K_1、K_2——UR 与 UI 两个变流装置的电压变流系数，如两者都是三相桥式整流电路，则 $K_1 = K_2 = 2.34$；

U_{T2}——逆变变压器的二次相电压，对于既定的电气串级调速系统，它是恒值；

β——工作在逆变状态的可控整流装置 UI 的触发超前角；

R——转子直流回路总电阻。

从式（8-5）可以看出，U_d 中包含了电动机的转差率，而 I_d 与电动机转子交流电流 I_r 之间有固定的比例关系，它近似地反映了电动机电磁转矩的大小，而 β 角是控制变量。所以该式可以看作是在串级调速系统中异步电动机机械特性的间接表达式 $s = f(I_d, \beta)$。

8.3.2　串级调速系统的起动、调速与停车

1. 起动、调速、停车的控制过程

串级调速系统起动、调速与停车三种运行过程中的关键问题是如何获得加减速时所需的电磁转矩。下面讨论的前提是，电动机轴上带有反抗性的恒转矩负载。

（1）起动　当异步电动机静止不动时，$s = 1$，转子电动势为 E_{r0}，因此 $U_d = K_1 E_{r0}$。控制触发超前角 β，使在起动开始的瞬间，U_d 与 U_i 的差值能产生足够大的电流 I_d，以满足所需的电磁转矩，但又不超过允许的电流值，这样电动机就可在一定的动态转矩下加速起动。随着异步电动机转速的增高，其转子电动势减少，为了

维持加速过程中动态转矩基本恒定，必须相应地增大 β 角，以减小 U_i 值，维持（$U_d - U_i$）基本恒定。当电动机加速到所需转速时，停止调整 β 角，电动机即在此转速下稳定运行。设此时的 $s = s_1$、$\beta = \beta_1$，则式（8-5）可写作

$$K_1 s_1 E_{r0} = K_2 U_{2T} \cos\beta_1 + I_{dL} R$$

式中　I_{dL}——对应于负载转矩的转子直流回路电流。

（2）调速　改变 β 角的大小就可以调节电动机的转速。当增大 β 角，使 $\beta = \beta_2 > \beta_1$ 时，按式（8-5），逆变电压就会减少，但因机械惯性作用，电动机的转速尚不能立即改变，$K_1 s_1 E_{r0}$ 也不会立即变化，所以 I_d 将增大，电磁转矩也增大，因而产生动态转矩使电动机加速。随着电动机转速的增高，$K_1 s E_{r0}$ 减少，I_d 回降，直到产生下式所示的新的平衡状态，电动机乃在增高了的转速下稳定运行。

$$K_1 s_2 E_{r0} = K_2 U_{2T} \cos\beta_2 + I_{dL} R$$

其中，$\beta_2 > \beta_1$，$s_2 < s_1$。同理，减小 β 角时可使电动机在降低了的转速下稳定运行。

（3）停车　电动机的停车有制动停车与自由停车两种。在制动停车时，需要电动机产生制动转矩，此时应该从转子侧输入电功率。在串级调速系统中，与转子连接的是不可控整流装置，不可能向转子输入电功率；因此，串级调速系统没有制动停车功能。只能靠减小 β 角逐渐减速，并依靠负载阻转矩的作用自由停车。

根据以上对串级调速系统工作原理的讨论，可以得出下列结论：① 串级调速系统能够靠调节触发超前角 β 实现平滑无级调速；② 系统能把异步电动机的转差功率回馈给交流电网，从而使扣除调速装置损耗后的转差功率得到有效利用，以提高调速系统的效率。

2. 起动与停车的控制装置

串级调速系统是依靠逆变器提供附加电动势而工作的，为了使系统工作正常，对系统的起动与停车控制必须有合理的措施予以保证。总的原则是，在起动时，必须使逆变器先于电动机接上电网，停车时，则比电动机后脱离电网，以防止逆变器交流侧断电，使晶闸管无法关断，造成逆变器的短路事故。

串级调速系统的起动方式通常有间接起动和直接起动两种。

（1）间接起动　大部分采用串级调速的设备是不需要从零速到额定转速作全范围调速的，特别对于风机、泵、压缩机等机械，其调速范围本来就不大，只需要从额定转速降低到一定的最低转速，例如额定转速的 1/3，这时附加电动势就只需额定转子电压的 1/3，因而串级调速装置的容量可以选得比电动机小得多。如果用这样的串级调速装置直接起动，它必须承受额定转子电压，从而使装置遭受过电压而损坏。因此，必须采用间接起动方式，即将电动机转子先用外接电阻或频敏变阻器起动，待转速升高到串级调速系统的设计最低转速时，才把串级调速装置投入运行。由于这类机械不经常起动，所用的起动电阻等都可按短时工作制选用，容量与体积都较小。从串接电阻起动换接到串级调速可以利用对电动机转速的检测或利用

时间原则自动控制。

图 8-7 所示是间接起动控制原理电路。起动操作顺序如下：先合上装置电源总开关 Q，使逆变器在 β_{min}（逆变电压为最大值）下等待工作。然后先接通接触器 KM1，接入起动电阻 R，再接通 KM0，把电动机定子回路与电网接通，电动机便以转子回路串接电阻的方式起动。待起动到所设计的 n_{min}（s_{max}）时，接通 KM2，使电动机转子接到串级调速装置，同时断开 KM1，切断起动电阻，此后电动机就可以串级调速的方式继续加速到所需的转速运转。不允许在未达到设计最低转速以前就把电动机转子回路与串级调速装置接通，否则转子电压会超过整流器件的电压定额而损坏器件，所以转速检测或起动时间的计算必须准确。停车时，由于没有制动作用，应先断开 KM2，使电动机转子回路与串级调速装置脱离，再断开 KM0，以防止当 KM0 断开时在转子侧感生分闸过电压而损坏整流器与逆变器。

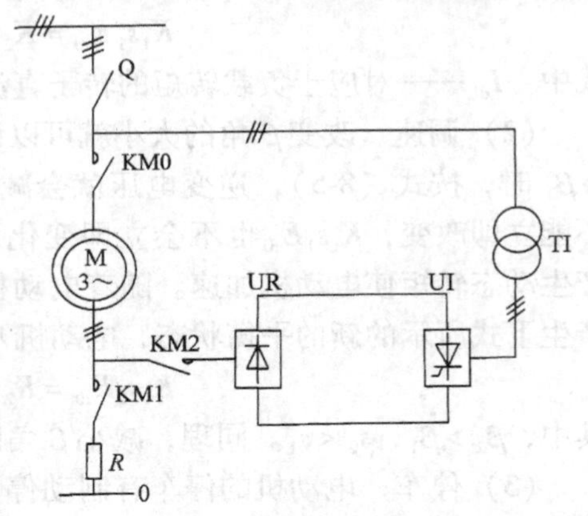

图 8-7 串级调速系统间接起动控制原理电路

如果生产机械许可，也可以不用检测到最低转速时切换，而让电动机在串电阻方式下直接起动到最高转速，再切换到串级调速，然后按工艺要求调低到所需要的转速运行。这种起动方式可以保证整流器与逆变器不致承受超过定额的电压，工作安全。但电动机要先升到最高转速，再通过减速达到工作转速，这对于有些生产机械是不允许的。

（2）直接起动 直接起动又称串级调速方式起动，用于可在全范围调速的串级调速系统。在起动控制时，让逆变器先于电动机接通交流电网，然后使电动机的定子与交流电网接通，此时转子呈开路状态，可防止因电动机起动时的合闸过电压通过转子回路损坏整流装置，最后再使转子回路与整流器接通。在图 8-7 中，接触器的工作顺序为 Q—KM0—KM2，此时不需要起动电阻。当转子回路接通时，由于转子整流电压小于逆变电压，直流回路无电流，电动机尚不能起动。待发出给定信号后，随着 β 的增大，逆变电压降低，产生直流电流，电动机才逐渐加速，直至达到给定转速。

8.3.3 异步电动机串级调速机械特性的特征

在串级调速系统中，异步电动机转子侧整流器的输出量 U_d、I_d 分别与异步电动机的转速和电磁转矩有关。因此，可以从电动机转子直流回路着手来分析异步电动机在串级调速时的机械特性。本节讨论异步电动机串级调速机械特性的主要特征，看看它与正常接线或转子回路串接电阻调速时的机械特性有什么异同。有关异步电动机串级调速机械特性表达式的详细推导请参阅本书第2版3.3节。

1. 理想空载转速

绕线转子异步电动机转子回路串电阻调速时，理想空载转速就是同步转速，而且恒定不变。在串级调速系统中，由于电动机的极对数与旋转磁场转速都不变，同步转速也是恒定的，但其理想空载转速却能连续平滑地调节。根据式（8-5），当系统在理想空载状态下运行时，$I_d=0$，转子直流回路的电压平衡方程式可写成

$$K_1 s_0 E_{r0} = K_2 U_{2T}\cos\beta$$

式中 s_0——异步电动机在串级调速时对应于某一 β 角的理想空载转差率。

取 $K_1=K_2$，则

$$s_0 = \frac{U_{2T}}{E_{r0}}\cos\beta \tag{8-6}$$

相应的理想空载转速 n_0 为

$$n_0 = n_{syn}(1-s_0) = n_{syn}\left(1-\frac{U_{2T}\cos\beta}{E_{r0}}\right) \tag{8-7}$$

式中 n_{syn}——异步电动机的同步转速。

由式（8-6）和式（8-7）可知，串级调速的理想空载转速 n_0 与同步转速 n_{syn} 是不同的。当改变触发超前角 β 时，理想空载转差率 s_0 和理想空载转速 n_0 都相应改变，β 角越大时，s_0 越小，而 n_0 越高。在系统中，β 角的调节范围对应于电动机调速范围的上、下限，一般触发超前角的调节范围为30°～90°，其下限30°是为了防止逆变颠覆而设置的最小触发超前角 β_{min}，其具体数值可根据系统的电气参数来设定。由式（8-5）还可看出，在不同的 β 角下，异步电动机串级调速时的机械特性是近似平行的，其工作段类似于直流电动机变压调速时的机械特性。

2. 机械特性的斜率与最大转矩

绕线转子异步电动机转子回路串接电阻调速时，机械特性变软，调速性能差。接入电动势串级调速时，转子回路没有调速电阻，机械特性应该硬一些；但串级调速装置包括整流和逆变装置、平波电抗器、逆变变压器等，实际上，它们可等效于一定数量的电阻和电抗，它们的影响在任何转速下都存在。由于等效电阻的影响，机械特性比异步电动机的固有特性要软得多，即使电动机在最高转速的机械特性上（对应于 $\beta=90°$）带额定负载运行，也难以达到其额定转速。一般异步电动机在固有机械特性上的额定转差率约为0.03～0.05，而在串级调速时却可达到0.10左右。另外，由于转子回路电抗的影响，整流电路换相重叠角将加大，并产生强迫延迟导通现象（见本书第2版3.3.2节和3.3.3节），使串级调速时的最大电磁转矩比电动机正常接线时的最大转矩大约降低了17.3%。图8-8绘出了异步电动机串级调速时的机械特性，图中还绘有异步电动机的固有机械特性，以资比较。

8.3.4 串级调速装置的电压和功率

串级调速装置是指在整个串级调速系统中，除异步电动机以外，为实现串级调速而附加的所有功率部件，包括转子整流器、逆变器和逆变变压器。从经济角度出发，必须正确合理地选择这些附加设备的电压和功率，以提高整个调速系统的性能价格比。

整流器和逆变器功率的选择主要依据其电流与电压的定额。电流定额取决于异步电动机转子的额定电流 I_{rN} 和所拖动的负载，电压定额则取决于异步电动机转子的额定相电压（即转子开路电动势）和系统的调速范围 D。为了简便起见，按理想空载状态来定义调速范围，并认为异步电动机的同步转速 n_{syn} 就是其最大的理想空载转速，于是有

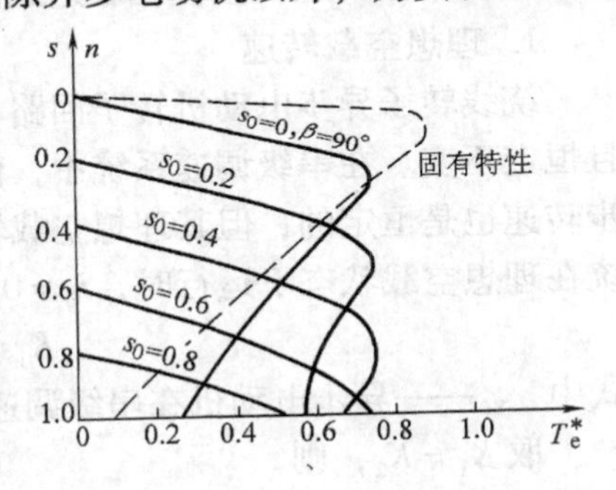

图 8-8　异步电动机串级调速时的机械特性

$$D = \frac{n_{syn}}{n_{0min}}$$

式中　n_{0min}——调速系统的最低转速，对应于最大理想空载转差率 s_{0max}。

由式（8-7）可得

$$n_{0min} = n_{syn}(1 - s_{0max})$$

所以

$$s_{0max} = 1 - \frac{1}{D} \tag{8-8}$$

调速范围越大，s_{0max} 也越大，整流器和逆变器所承受的电压越高。

在串级调速系统中，设置逆变变压器的主要目的就是要取得能与被控电动机转子电压相匹配的逆变电压；其次是把逆变器与交流电网隔离，以抑制电网浪涌电压对晶闸管的影响。这样，由式（8-6）可以写出逆变变压器的二次相电压 U_{2T} 和异步电动机转子电压之间的关系为

$$U_{2T} = \frac{s_{0max}E_{r0}}{\cos\beta_{min}}$$

一般取 $\beta_{min} = 30°$，则

$$U_{2T} = \frac{s_{0max}E_{r0}}{\cos 30°} = 1.15 s_{0max}E_{r0}$$

再利用式（8-8），得

$$U_{2T} = 1.15E_{r0}\left(1 - \frac{1}{D}\right) \tag{8-9}$$

由式（8-9）可以看出，U_{2T} 与转子开路电动势成正比关系。而对于不同型号的绕线转子异步电动机其开路电动势有不同值。可以设想，如果不用逆变变压器，则

式中的 U_{2T} 即是交流电网电压，这样按式（8-9）所求得的 D 就不一定能满足系统要求。反之，要满足在一定 D 值下使 s_{0max} 时 $\beta_{min}=30°$ 的条件是很困难的，且往往是不可能的。所以必须设置逆变变压器。

逆变变压器的容量为 $$S_T \approx 3U_{2T}I_{2T}$$

再利用式（8-9），则有

$$S_T = 3.45E_{20}I_{2T}\left(1-\frac{1}{D}\right) \tag{8-10}$$

从式（8-10）可见，随着系统调速范围的增大，逆变变压器和整个串级调速装置的容量或功率都相应增大。这在物理概念上也是很容易理解的，因为随着系统调速范围的增大，通过串级调速装置回馈电网的转差功率也增大，必须有较大功率的串级调速装置来传递与变换这些转差功率。从这一点出发，串级调速系统往往被推荐用于有限调速范围（例如 $D=1.5\sim2.0$ 范围内要求无级调速）的场合，而很少用于从零转速到额定转速全范围调速的系统。

8.3.5 串级调速系统的效率和功率因数

1. 效率

异步电动机在正常运行时，由定子输入电动机的有功功率常用 P_1 表示，扣除定子铜损耗 p_{Cus} 和铁损耗 p_{Fe} 后经气隙传送到电动机转子的功率就是电磁功率 P_m。电磁功率在转子中分成两部分，即机械功率 P_{mech} 和转差功率 P_s，其中 $P_{mech}=(1-s)P_m$，而 $P_s=sP_m$。在正常接线或转子回路串接电阻调速时，P_s 全部消耗在转子回路中，而在串级调速时，P_s 并未被全部消耗掉，而是扣除了转子铜损耗 p_{Cur}、杂散损耗 p_s 和附加的串级传动（Tandem Drive）装置损耗 p_{tan} 后通过转子整流器与逆变器返回电网，这部分返回电网的功率称为回馈功率 P_f（见图 8-9a）。对整个串级调速系统来说，它从电网吸收的净有功功率应为 $P_{in}=P_1-P_f$，而机械功率 P_{mech} 扣除机械损耗 p_{mech} 后是轴上输出功率 P_2。这样可以画出系统的功率流程如图 8-9b 所示。

串级调速系统的总效率 η_{sch}（下角标 sch 是电气串级调速 Scherbius 系统的缩写）是指电动机轴上的输出功率 P_2 与系统从电网输入的净有功功率 P_{in} 之比，可用下式表示：

$$\begin{aligned}\eta_{sch} &= \frac{P_2}{P_{in}}\times100\% = \frac{P_{mech}-p_{mech}}{P_1-P_f}\times100\% \\ &= \frac{P_m(1-s)-p_{mech}}{(P_m+p_{Cus}+p_{Fe})-(P_s-p_{Cur}-p_s-p_{tan})}\times100\% \\ &= \frac{P_m(1-s)-p_{mech}}{P_m(1-s)+p_{Cus}+p_{Fe}+p_{Cur}+p_s+p_{tan}}\times100\%\end{aligned}$$

$$= \frac{P_{\mathrm{m}}(1-s)-p_{\mathrm{mech}}}{P_{\mathrm{m}}(1-s)-p_{\mathrm{mech}}+\Sigma p+p_{\tan}} \times 100\% \tag{8-11}$$

式中 Σp——异步电动机内的总损耗，$\Sigma p = p_{\mathrm{Cus}} + p_{\mathrm{Fe}} + p_{\mathrm{Cur}} + p_{\mathrm{s}} + p_{\mathrm{mech}}$。

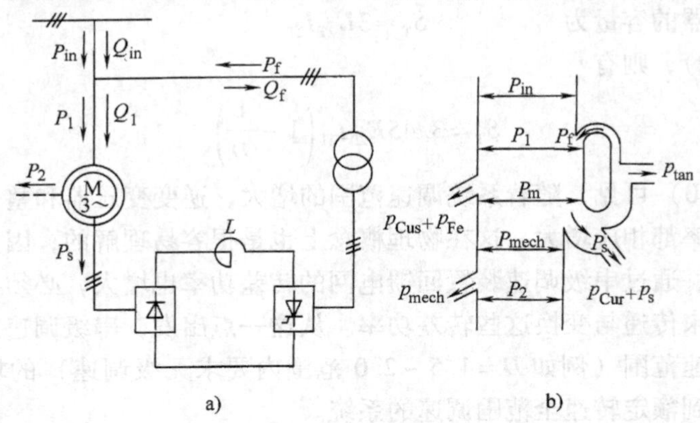

图 8-9 串级调速系统效率分析

a)系统的功率传递 b)功率流程

由式(8-11)可见，串级调速系统的总效率是比较高的，且当电动机转速降低，即 s 增大时，η_{sch} 的减少并不多。

当异步电动机转子回路串接电阻调速时，转子回路中增加了外接电阻损耗 p_{R}，串电阻调速系统的效率是

$$\eta_{\mathrm{R}} = \frac{P_{\mathrm{m}}(1-s)-p_{\mathrm{mech}}}{P_{\mathrm{m}}(1-s)-p_{\mathrm{mech}}+\Sigma p+p_{\mathrm{R}}} \times 100\% \tag{8-12}$$

由于 p_{R} 要比串级传动装置损耗 $p_{\tan}$ 大，因此 η_{R} 比 η_{sch} 低。转速越低时，η_{R} 几乎随着转速成比例地减少。图 8-10 中比较了这两种调速方法的效率与转差率之间的关系。

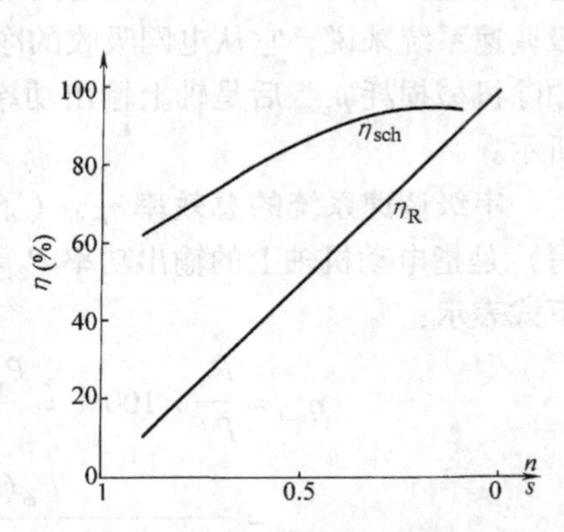

图 8-10 电气串级调速系统与转子回路串接电阻调速系统效率 $\eta = f(s)$ 的比较

2. 功率因数

串级调速系统的功率因数与系统所用的异步电动机、不可控整流器和逆变器三大部分有关。异步电动机本身的功率因数随着负载的减轻而下降，而转子整流器的换相重叠和强迫延迟导通等作用都会通过电动机从电网吸收换相无功功率，所以在串级调速时，电动机的功率因数要比正常接线时降低 10% 以上。另外，逆变器的相控作用使其电流与电压不同相，也要

消耗无功功率。在串级调速系统中，从交流电网吸收的总有功功率是电动机吸收的有功功率与逆变器回馈至电网的有功功率之差，然而从交流电网吸收的总无功功率却是电动机和逆变器所吸收的无功功率之和（见图 8-9），低速时功率因数还要降低。串级调速系统总功率因数可用下式表示：

$$\cos\varphi_{\mathrm{sch}}=\frac{P_{\mathrm{in}}}{S}=\frac{P_1-P_{\mathrm{f}}}{\sqrt{(P_1-P_{\mathrm{f}})^2+(Q_1+Q_{\mathrm{f}})^2}} \tag{8-13}$$

式中 S——系统总的视在功率；

Q_1——电动机从电网吸收的无功功率；

Q_{f}——逆变变压器从电网吸收的无功功率。

一般串级调速系统在高速运行时的功率因数为 0.6～0.65，比正常接线时电动机的功率因数减少 0.1 左右，在低速时可降到 0.4～0.5（对调速范围为 2 的系统）。这是串级调速系统的主要缺点，8.3.6 节中介绍的斩波控制系统可以有效地提高串级调速系统的功率因数。

8.3.6 其他类型的串级调速系统

在上述的电气串级调速系统中，转差功率在扣除内部损耗后通过晶闸管有源逆变器和逆变变压器回馈给交流电网，这是实现串级调速的一种方法，下面再介绍其他方法。

1. 机械串级调速系统（Kramer 系统）

机械串级调速系统的原理图如图 8-11 所示。图中，在交流绕线转子异步电动机同轴上还装有一台直流电动机，异步电动机的转差功率经整流后供给直流电动机，后者把这部分电功率变换为机械功率，再帮助异步电动机拖动负载，从而使转差功率得到利用。在这里，直流电动机的电动势就相当于直流附加电动势，通过调节直流电动机的励磁电流 I_{f} 可以改变其电动势，从而调节交流电动机的转速。增大 I_{f} 可使电动机减速，反之则加速。

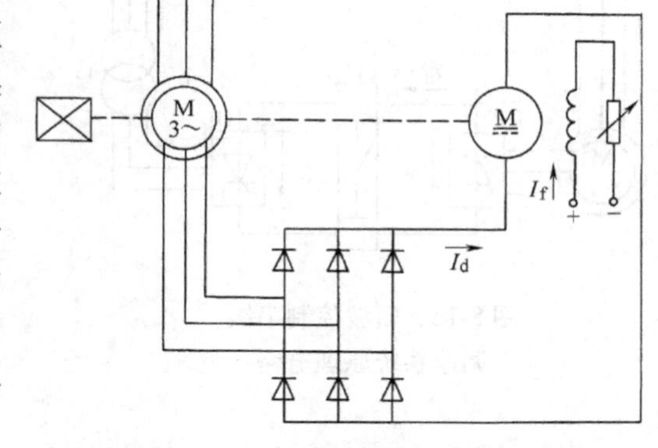

图 8-11 机械串级调速系统原理电路

从功率传递的角度看，如果忽略调速系统中所有的电气与机械损耗，认为异步电动机的转差功率全部被直流电动机接受，并以机械功率的形式从轴上输出给负载，则负载轴上所得到的机械功率 P_{L} 应是异步电动机与直流电动机两者轴上输出功率之和，并恒等于异步电动机定子输入功率 P_1，而与电动机运行的转速无关。所以这类机械串级调速系统属于恒功率调速，而前述的电气串级调速系统由于其输出的机械功率与电动机的转速成正比，所以属于恒转矩调速。

2. 内馈串级调速系统

内馈串级调速系统的结构与 Kramer 系统相似，其主要特点是在异步电动机定子中装有另一套绕组，称为调节绕组。转差功率经交-直-交变流器变换成工频功率后送到调节绕组上，作为附加的定子功率送给电动机，这样就取代了 Kramer 系统中的直流电动机，同样能获得恒功率调速的效果。但这时必须专门制造有两套定子绕组的绕线转子异步电动机。

3. 斩波控制的串级调速系统

串级调速系统功率因数差的一个重要原因就是采用了相位控制的逆变器，触发超前角 β 越大时，逆变器从电网吸收的无功功率越多。如果用斩波器来控制直流电压，而将逆变器的触发超前角设定为允许的最小值不变，即可降低无功功率的消耗，而提高系统功率因数。图 8-12 绘出了斩波控制的串级调速系统原理电路，图中 CH 是直流斩波器，可用全控型电力电子器件组成。

在图 8-12 中，斩波器 CH 工作在开关状态。当它接通时，逆变器输出的附加电动势被短接（$E_{add}=0$），断开时，输出电动势最大（$E_{add}=U_i$）。设斩波器的开关周期为 T，开关接通的时间为 τ，则逆变器经 CH 送出的平均电动势为（$T-\tau$）U_i/T，改变占空比（$T-\tau$）$/T$ 即可调节平均电动势的大小，从而调节异步电动机的转速。图 8-13 为忽略逆变电压波形变化时附加电动势的斩波波形。

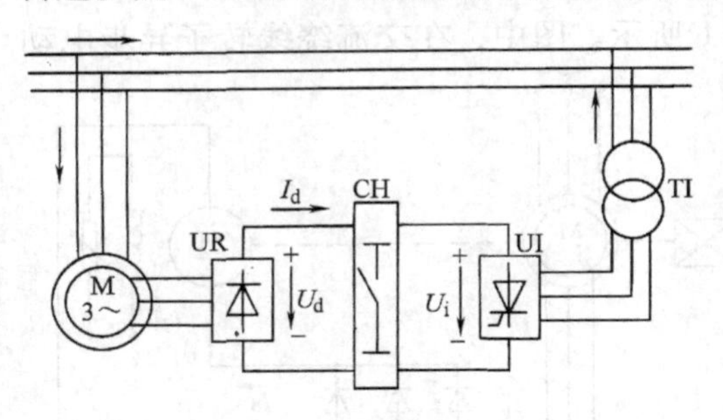

图 8-12　斩波控制串级调速系统原理电路

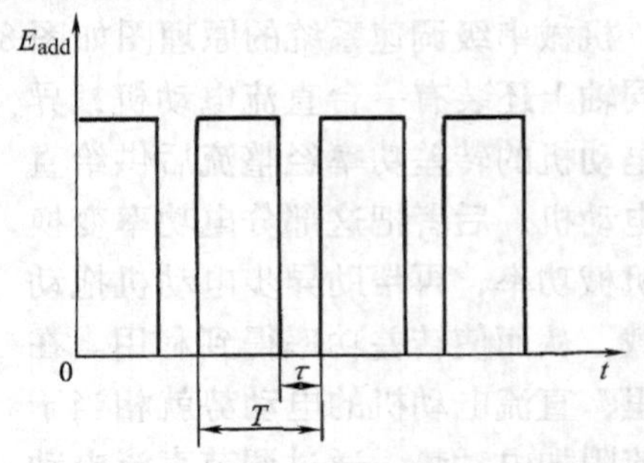

图 8-13　斩波控制串级调速时的附加电动势波形

当转子回路整流器和逆变器都是桥式电路时，理想空载时的电压平衡方程式为

$$2.34s_0E_{r0}=2.34\left(1-\frac{\tau}{T}\right)U_{2T}\cos\beta_{min}$$

因此

$$n_0=n_{syn}\left[1-\left(1-\frac{\tau}{T}\right)\frac{U_{2T}}{E_{r0}}\cos\beta_{min}\right] \tag{8-14}$$

式中　n_0——不同占空比时的理想空载转速；

n_{syn}——异步电动机的同步转速。

增大斩波器的占空比即可降低电动机的转速。由于转子直流回路处于斩波状态下工作，回路的等效电阻减小了，所以斩波控制串级调速系统比常规串级调速系统的机械特性略硬一些。

在斩波控制时，触发超前角设定为β_{min}，则逆变器从电网吸收的无功功率可减到最小程度。图8-14绘出了带恒转矩负载的斩波控制串级调速系统在不同转差率下的功率因数。

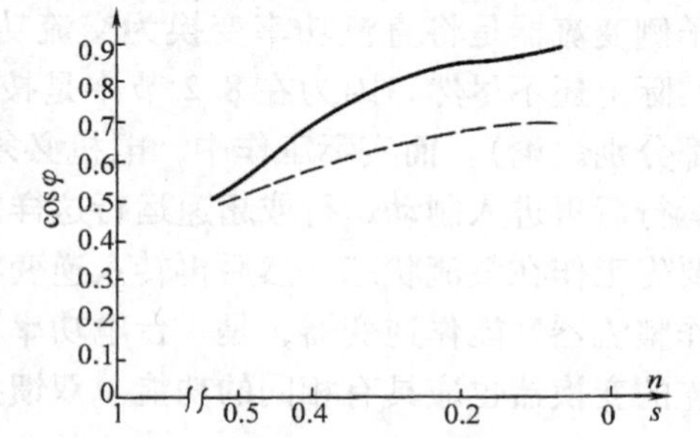

图 8-14　斩波控制串级调速系统（实线）与常规串级调速系统（虚线）的功率因数

8.3.7　串级调速系统的双闭环控制

由于串级调速系统机械特性的静差率较大，所以开环控制系统只能用于对调速精度要求不高的场合。为了提高静态调速精度，并获得较好的动态特性，须采用闭环控制。和直流调速系统一样，通常采用具有电流反馈与转速反馈的双闭环控制方式。由于串级调速系统的转子整流器是不可控的，系统本身不能产生电气制动作用，所谓动态性能的改善只是指起动与加速过程性能的改善，减速过程只能靠负载作用自由降速。

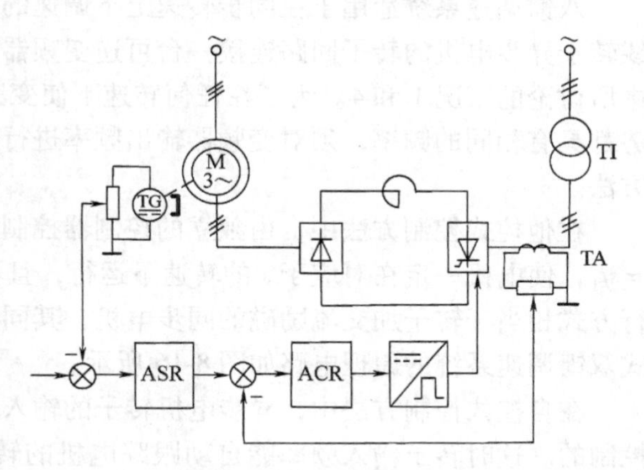

图 8-15　双闭环控制的串级调速系统原理电路

图8-15所示为双闭环控制的串级调速系统原理电路。图中，转速反馈信号取自异步电动机轴上连接的测速发电机，电流反馈信号取自逆变器交流侧的电流互感器，也可通过霍尔变换器或直流互感器取自转子直流回路。为了防止逆变器逆变颠覆，在电流调节器ACR输出电压为零时，应整定触发脉冲输出相位角为$\beta = \beta_{min}$。

8.4　绕线转子异步电机双馈控制技术

8.4.1　双馈控制的工况与应用

在8.2节中讨论了绕线转子异步电机双馈工作的五种工况，其中1、2、3三种工况是电机从转子侧通过电力变流器（以下简称变流器）向电网输送功率，此时转子侧变流器仅作为整流器将转子输出的交流转差功率变换为直流功率。而4、5两种工况则是由电网通过转子侧变流器向电动机转子传输转差功率；粗看之下，此时转子侧变流器是将直流功率变换为交流功率送入电机转子，变流器应是逆变工作。实际上还不尽然，因为在8.2节中是按静态工作讨论的（即电动工作与制动工作都分别讨论）。而实际工作中，电机必须经过起动、加速或在 $s \ll 1$ 的区间作电动运行后再进入制动运行或超速运行这样的动态工作过程；这样电机转子侧变流器就要先工作在整流状态，然后再转入逆变状态。所以此时电机转子侧变流器就应既能作整流器又能作逆变器，是一台电功率可双向传输的变流器。同理，此时与电网相连的变换器也应具有相同的功能。双馈控制用的可逆功率变流单元如图8-3所示。

双馈控制的主要应用有双馈调速系统和双馈风力发电系统。

1. 双馈调速系统

双馈调速系统适用于在同步转速上下调速的大功率、有限调速范围的场合，绕线转子异步电机的转子回路连接一台可逆变频器作为电力变流单元，工作在8.2节中所讨论的工况1和4。为了在任何转速下使变频器输出电压与电机转子感应电动势都具有相同的频率，须对变频器输出频率进行控制，有他控式和自控式两种控制方法。

在他控式控制方法中，由独立的控制器控制变频器输入电机转子的电压频率 $f_2 = sf_1$，使电机一定在对应于 s 的转速下运行，且不随负载变化。此时异步电机的运行方式相当于转子加交流励磁的同步电机，其同步转速随转子输入频率而变。他控式双馈调速系统的原理电路如图8-16所示。

在自控式控制方法中，异步电机转子的输入频率是通过同轴的位置检测器自动控制的。这时转子输入频率能自动跟踪电机的转差频率，如图8-17所示。自控式双馈调速电机与一般的异步电机相同，转速随负载变化。

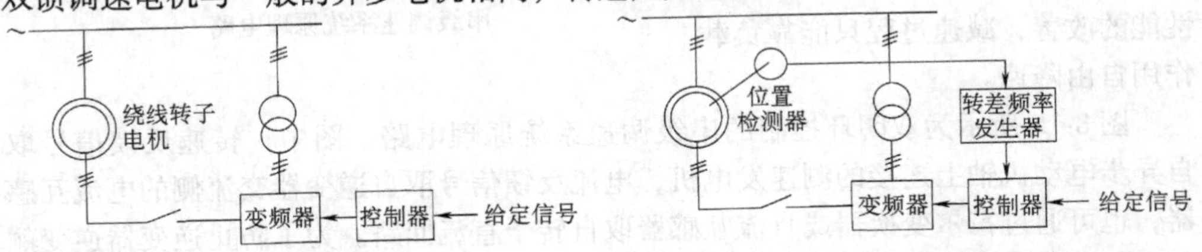

图8-16　他控式双馈调速系统原理电路　　图8-17　自控式双馈调速系统原理框图

2. 双馈风力发电机组

绕线转子异步风力发电机组是风力发电机组的一种应用方案，此时绕线转子异步电机运行在双馈工作状态。下面以图8-18所示的绕线转子异步风力发电机组原理电路来简述绕线转子异步电机作为发电机时的双馈工作。

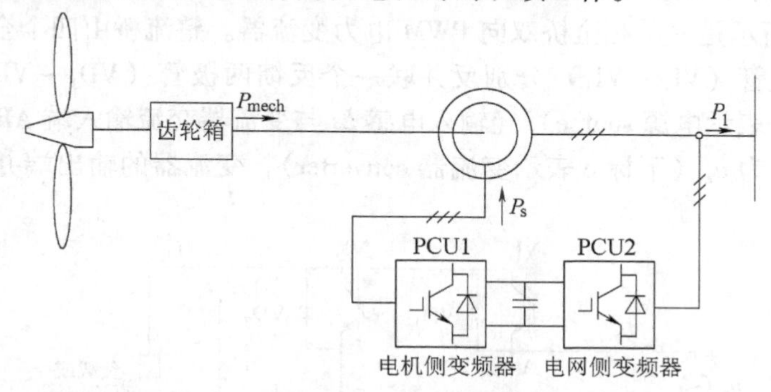

图 8-18　绕线转子异步风力发电机组原理电路

图 8-18 所示的绕线转子异步电机转子经齿轮箱由风叶带动作为发电机运行，发出的电能经定子绕组送入交流电网，并与之并联运行。当风力发电机组在并网运行时，必须要求在不同风速下风力发电机组发出的电压频率、相位和电网的电压频率、相位始终保持一致。但风力机的风速往往是随机变化的，且变化范围很大，因此风力发电机组的转速也在变化，这将影响风力发电机组输出电能的质量，甚至无法并网。

按图 8-18，在风力发电机转子侧与电网侧分别与电力变流器 PCU1、PCU2 相连接。当风速较高，发电机转速 n 大于其定子旋转磁场同步转速 n_1 时，控制使 PCU1 处于整流工作状态，而 PCU2 处于逆变工作状态。此时发电机轴上输入功率通过定子绕组和转子绕组馈送入电网，相当于上述双馈工作的第 3 种工况。而当风速较低，发电机转速 n 小于其定子旋转磁场同步转速 n_1 时，控制使 PCU1 处于逆变工作状态，而 PCU2 处于整流工作状态，电网通过 PCU2 和 PCU1 向发电机转子提供转差功率。发电机轴上输入的功率与转子侧输入的转差功率通过定子绕组馈送入电网，相当于上述双馈工作的第 5 种工况。为能适应第 3、5 两种工况，电力变流器 PCU1、PCU2 都必须兼有整流与逆变的功能。

8.4.2　双馈工作用的 AC/DC 双向 PWM 变流器

本节所讨论的电力变流器既可运行在逆变工作状态，又可工作在整流状态，使之成为具有可双向传输电功率功能的变流器。这种变流器一般由桥式整流电路组成，电路器件采用全控型器件，并按 PWM 控制规律工作；所以也有称为 AC/DC 双向 PWM 变流器。由于在本书第 4 章中已研究过 PWM 控制的三相逆变器工作。在此基础上本小节主要讨论 PWM 变流器作为整流器的工作，以及如何实现对变流器工作状态转换的控制。[5]

1. 桥式双向 PWM 电力变流器

为便于理解，先从单相电力变流器入手讨论。

图 8-19 所示是一单相全桥双向 PWM 电力变流器。整流桥由四个全控型器件组成，每个开关管（VI_1 ~ VI_4）分别反并联一个反馈两极管（VD_1 ~ VD_4）。交流电源 u_s（下标 s 表示电源 source）经输入电感 Ls 与变流器交流输入端 AB 相连，变流器输入端电压为 u_c（下标 c 表示变流器 converter），变流器的输出端并联一大电容 C。

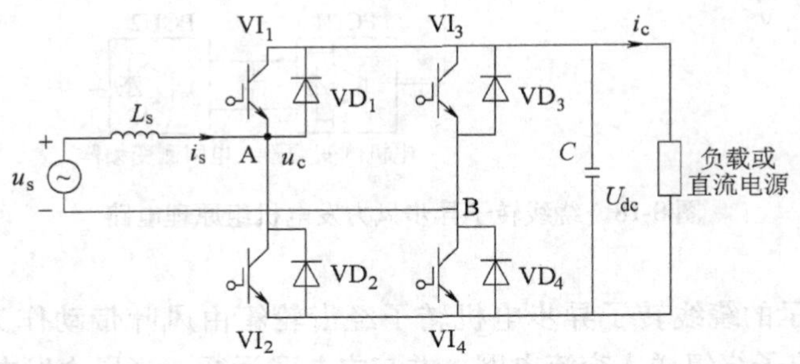

图 8-19　单相桥式双向 PWM 电力变流器

图中四个开关器件分别在 u_s的正、负半波按 SPWM 控制规律工作。在 u_s 为正半波时（图 8-19 中 u_s 所示的瞬时极性），控制 VI_2、VI_3 工作。当 VI_2 导通时，电流路径为：u_s 正端→Ls→VI_2→VD_4→u_s 负端；VI_3 导通时，有电流路径：u_s 正端→Ls→VD_1→VI_3→u_s 负端。它们的作用都是使 Ls 储能。当 VI_2、VI_3 被关断时，Ls 通过 VD_1→C→VD_4 放出所储能量向 C 充电。如此通过在 u_s的正、负半波分别使 VI_2、VI_3 与 VI_1、VI_4 作 SPWM 开关工作，Ls 不断储放电能，所放电能供给电容 C 充电与负载工作。这就完成了单相桥式 PWM 整流器的工作——将电能从交流侧输送到直流侧。

此时，图 8-19 所示的变流器呈 PWM 整流器的工作。稳态工作时，变流器输出电压不变，其交流侧电压 u_c 是一 SPWM 电压波。计及 SPWM 采用高频控制，u_c中的谐波很小，可忽略。这样 u_c 可以等效为一正弦交流电压源。由于输入电感的滤波作用，从交流电源流入的电流中谐波电流也不大。因此只要按 SPWM 规律控制 u_c 的幅值，则它与 u_s的共同作用下就可获得不同的直流输出电压与输入电流 i_s，从而控制变流器输出的直流功率。这也即是当前常用的 PWM 整流器。

对图 8-19 所示的变流器电路若不考虑负载回路，而代之以一个直流电源，电容 C 上电压为 U_{dc}。在 u_s 的正、负半波时分别控制 VI_1、VI_4 与 VI_2、VI_3 按 SPWM 规律开关工作，则通过 C 的放电，在 AB 端可获得由 SPWM 波等效而成的交流正弦电压 u_c（u_c 的大小与 SPWM 的控制信号有关）。这样变流器就将电功率从直流侧输送到交流侧，此时变流器工作在逆变状态，成为逆变器。从而实现了电功率的双向传输。

根据以上分析，再参照第 4 章所讨论，可知变流器在按 SPWM 规律工作时，其等效交流正弦电压的峰值必然低于矩形脉冲电压的幅值。所以这种变流器直流侧电压 U_{dc} 一定大于其交流侧输入电压 u_c 的峰值。计及在输入电感 Ls 上的压降很小，所以 U_{dc} 也必然大于交流电源电压 u_s 的峰值。因此这种 PWM 变流器是升压电路。

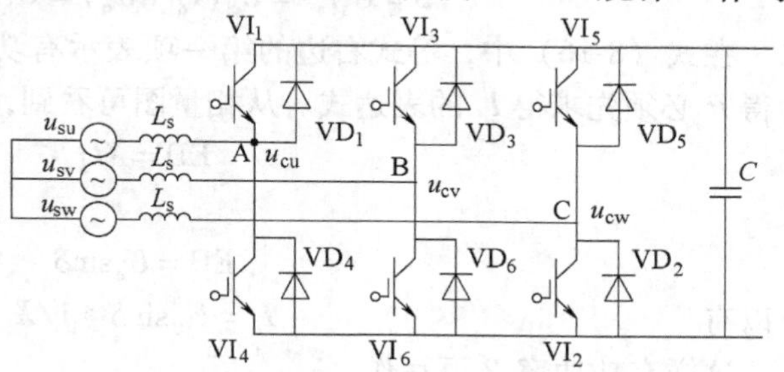

图 8-20　三相全控桥式双向变流器电路

图 8-20 所示为一三相全控桥式双向变流器电路。电路中各开关管均由全控型功率器件组成，并按 SPWM 控制规律工作。其工作原理与单相全控桥式双向变流器电路相同，也具有将电功率从交流侧传输到直流侧或从直流侧传输到交流侧的双向传输功能。此处不再详述。

2. 变流器功率双向传输的控制原理

以上是从工作原理角度对变流器的工作进行定性分析。下面讨论变流器所传输电功率的流向与大小和那些参数有关，以作为控制依据。

以图 8-19 的双向变流器电路讨论。认为这是一理想变流器，其交流电源电压 u_s、变流器交流侧输入电压 u_c 与输入电流 i_s 均为正弦波。图 8-21 表示了它们之间的相量关系。设电源电压相量 $\dot{U}_s$ 坐落在 dq 直角坐标的横坐标 d 轴上，电流相量 $\dot{I}_s$ 滞后 $\dot{U}_s$ 功率因数角 φ；并设电压相量 $\dot{U}_c$ 滞后于 $\dot{U}_s$ 的相位角为 δ。

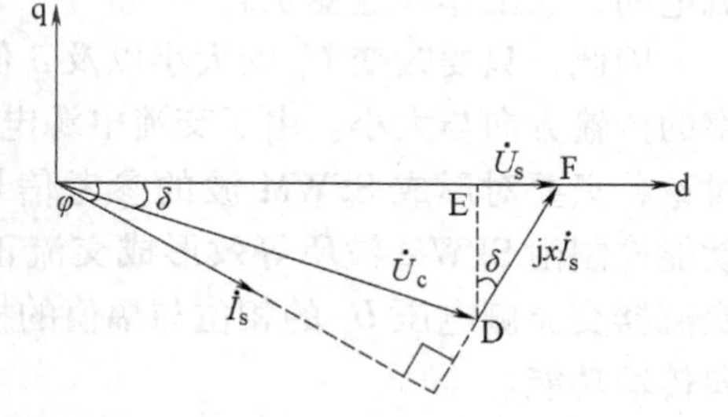

图 8-21　双向变流器中各电量的相量图

按相量图，有

$$\dot{U}_s = \dot{U}_c + jX\dot{I}_s \tag{8-15}$$

式中 $X = \omega L_s$，输入电感 L_s 的电抗。

对图 8-19 中的相量 $jX\dot{I}_s$，可求得它在 d、q 轴上的两个分量 jXI_d（以线段 ED 表示）与 jXI_q（以线段 EF 表示），因此有

$$\dot{I}_s = I_d - jI_q$$

$$\dot{I}_s^* = I_d + jI_q$$

为求得变流器所传输的电功率，可以从复数功率入手。复数功率 $\acute{S}$ 的定义为：电压相量 $\dot{U}_s$ 与电流共轭相量 $\dot{I}_s^*$ 的乘积，因此

$$\dot{S} = \dot{U}_s \dot{I}_s^* = U_S(I_d + jI_q) = U_S I_d + jU_S I_q \tag{8-16}$$

在式（8-16）中，等式右边的第一项表示有功功率 P，这是我们所感兴趣的。为得 P 必须先求得 I_d 的表达式。从相量图可看到，线段 ED 可写作

$$ED = XI_d$$

又

$$ED = U_c \sin\delta$$

所以有

$$I_d = U_C \sin\delta * 1/X \tag{8-17}$$

这样有功功率 P 可写作

$$P = U_d I_d = U_s U_c \sin\delta * 1/X \tag{8-18}$$

在式（8-18）中，交流电源电压 U_s 与输入电抗 X 都是恒值；有功功率 P 仅与变流器交流侧电压 U_c 以及它与电源电压相量 $\dot{U}_s$ 之间的相位角 δ 有关。改变 $\dot{U}_c$ 的大小只能改变传输电功率的大小。而 δ 值不仅大小能改变，其正负值也能变；这就不仅能改变传输电功率的大小，还能改变传输电功率的方向。当变流器交流侧输入端电压 $\dot{U}_c$ 相量的相位滞后于电源电压相量 $\dot{U}_s$ 时，即 δ 为正值时，P 为正值；说明变流器输出直流电功率给负载，工作于整流状态。反之，当 δ 为负值时，即 $\dot{U}_c$ 相位超前于 $\dot{U}_s$ 时，P 为负值；此时变流器将直流电功率变换为交流电功率传输给交流电网，它工作在逆变状态。

因此，只要改变 U_c 的大小以及 δ 值的正负与大小，即可控制变流器中有功功率的传输方向与大小。由于交流电源电压 U_s 的相位是固定的，根据本书第 4 章所讨论，只要对形成 SPWM 波的参考信号的相位与幅值进行实时的、适当的控制，就能控制由 SPWM 波所等效形成交流正弦电压波形的相位与幅值；也就实现了对变流器交流侧电压 U_c 的相位与幅值的控制，从而使所讨论的变流器具有电功率双向传输功能。

应用到绕线转子异步电机双馈调速系统（见图 8-4b），电机若要从正常的电动运行状态转入低于同步转速制动运行状态（或超同步转速的电动运行状态），只要对与电机转子侧连接的变流器 PCU1 的控制系统给出一改变 δ 角的指令信号，电机即可进入双馈工作的制动运行（或超同步转速的电动运行）。但需要指出，必须注意电机进入双馈工作时的转速，由于转速的不同引起异步电机转子电动势转差频率的不同；这样作为与转子侧变流器连接的交流电源频率将不是工频，而是电机转子电动势的转差频率。所以对形成 SPWM 波的参考信号还应加以相应的频率控制。

第9章 无速度传感器的高性能异步电动机调速系统

凡是高性能的交流调速系统，无论是矢量控制系统，还是直接转矩控制系统或其他系统，都需要转速调节和转速反馈，因而需要能提供转速检测信号的转速传感器，例如提供模拟转速信号的测速发电机、提供数字转速信号的光电和磁性编码器等。然而在电动机轴上安装转速传感器总有保证同心度等问题，保证不好将影响测速的准确度，在温差较大、湿度较高等恶劣环境下甚至无法工作；高准确度的码盘价格昂贵，对于中、小功率的系统将显著增加硬件的投资。因此，如果舍去转速传感器而仍旧能够获得良好的控制性能，将是一件非常有意义的事情。自从20世纪70~80年代以来，很多学者和工程技术人员在这方面倾注了大量心血，取得不少成就，已经发表了许多关于无速度传感器高性能交流调速系统的研究和综述，内容十分丰富[40,48~55]。现在已有多种系列的无速度传感器高性能通用变频器产品问世，并获得成熟的应用，因此本书修订版增设这一章予以论述。关于无速度传感器调速系统,在许多图书和综述中,只有各种控制方法的罗列,尚缺乏科学而实用的提炼与分析,不追求全面,本章将按照各种方法的性质归纳出若干类别,介绍具有典型意义的以及实用性较强的系统,期望能够有助于无速度传感器调速技术的普及与推广。

在现有的无速度传感器交流异步电动机调速系统中，获得角速度信号的方法大体上可以分成以下三类：

1）开环计算角速度——基于电动机数学模型计算角速度或转差；

2）闭环构造角速度——基于闭环控制作用构造角速度信号；

3）特征信号处理——利用电动机结构上的特征产生角速度信号。

9.1 开环计算角速度——基于电动机数学模型计算转子角速度或角转差

从电动机动态数学模型出发可以直接计算出角速度，或者计算出同步角速度后，再减去角转差得到实际角速度，不少参考文献中给出了这样的计算公式[40,48,51]，举例如下：

在两相静止的 $\alpha\beta$ 坐标下，定子电压方程式为

$$u_{s\alpha} = R_s i_{s\alpha} + p\Psi_{s\alpha}$$
$$u_{s\beta} = R_s i_{s\beta} + p\Psi_{s\beta}$$

定子磁链 $\boldsymbol{\Psi}_{s\alpha}$ 和 $\boldsymbol{\Psi}_{s\beta}$ 的合成矢量 $\boldsymbol{\Psi}_S$ 以同步角速度 ω_1 的速度旋转，由图9-1的矢量关系可知

$$\omega_1 = \frac{d\theta_s}{dt} = \frac{d}{dt}\left[\operatorname{arctg}\frac{\Psi_{s\beta}}{\Psi_{s\alpha}}\right] = \frac{\Psi_{s\alpha}p\Psi_{s\beta} - \Psi_{s\beta}p\Psi_{s\alpha}}{\psi_{s\alpha}^2 + \psi_{s\beta}^2} \tag{9-1}$$

由同步角速度 ω_1 减去转差角速度 ω_s 即得电动机的角速度为

$$\hat{\omega} = \omega_1 - \omega_s \tag{9-2}$$

式中 $\hat{\omega}$——角速度的计算值，在 ω 上冠以符号"^"，以示与实际值的区别。

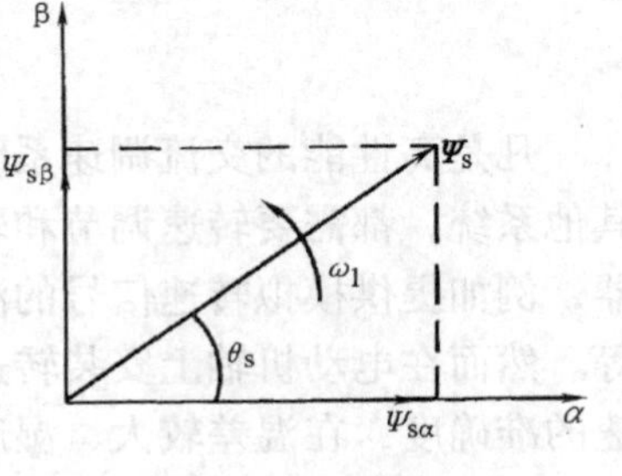

图 9-1 在 αβ 坐标下的定子磁链矢量图

转差角速度的计算公式在不同情况下有不同的表达式。在按转子磁链定向的矢量控制系统中，由第 7 章式（7-8）可知

$$\omega_s = \frac{L_m i_{st}}{T_r \Psi_r}$$

若按定子磁链定向，在第 6 章 6.5.2 节 $\omega - \Psi_s - i_s$ 状态方程式的式（6-53）、式（6-55）中，令 $\Psi_{sd} = \Psi_s$、$\Psi_{sq} = 0$，合并两式后，可以导出

$$\omega_s = \frac{(1 + \sigma T_r p) L_s i_{sq}}{T_r(\Psi_s - \sigma L_s i_{sd})} \tag{9-3}$$

式中 σ——漏磁系数，$\sigma = 1 - L_m^2/(L_s L_r)$。

还可以根据电动机数学模型直接推导电动机的角速度如式（9-4）所示：

$$\hat{\omega} = \frac{i_{r\alpha}p\Psi_{r\beta} - i_{r\beta}p\Psi_{r\alpha}}{i_{r\alpha}\Psi_{r\alpha} + i_{r\beta}\Psi_{r\beta}} \tag{9-4}$$

如果把电流和磁链都换成定子量，则为

$$\hat{\omega} = \frac{(\Psi_{s\alpha} - L_s i_{s\alpha})(p\Psi_{s\beta} - \sigma L_s p i_{s\beta}) - (\Psi_{s\beta} - L_s i_{s\beta})(p\Psi_{s\alpha} - \sigma L_s p i_{s\alpha})}{(\Psi_{s\alpha} - L_s i_{s\alpha})(\Psi_{s\alpha} - \sigma L_s i_{s\alpha}) + (\Psi_{s\beta} - L_s i_{s\beta})(\Psi_{s\beta} - \sigma L_s i_{s\beta})} \tag{9-5}$$

以上的计算方法虽然理论上是很严格的，但计算程序比较复杂，计算时需要知道磁链值和电动机参数，磁链计算和参数测定是否准确直接影响到角速度的计算准确度，而且是开环进行的，没有任何误差校正的措施，所以很少直接应用。一些实用的方法是在数学模型的基础上做出一定近似简化后得到的，下面给出两个实例。

9.1.1 利用转子电动势计算同步角速度后求得转子角速度

这种方法常用于早期的无速度传感器矢量控制系统中。由第 6 章式（6-38b）所表示的 dq 坐标系磁链方程式重写如下：

$$\left.\begin{aligned}
\Psi_{sd} &= L_s i_{sd} + L_m i_{rd} \\
\Psi_{sq} &= L_s i_{sq} + L_m i_{rq} \\
\Psi_{rd} &= L_m i_{sd} + L_r i_{rd} \\
\Psi_{rq} &= L_m i_{sq} + L_r i_{rq}
\end{aligned}\right\} \tag{6-38b}$$

可得定子磁链与转子磁链之间的关系为

$$\Psi_{sd}=\frac{L_m}{L_r}\Psi_{rd}+\sigma L_s i_{sd} \tag{9-6}$$

和

$$\Psi_{sq}=\frac{L_m}{L_r}\Psi_{rq}+\sigma L_s i_{sq} \tag{9-7}$$

在 dq 坐标系定子电压方程式（6-39a）中，前两式为

$$u_{sd}=R_s i_{sd}+p\Psi_{sd}-\omega_1\Psi_{sq}$$
$$u_{sq}=R_s i_{sq}+p\Psi_{sq}+\omega_1\Psi_{sd}$$

将式（9-6）和式（9-7）代入上述两式并整理后得

$$u_{sd}=(R_s+\sigma L_s p)i_{sd}-\sigma L_s\omega_1 i_{sq}-\frac{L_m}{L_r}(\omega_1\Psi_{rq}-p\Psi_{rd})$$

$$u_{sq}=(R_s+\sigma L_s p)i_{sq}+\sigma L_s\omega_1 i_{sd}+\frac{L_m}{L_r}(\omega_1\Psi_{rd}+p\Psi_{rq})$$

在按转子磁链定向的矢量控制系统中，$\Psi_{rd}=\Psi_r$，$\Psi_{rq}=0$，则电压方程式变成

$$u_{sd}=(R_s+\sigma L_s p)i_{sd}-\sigma L_s\omega_1 i_{sq}+\frac{L_m}{L_r}p\Psi_r \tag{9-8}$$

$$u_{sq}=(R_s+\sigma L_s p)i_{sq}+\sigma L_s\omega_1 i_{sd}+\frac{L_m}{L_r}\omega_1\Psi_r \tag{9-9}$$

转子电动势应为

$$e_{rd}=u_{sd}-(R_s+\sigma L_s p)i_{sd}+\sigma L_s\omega_1 i_{sq} \tag{9-10}$$
$$e_{rq}=u_{sq}-(R_s+\sigma L_s p)i_{sq}-\sigma L_s\omega_1 i_{sd} \tag{9-11}$$

将式（9-10）和式（9-11）分别代入式（9-8）和式（9-9），得

$$e_{rd}=\frac{L_m}{L_r}p\Psi_r \tag{9-12}$$

$$e_{rq}=\frac{L_m}{L_r}\omega_1\Psi_r \tag{9-13}$$

为了简单起见，认为转子磁链 Ψ_r 已经达到稳态，即 Ψ_r 等于其给定值 Ψ_r^*，因而 $p\Psi_r=0$，于是 $e_{rd}=0$，由式（9-10）和式（9-11）中消去 ω_1 后可算出 e_{rq}，再由式（9-13）计算同步角速度为

$$\hat{\omega}_1=\frac{L_r e_{rq}}{L_m\Psi_r^*} \tag{9-14}$$

在矢量控制系统中，已计算出转差角速度 ω_s [见式 (7-8)]，由 $\hat{\omega}_1$ 减去 ω_s 即得角速度的计算值 $\hat{\omega}$。角速度计算的结构框图如图 9-2 所示。

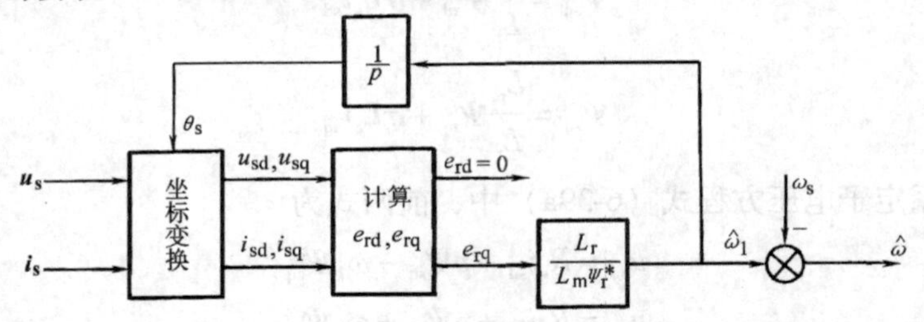

图 9-2　利用转子电动势计算角速度的结构框图

在两相静止坐标系上计算出转子电动势的幅值后，再计算 e_{rq}，会比上面的方法更简单些。将转子磁链与定子磁链的关系代入两相静止坐标系定子电压方程式后，得

$$u_{s\alpha} = (R_s + \sigma L_s p) i_{s\alpha} + \frac{L_m}{L_r} p \Psi_{r\alpha} \tag{9-15}$$

$$u_{s\beta} = (R_s + \sigma L_s p) i_{s\beta} + \frac{L_m}{L_r} p \Psi_{r\beta} \tag{9-16}$$

在 αβ 坐标系上的转子电动势为

$$e_{r\alpha} = p\Psi_{r\alpha} = \frac{L_r}{L_m}[u_{s\alpha} - (R_s + \sigma L_s p) i_{s\alpha}] \tag{9-17}$$

$$e_{r\beta} = p\Psi_{r\beta} = \frac{L_r}{L_m}[u_{s\beta} - (R_s + \sigma L_s p) i_{s\beta}] \tag{9-18}$$

电动势合成矢量的幅值在不同坐标系上是一样的，同上，认为 $e_{rd}=0$，因此得

$$e_{rq} = \sqrt{e_{r\alpha}^2 + e_{r\beta}^2} \tag{9-19}$$

如果直接检测定子端电压来计算转子电动势，由于电压波形是 PWM 波，经滤波后才是基波电压，比较麻烦，而且会带来滞后。在实用系统中，多检测直流母线电压，然后利用 PWM 开关函数重构定子电压信号，低速时，还须扣除电力电子开关器件的管压降和死区电压。

利用转子电动势计算角速度的方法简单实用，在早期的无速度传感器矢量控制通用变频器中常被采用。这种方法存在的问题是：①低速时电动势值很小，计算误差大，系统的低速性能不好；②为了简化计算，采用给定值 Ψ_r^* 代替 Ψ_r，动态角速度的计算值不准确。因此，这种系统的准确度不高，调速范围一般为 10 ~ 20。

为了提高性能，一些产品在这种方法的基础上对电动势信号增加了 PI 校正环节和死区电压补偿等措施[13]，可把调速范围提高到 50 或 50 以上。

9.1.2 利用转矩计算转差角速度后求得转子角速度

在按转子磁链定向的矢量控制系统中，当 d 轴定位于 Ψ_r 方向时，$\Psi_{rq}=0$，$\Psi_{rd}=\Psi_r$，式（7-2）给出的异步电动机电磁转矩为

$$T_e=\frac{p_nL_m}{L_r}i_{st}\Psi_r \tag{7-2}$$

而式（7-8）所表达的转差角速度公式为

$$\omega_s=\frac{L_mi_{st}}{T_r\Psi_r} \tag{7-8}$$

将式（7-2）代入式（7-8）得

$$\hat{\omega}_s=\frac{R_rT_e}{P_n\psi_r^2} \tag{9-20}$$

这就是利用转矩计算转差角速度的公式，其中电磁转矩 T_e 和转子磁链 Ψ_r 可用控制系统中的计算值或观测值，如果对动态转速没有很高的要求，也可以采用给定值 T_e^* 和 Ψ_r^*。按照式（9-1）求得同步角速度 ω_1 后，所需的实际角速度便可由式（9-21）计算，即

$$\hat{\omega}=\omega_1-\hat{\omega}_s \tag{9-21}$$

若按定子磁链定向，则电磁转矩为

$$T_e=p_ni_{st}\Psi_s \tag{9-22}$$

而转差角速度可由式（9-3）求得，即

$$\omega_s=\frac{(1+\sigma T_rp)L_si_{st}}{T_r(\Psi_s-\sigma L_si_{sm})}$$

从而得到按定子磁链定向时根据转矩计算转差角速度的公式为

$$\hat{\omega}_s=\frac{L_s(1+\sigma T_rp)T_e}{p_nT_r\Psi_s(\Psi_s-\sigma L_si_{sm})} \tag{9-23}$$

然后按照和上面一样的方法计算角速度。

利用转矩计算转差角速度的公式比较简单、计算量不大，有实用价值，但它要借助于转子磁链或定子磁链，而且公式中包含了转子电阻，准确度受转子电阻变化的影响。

9.2 闭环构造角速度——基于闭环控制作用构造角速度信号

基于电动机数学模型计算角速度是开环的计算，当电动机参数变化时，计算的准确度必然要受到影响，采用闭环控制可以抑制这种影响。在现有各种闭环控制的

无速度传感器调速系统中，无论基于什么控制理论，都是利用 PI 控制来构造角速度信号的。但许多文献并没有明确说明为什么要用 PI 控制，最多只证明了采用 PI 控制的系统是稳定的，为此，下面先阐明用 PI 控制构造角速度的基本概念。

图 9-3 绘出了一个 PI 控制器，设（$x^* - x$）是其输入量，y 是输出量。在动态过程中，PI 控制器的输出量决定于输入量的比例-积分，即

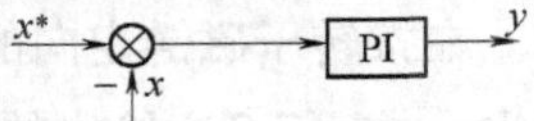

图 9-3　PI 控制器

$$y = \left(K_p + \frac{K_i}{p}\right)(x^* - x) \tag{9-24}$$

当系统到达稳态时，$x = x^*$，PI 控制器的输入等于零，输出的稳态值便脱离了式 (9-24) 的约束，而决定于 PI 控制在 $x = x^*$ 以前的积分结果。只有通过闭环系统的反馈作用使输入为零时停止积分，系统才达到稳态。这就是 PI 控制的特点（见参考文献 [1] 第 2 章 2.1.3 节）。

采用 PI 控制闭环构造角速度信号的矢量控制系统原理图如图 9-4 所示。根据上述的 PI 控制特点，在系统的角速度信号构造环节中设置一个 PI 控制器，把它的输出量认定为角速度的观测值 $\hat{\omega}$，而取系统中某一变量给定值与实测值的偏差作为 PI 控制器的输入量，只要该变量可以影响角速度且偏差的稳态值趋向于零即可。显然，当系统到达稳态时，由于转速调节器 ASR 也是 PI 控制器，其输入量等于零，观测角速度的稳态值 $\hat{\omega}_\infty = \omega^*$，所得的稳态角速度信号 $\hat{\omega}_\infty$ 是准确的。但在动态中，$\hat{\omega}$ 值并不一定准确，它取决于角速度信号构造环节输入量偏差的比例-积分，即决定于所选定的输入变量 x 和控制器参数 K_p 和 K_i（见图 9-3），将输入量 x 在系统动态模型中的关系代入式（9-24）后，所得的输出量 y 未必就是角速度。只能靠调整参数 K_p 和 K_i 使 y 的动态过程尽量逼近角速度的实际瞬时过程，也就是说，动态角速度 $\hat{\omega}$ 的准确度在很大程度上取决于角速度构造环节的 PI 参数。

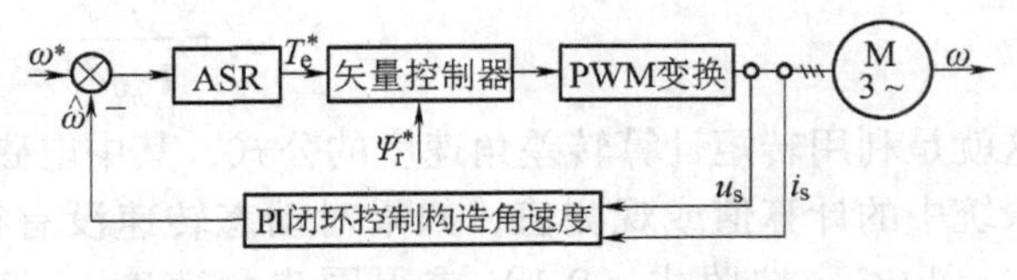

图 9-4　无速度传感器矢量控制系统和角速度信号构造环节

所有利用 PI 控制构造角速度的无速度传感器系统的共同优点是：概念清楚、算法简单。共同的缺点是：动态角速度的准确度取决于 PI 参数的实际调试。由于实际角速度的动态过程还依赖于电气传动系统的转动惯量，参数 K_p 和 K_i 的具体数值不像一般的 PI 调节器那样容易设计，只能利用仿真方法参考转动惯量的大小来试凑，并在调试中最后确定 。同样型号的变频器用于转动惯量不一样的负载机械时，必须重新调试。

9.2.1　比较定子电流转矩分量用 PI 闭环控制构造角速度

这种方法多用于按转子磁链定向的矢量控制系统。取定子电流转矩分量给定值

i_{sq}^*与实际值i_{sq}的误差（代表给定转矩与实际转矩的误差）作为角速度信号构造环节中PI控制器的输入，由其输出构成转子角速度信号观测值$\hat{\omega}$，与矢量控制器计算出的转差角速度给定信号ω_s^*相加后，得到同步角速度的计算值$\hat{\omega}_1$，$\hat{\omega}_1$的积分就是dq坐标变换的转角，如图9-5所示。这就是一种PI闭环控制构造角速度环节（见图9-4）。稳态时，$i_{sq}=i_{sq}^*$，PI控制器的输入为零，其输出即为稳态转子角速度。

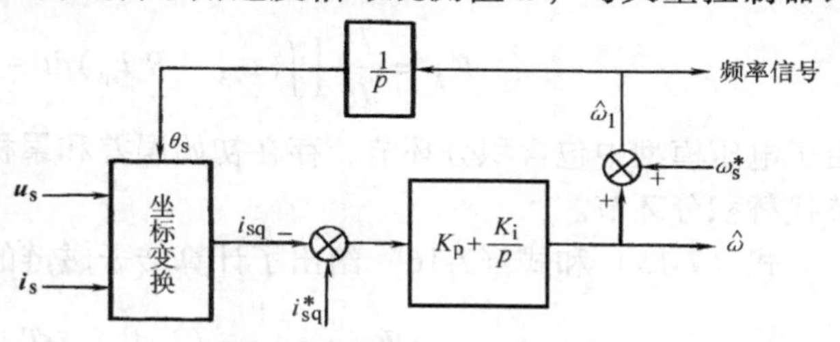

图9-5　比较定子电流转矩分量用PI闭环控制构造角速度的原理框图

取K_p、K_i作为PI控制器的比例系数和积分系数，则角速度信号的闭环构造方程式为

$$\hat{\omega}=\left(K_p+\frac{K_i}{p}\right)(i_{sq}^*-i_{sq}) \tag{9-25}$$

由式（9-25）得到的角速度动态过程与K_p、K_i的整定值和i_{sq}的实际变化过程有关，代入i_{sq}与电磁转矩的关系后，所得的$\hat{\omega}$并不是实际的动态角速度，只能通过调试参数让它尽量接近实际的动态角速度。

9.2.2　比较电磁转矩用PI闭环控制构造角速度

在直接转矩控制系统中，在静止两相的αβ坐标系上计算电磁转矩，见第7章式（7-24），重写如下：

$$T_e=p_n(i_{s\beta}\Psi_{s\alpha}-i_{s\alpha}\Psi_{s\beta}) \tag{7-24}$$

如果定子磁链的观测值准确，直接比较给定转矩T_e^*和由上式得到的实际电磁转矩T_e，经过PI控制也能构造角速度信号$\hat{\omega}$，从而构成另一种PI闭环控制的构造角速度环节，如图9-6所示。

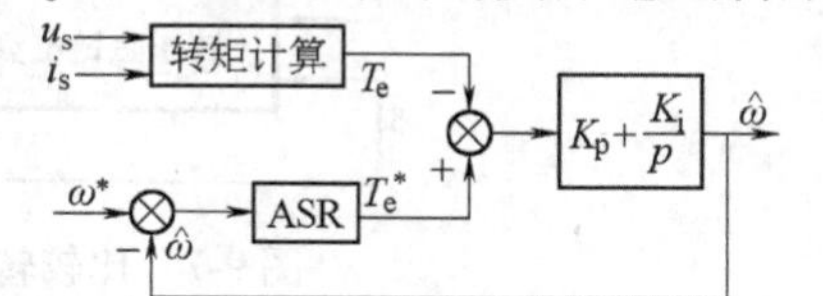

图9-6　比较电磁转矩用PI闭环控制构造角速度的原理框图

和9.2.1节图（9-5）相比，计算实际转矩T_e虽然比计算电流的转矩分量复杂一些，但给定转矩T_e^*可以直接从转速调节器ASR的输出得到，更为简单。

9.2.3　比较转子磁链的电压、电流模型用PI闭环控制构造角速度

可以通过电压模型或电流模型来计算磁链信号，第7章式（7-17）和式（7-18）给出了计算转子磁链的电压模型，所需要的输入信号是定子电压和电流，现在把它重写在下面：

$$\boldsymbol{\Psi}_{r\alpha} = \frac{L_r}{L_m}\left[\int(u_{s\alpha} - R_s i_{s\alpha})dt - \sigma L_s i_{s\alpha}\right] \tag{7-17}$$

$$\boldsymbol{\Psi}_{r\beta} = \frac{L_r}{L_m}\left[\int(u_{s\beta} - R_s i_{s\beta})dt - \sigma L_s i_{s\beta}\right] \tag{7-18}$$

由于电压模型中包含积分环节，存在初始误差和累积误差，有时可采用低通滤波环节代替积分环节。

式（7-15）和式（7-16）给出了计算转子磁链的电流模型，也重写在下面：

$$\boldsymbol{\Psi}_{r\alpha} = \frac{1}{T_r p + 1}(L_m i_{s\alpha} - \omega T_r \boldsymbol{\Psi}_{r\beta}) \tag{7-15}$$

$$\boldsymbol{\Psi}_{r\beta} = \frac{1}{T_r p + 1}(L_m i_{s\beta} + \omega T_r \boldsymbol{\Psi}_{r\alpha}) \tag{7-16}$$

式中，输入信号是定子电流和转子角速度。

无论是电压模型还是电流模型，转子磁链的幅值都是

$$\boldsymbol{\Psi}_r = \sqrt{\boldsymbol{\Psi}_{r\alpha}^2 + \boldsymbol{\Psi}_{r\beta}^2} \tag{9-26}$$

令 $\boldsymbol{\Psi}_{ru}$ 和 $\boldsymbol{\Psi}_{ri}$ 分别表示电压模型和电流模型的输出幅值，认为它们的稳态值相等，取误差（$\boldsymbol{\Psi}_{ru} - \boldsymbol{\Psi}_{ri}$）进行 PI 控制，其 输出亦可构成角速度信号的观测值 $\hat{\omega}$。也可以采用 αβ 坐标向量 $\boldsymbol{\Psi}_{ru}$ 和 $\boldsymbol{\Psi}_{ri}$ 的广义误差 e，即

$$e = \boldsymbol{\Psi}_{ru\beta}\boldsymbol{\Psi}_{ri\alpha} - \boldsymbol{\Psi}_{ru\alpha}\boldsymbol{\Psi}_{ri\beta} \tag{9-27}$$

通过 PI 控制构成角速度信号 $\hat{\omega}$，再反馈给电流模型实现闭环控制，同时作为调速系统的角速度反馈信号，如图 9-7 所示。

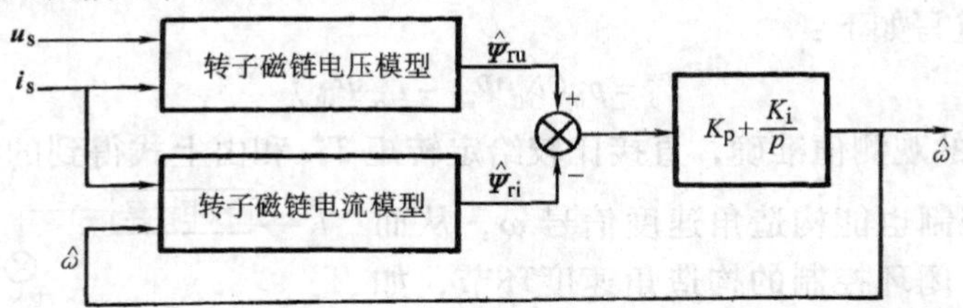

图 9-7　比较转子磁链的电压、电流模型用 PI 闭环控制构造角速度的原理框图

由于电压模型中的积分环节使其输出信号 $\boldsymbol{\Psi}_{ru}$ 产生误差，把它当做参考值，用所构造的角速度信号 $\hat{\omega}$ 去调整电流模型，使电流模型的输出 $\boldsymbol{\Psi}_{ri}$ 向 $\boldsymbol{\Psi}_{ru}$ 看齐，反而造成信号 $\hat{\omega}$ 的失真。这正是这种方法的缺点。

9.2.4　比较定子电压用 PI 闭环控制构造角速度

为了避开积分误差问题，将电压模型的积分关系式改变成微分关系式，即

$$u_{s\alpha}=R_s i_{s\alpha}+\sigma L_s p i_{s\alpha}+\frac{L_m}{L_r}p\Psi_{r\alpha} \tag{9-28}$$

$$u_{s\beta}=R_s i_{s\beta}+\sigma L_s p i_{s\beta}+\frac{L_m}{L_r}p\Psi_{r\beta} \tag{9-29}$$

以 $\boldsymbol{i}_s$ 和 $\boldsymbol{\Psi}_r$（均为向量）为输入、$\boldsymbol{u}_s$ 为输出的环节可称之为逆电压模型。先用电流模型计算出转子磁链 $\boldsymbol{\Psi}_r$，并冠以符号“^”，表示是计算值；再送给逆电压模型，计算出电压 $\hat{\boldsymbol{u}}_s$，最后与实际的定子电压进行比较，取其误差实行 PI 控制，即可构成角速度信号，如图 9-8 所示[50]。在这里，参与比较的是实际电压，它是准确的，而且由电流模型获得的转子磁链波形是平滑的，不含噪声，便于在逆电压模型中进行微分运算，因此比较电压信号显然比直接比较磁链模型能够获得更好的稳态性能。但检测电压并进行滤波比较麻烦，这是这一方法的缺点。

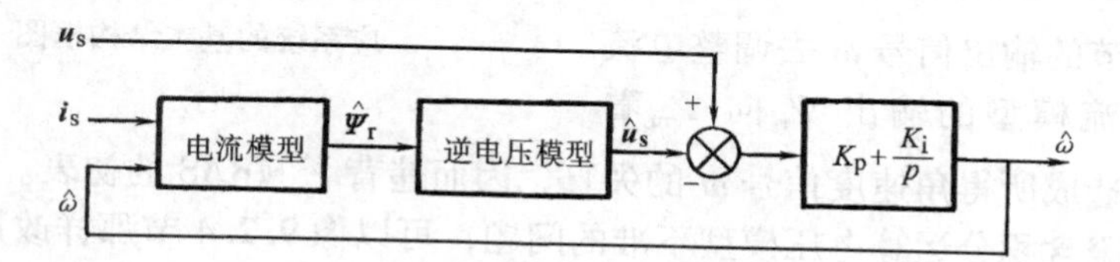

图 9-8　比较定子电压用 PI 控制闭环构造角速度的原理框图

9.2.5　比较定子电流用 PI 闭环控制构造角速度

把比较定子电压改成比较定子电流，用电流传感器输出定子电流信号，可以避开检测电压的麻烦，这样利用 PI 闭环控制构造角速度的原理框图如图 9-9 所示。图中，由实际的异步电动机系统给出实际电流信号 $\boldsymbol{i}_s$，由电动机模型给出所估计的电流信号 $\hat{\boldsymbol{i}}_s$，对两者进行比较后通过 PI 控制构造出电动机模型中所需的角速度信号 $\hat{\omega}$，同时作为调速系统反馈之用。

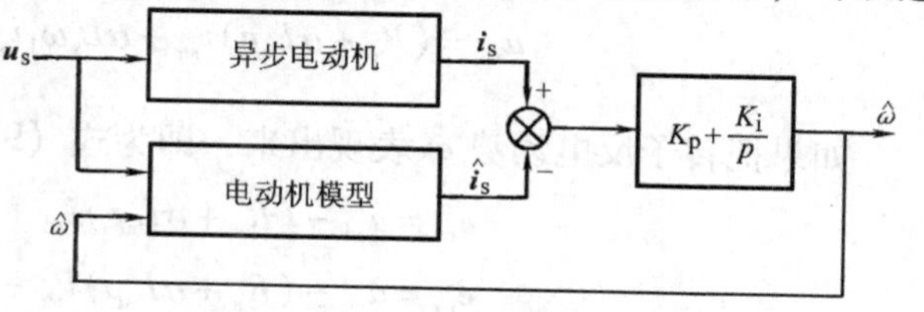

图 9-9　比较定子电流用 PI 控制闭环构造角速度的原理框图

在实际运行中，如果所用的电动机模型参数不准，造成定子电流信号的误差，会使所得的角速度信号失真。此外，在这种方法中，构成全部电动机模型的软件也比磁链模型软件复杂得多。这些都是此方法的不足之处。

9.2.6　基于模型参考自适应系统用 PI 闭环控制构造角速度

按照 Y. D. Landau[56] 和 K. J. Astrom[57] 关于自适应控制的经典著作中的定义，

模型参考自适应系统（Model Reference Adaptive System，MRAS）的基本结构框图如图 9-10 所示。图中，“参考模型”是能代表受控系统性能的准确模型，其输出是自适应控制的期望值；“可调整系统”是受控系统，可以调整其参数或输入，以获得尽量接近参考模型的性能；e 是参考模型和可调整系统输出的广义误差；“自适应机理”则是由广义误差按上述目的调整受控系统的调整规律。

首先提出将 MRAS 方法用于无速度传感器控制的参考文献[53]采用了 9.2.3 节比较转子磁链电压、电流模型的 PI 控制（见图 9-7），实际上它和 MRAS 原理只是在结构形状上相似。由于电压模型中的积分环节使其输出信号 Ψ_{ru} 产生误差，把它当做参考值，用角速度构造环节的输出信号 $\hat{\omega}$ 去调整电流模型，使电流模型的输出 Ψ_{ri} 向 Ψ_{ru} 看齐，反而会造成所得角速度信号 $\hat{\omega}$ 的失真，因而违背了 MRAS 的初衷。

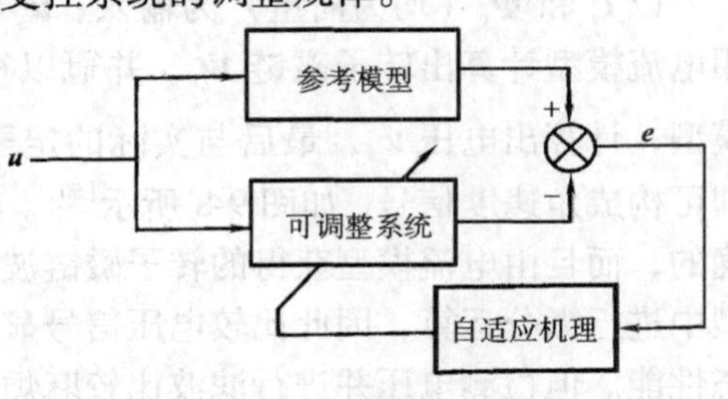

图 9-10　模型参考自适应系统的基本结构框图

为了克服含积分运算电压模型不准的问题，可以像 9.2.4 节那样改用电压模型的微分形式，如果采用按转子磁链定向同步旋转的 dq 坐标系，就是 9.1.1 节中的式（9-8）和式（9-9），重写如下：

$$u_{sd} = (R_s + \sigma L_s p) i_{sd} - \sigma L_s \omega_1 i_{sq} + \frac{L_m}{L_r} p \Psi_r \tag{9-8}$$

$$u_{sq} = (R_s + \sigma L_s p) i_{sq} + \sigma L_s \omega_1 i_{sd} + \frac{L_m}{L_r} \omega_1 \Psi_r \tag{9-9}$$

如果把转子反电动势 e_r 表现出来，即为式（9-10）和式（9-11），重写如下：

$$e_{rd} = u_{sd} - (R_s + \sigma L_s p) i_{sd} + \sigma L_s \omega_1 i_{sq} \tag{9-10}$$

$$e_{rq} = u_{sq} - (R_s + \sigma L_s p) i_{sq} - \sigma L_s \omega_1 i_{sd} \tag{9-11}$$

用微分形式的电压模型作为参考模型，基于模型参考自适应系统（MRAS）的角速度构造环节如图 9-11 所示，图中的电压模型就是由异步电动机的定子电压方程式得到的式（9-10）和式（9-11），因此其输出的反电动势向量可表作 $\boldsymbol{e}_{ru}$。与此相仿，可以从转子电压方程得到可调整模型，输出的电动势信号为 $\boldsymbol{e}_{ri}$。取反电动势叉积作为广义误差 $\boldsymbol{e}$，则

$$\boldsymbol{e} = e_{ruq} e_{rid} - e_{rud} e_{riq} \tag{9-30}$$

自适应机理仍采用 PI 控制，其输出即为稳态角速度观测值 $\hat{\omega}$。由于转子电压方程中的等效转子电阻 R_r'/s 是角速度 ω 的函数，可以用 $\hat{\omega}$ 来调整可调整模型，同时作

为角速度反馈信号。

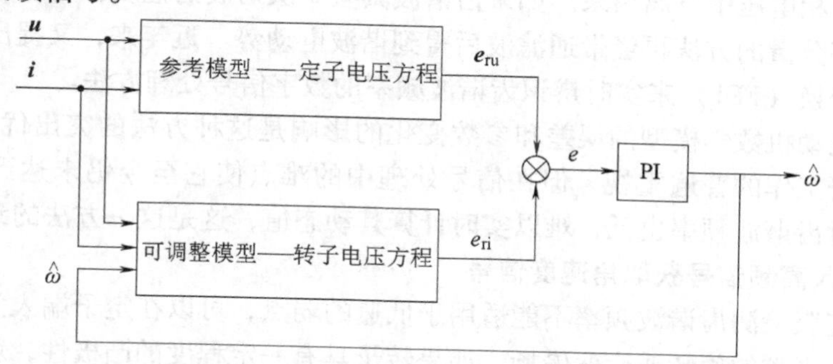

图 9-11　基于模型参考自适应系统（MRAS）用 PI 闭环控制构造角速度的原理框图

9.3　特征信号处理——利用电动机结构上的特征产生角速度信号

无论是基于数学模型的开环计算角速度，还是基于 PI 控制的闭环构造角速度，都离不开电动机的数学模型，也就是都或多或少地受电动机参数变化的影响。虽然闭环控制可以部分地弥补这一缺陷，但并不能彻底摆脱参数的影响。如果从电动机本身结构上的特征出发，设法找到与转子角速度有关的信息，从而产生角速度信号，就可以完全不受数学模型的牵制。下面举两个例子来说明在这条途径上的研究成果，可以看出，问题的难点又转化到信号处理上面来了。由于目前这些成果尚未得到实际应用，本书只择要介绍其主要思路。

9.3.1　检测转子齿谐波磁场的感应电动势产生角速度信号

在常规的电机学原理中，一般都假定异步电动机定、转子表面是光滑的，气隙均匀，感应电动势呈正弦波形。实际上，定、转子铁心都有齿和槽，使气隙产生周期性的变化，因而在电动机中，除基波旋转磁场外，还有转子齿谐波磁场。当转差率 $s=0$ 时，转子齿谐波磁场是一个调制波，可分解为两个等幅的谐波，谐波次数为（$N_r \pm 1$），它们在定子绕组中感应的谐波电动势频率是 $f_t=(N_r \pm 1)f_1$（式中，N_r 是每对极下的转子槽数，f_1 是基波频率）。在一般情况下，$s \neq 0$，转子齿谐波电动势频率为

$$f_t=[N_r(1-s)\pm 1]f_1 \tag{9-31}$$

而转子的电角速度为 $\omega=2\pi(1-s)f_1$，将其代入式（9-31）中可得

$$\omega=\frac{2\pi}{N_r}(f_t \mp f_1) \tag{9-32}$$

已知 N_r 时，测得转子齿谐波频率后，即可由式（9-32）计算角速度。

在定子相电压中，基波分量总是主要的，要检测转子齿谐波频率必须将谐波电

动势从定子相电压中分离出来。如果齿谐波具有 3 次谐波的性质，可以用电压互感器检测零序分量的方法再经带通滤波后得到谐波电动势。近年来，又提出了通过快速傅里叶变换（FFT）来实时辨识齿谐波频率的数字信号处理方法。

不受电动机数学模型的误差和参数变化的影响是这种方法的突出优点，为此，受到了科研工作的普遍重视。但在信号处理中的难点使它至今仍未达到实用的程度，低速时齿谐波频率也低，难以实时计算其动态值，这是这一方法的致命弱点。

9.3.2 注入高频信号获取角速度信号

为了克服检测齿谐波频率不能适用于低速的弱点，可以在定子端人为地注入高频信号产生高频的旋转或交变磁场，如果转子具有一定程度的凸极性，就会对高频磁场产生调制作用，从而呈现出与角速度有关的信号。

转子的凸极性可以借助于磁路饱和程度产生，也可以采用特殊的结构造成。

第10章　同步电动机调速系统

10.1　同步电动机的特点和类型

同步电动机历来是以转速与电源频率保持严格同步著称的，只要电源频率保持恒定，同步电动机的稳态转速就绝对不变。小到电钟和记录式仪表的定时旋转机构，大到大型同步电动机-直流发电机组，无一不是为了发挥其转速恒定的优势而得到应用的。此外，同步电动机还有一个突出的优点，就是可以控制励磁来调节它的功率因数，可使功率因数高到1.0，甚至超前。在一个工厂里，只需有一台或几台大功率设备（例如水泵、空气压缩机）采用同步电动机，就足以改善全厂的功率因数。但是，由于同步电动机起动费事、重载时有振荡乃至失步的危险，过去除了上述特殊情况外，一般工业设备很少采用同步电动机传动。

自从电力电子变压变频技术获得广泛应用以后，情况就大不相同了。采用电压-频率协调控制，同步电动机便和异步电动机一样成为调速电动机家族的一员，原来由于供电电源频率固定不变而阻碍同步电动机广泛应用的问题都已迎刃而解。例如起动问题，既然频率可以平滑调节，当频率由低调到高时，转速就随之逐渐上升，不需要任何其他起动措施，甚至有些数千以至数万千瓦的大型高速同步电动机，还专门配上变压变频装置作为软起动设备。再如振荡和失步问题，其起因本来就是由于旋转磁场的同步转速固定不变，当突加负载使电动机转子落后的角度太大时，便造成振荡乃至失步，现在有了频率的闭环控制，同步转速可以跟着频率改变，自然就不会振荡和失步了。

同步电动机的转子旋转速度就是与旋转磁场同步的转速，转差角速度 ω_s 恒等于0，没有转差功率，其调速方法只有转差功率不变型的变压变频调速一种，没有其他类型。同步电动机变压变频调速的原理以及所用的变压变频装置都和异步电动机变压变频调速系统基本相同，但鉴于同步电动机有以下与异步电动机不同的特点，同步电动机调速系统还具有自己的特色。

1）交流电动机旋转磁场的同步角速度 ω_1 与定子电源频率 f_1 有确定的关系，即

$$\omega_1 = \frac{2\pi f_1}{p_n} \tag{10-1}$$

异步电动机的稳态角速度总是低于同步角速度，两者之差叫做转差角速度 ω_s；同步电动机的稳态角速度等于同步角速度，转差角速度 $\omega_s = 0$。

2）异步电动机的磁场仅靠定子供电产生，而同步电动机除定子磁动势外，在转子侧还有独立的直流励磁，或者靠永久磁钢励磁。

3）同步电动机和异步电动机的定子都有同样的交流绕组，一般都是三相的，而转子绕组则不同，同步电动机转子除直流励磁绕组（或永久磁钢）外，还可能有自身短路的阻尼绕组。

4）如果忽略齿槽影响，异步电动机的气隙是均匀的，而同步电动机则有隐极与凸极之分。隐极式电动机气隙均匀，凸极式则不均匀，磁极直轴的磁阻小，极间的交轴磁阻大，两轴的电感不等，造成数学模型上的复杂性。但凸极效应能产生平均转矩，单靠凸极效应运行的同步电动机称为磁阻式同步电动机。

5）异步电动机由于励磁的需要，必须从电源吸取滞后的无功电流，空载时功率因数很低。同步电动机则可通过调节转子的直流励磁电流，改变输入功率因数，可以滞后，也可以超前。当 $\cos\varphi=1.0$ 时，电枢铜损耗最小，还可以节约变压变频装置的容量。

6）由于同步电动机转子有独立励磁，在极低的电源频率下也能运行，因此在同样条件下，同步电动机的调速范围比异步电动机更宽。

7）异步电动机要靠加大转差才能提高转矩，而同步电动机只须加大功角就能增大转矩，同步电动机比异步电动机对转矩扰动具有更强的承受能力，能获得更快的动态转矩响应。

现在常用的同步电动机有以下几种类型：

1）直流励磁同步电动机；

2）永磁同步电动机；

3）磁阻式同步电动机。

10.2　转速开环恒压频比控制的同步电动机群调速系统

图 10-1 所示是转速开环恒压频比控制的同步电动机群调速系统，多用于纺织、化纤等工业中小容量多电动机传动系统中。多台永磁或磁阻式同步电动机并联在公共的变频器上，由统一的频率给定信号 f^* 同时调节各台电动机的转速。图中的变频器采用电压源型 PWM 变压变频器。

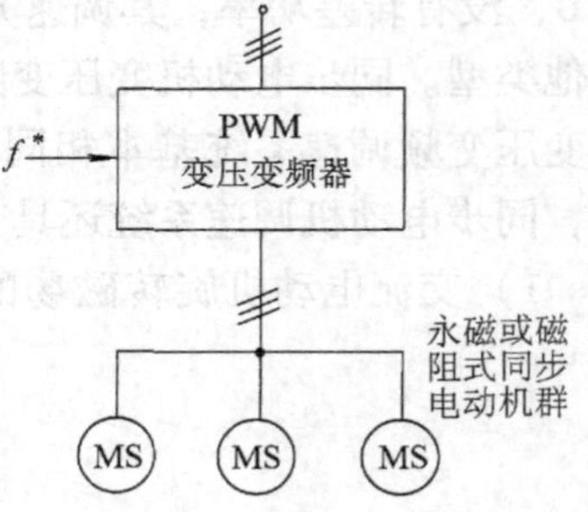

图 10-1　多台同步电动机的恒压频比控制调速系统

在 PWM 变压变频器中，带定子压降补偿的恒压频比控制保证了同步电动机气隙磁通恒定，缓慢地调节给定频率 f^*，可以同时逐渐改变各台电动机的转速。这种开环调速系统存在一个明显的缺点，就是转子振荡和失步问题并未解决，因此各台同步电动机的负载不能太大。

10.3 直流励磁同步电动机调速系统

大型同步电动机转子上一般都有励磁绕组，通过电刷和集电环由可控的直流励磁电源供电；也可以采用无刷励磁，在同步电动机轴上安装一台交流励磁发电机，所输出的交流电流经过固定在轴上的二极管整流器变换成直流，直接送入同步电动机的励磁绕组。常用的直流励磁同步电动机多是大功率的，由于所用变压变频电源结构的不同，控制系统的组成、性能和应用场合都有差异。

10.3.1 负载换相交-直-交电流型变频直流励磁同步电动机调速系统

对于长期高速运行的大型机械设备（如高炉鼓风机、大型水泵、豪华游轮的电力推进等），动态性能要求不高，定子常用晶闸管交-直-交电流源型变频器供电，其电动机侧变流器（即逆变器）比给异步电动机供电时更简单，可以省去强迫换相电路，而利用同步电动机定子中感应电动势的波形过零点实现换相。这样的逆变器称为负载换相逆变器（Load-commutated Inverter，LCI）。图 10-2 绘出了这种系统的原理框图。

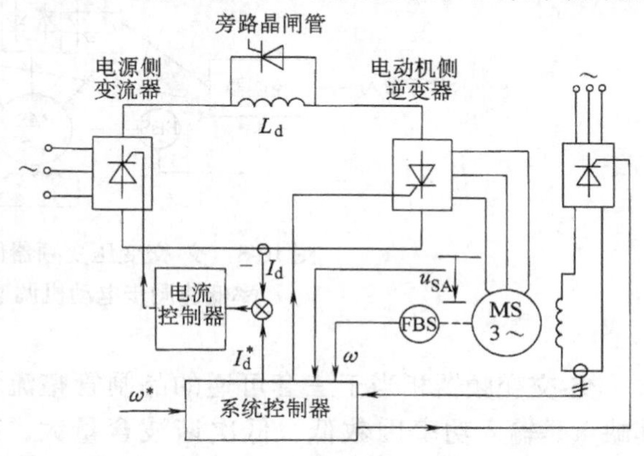

图 10-2 负载换相电流源型变频器供电的同步电动机调速系统

在图 10-2 中，系统控制器的程序包括转速调节、转差控制、负载换相控制和励磁电流控制，FBS 是测速反馈环节。由于变压变频装置是电流源型的，还单独画出了电流控制器（包括电流调节和电源侧变流器的触发控制）。剩下唯一的问题便是起动和低速时的换相问题，低速时同步电动机感应电动势不够大，不足以保证可靠换相，特别是当电动机静止时，感应电动势为零，根本就无法换相。这时，须采用“直流侧电流断续”的特殊方法，使中间直流环节电抗器的旁路晶闸管导通，让电抗器释放磁能，同时切断直流电流，允许逆变器换相，换相后再关断旁路晶闸管，使电流恢复正常。用这种换相方式可使电动机转速升到额定值的3%～5%，然后再切换到负载电动势换相。“电流断续”换相时，转矩会产生较大的脉动，因此它只能用于起动过程，而不适用于稳态运行，这就使得这种系统的调速范围一般不超过 10。

10.3.2 交-交变压变频器供电的大功率低速直流励磁同步电动机调速系统

另一类大型直流励磁同步电动机变压变频调速系统用于低速的电气传动，例如无齿轮传动的可逆轧机、矿井提升机、水泥转窑等。由交-交变频器（又称周波变换器）供电时，输出频率的上限为 20 ~ 25 Hz（当电网频率为 50Hz 时），对于一台 20 极的同步电动机，同步转速只有 120 ~ 150 r/min，直接用来传动轧钢机等设备是很合适的，可以省去庞大的齿轮传动装置。这类调速系统的基本结构如图 10-3 所示，可以实现四象限运行，控制器按需要可以是常规的，也可以采用矢量控制，后者将在 10.3.3 节中详细讨论。

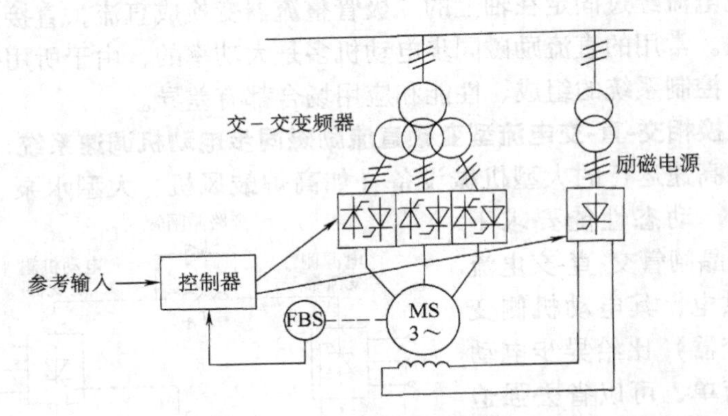

图 10-3　交-交变压变频器供电的大功率低速同步电动机调速系统

交-交变频器相当于三套可逆的晶闸管整流装置，国内已有成熟可靠的产品。其缺点是输入功率因数低、低次谐波含量大，必须配备无功补偿和谐波吸收装置。

10.3.3　按气隙磁场定向的同步电动机矢量控制系统

对于轧钢机、矿井提升机等设备，要求有高动态性能，这时的同步电动机变压变频调速系统可以采用矢量控制或直接转矩控制，其基本原理和异步电动机的高动态性能控制相似，但由于同步电动机的转子结构与异步电动机不同，其矢量坐标变换有自己的特色。本章着重讨论同步电动机的矢量控制系统。

同步电动机的主要特点是：定子有三相交流绕组，转子为直流励磁或永磁。为了突出主要问题，先忽略次要因素，因此作如下假定：

1）假设是隐极电动机，或者说忽略凸极的磁阻变化；

2）忽略阻尼绕组的效应；

3）忽略定子电阻和漏抗的影响。

其他假设条件和建立异步电动机数学模型时相同，见 6.2 节。这样，两极同步电动机的物理模型如图 10-4 所示。图中，定子三相绕组轴线 A、B、C 是静止的，三相电压 u_A、u_B、u_C 和三相电流 i_A、i_B、i_C 都是平衡的，转子以同步角速度 ω_1 旋转，转子上的励磁绕组在励磁电压 U_f 供电下流过励磁电流 I_f。沿励磁磁极的轴线为 d 轴，与 d 轴正交的是 q 轴，dq 坐标在空间也以同步角速度 ω_1 旋转，d 轴与 A 轴之间的夹角 θ 为变量。

在同步电动机中，除转子直流励磁外，定子磁动势还有电枢反应，直流励磁与电枢反应合起来产生合成的气隙磁通，合成磁通在定子中感应的电动势与外加电压平衡。同步电动机磁动势与磁通的空间矢量图如图 10-5a 所示。其中

$\boldsymbol{F}_f$、$\boldsymbol{\Phi}_f$——转子励磁磁动势和磁通，沿励磁方向为 d 轴；

$\boldsymbol{F}_s$——定子三相总磁动势；

$\boldsymbol{F}_R$、$\boldsymbol{\Phi}_R$——合成气隙磁动势和合成磁通；

θ_s——$\boldsymbol{F}_s$ 与 $\boldsymbol{F}_R$ 间的夹角；

θ_f——$\boldsymbol{F}_f$ 与 $\boldsymbol{F}_R$ 间的夹角。

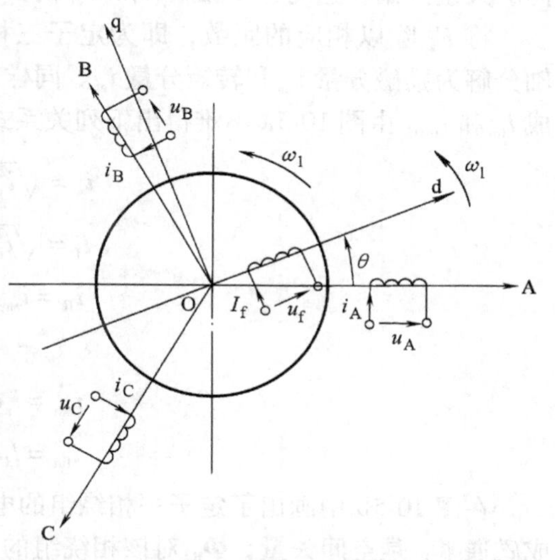

图 10-4　两极同步电动机的物理模型

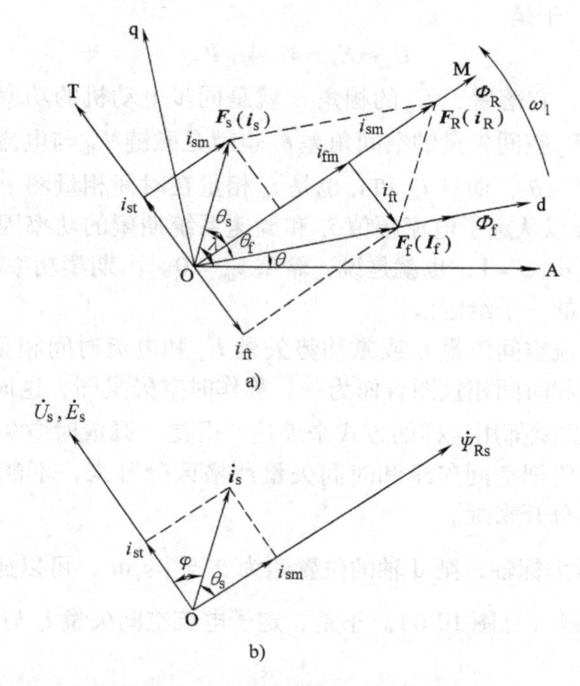

图 10-5　同步电动机近似的空间矢量图和时间相量图

a）磁动势和磁通的空间矢量图　b）电压、电流和磁链的时间相量图

在正常运行时，希望保持同步电动机的气隙磁通恒定，因此采用按气隙磁场定向的矢量控制。这时，令沿 $\boldsymbol{F}_{R}$ 和 $\boldsymbol{\Phi}_{R}$ 的方向为 M 轴，与 M 轴正交的是 T 轴。

将 $\boldsymbol{F}_{s}$ 除以相应的匝数，即为定子三相电流合成空间矢量 $\boldsymbol{i}_{s}$，可将它沿 M、T 轴分解为励磁分量 i_{sm} 和转矩分量 i_{st}。同样，与 $\boldsymbol{F}_{f}$ 相当的励磁电流矢量 $\boldsymbol{I}_{f}$ 也可分解成 i_{fm} 和 i_{ft}。由图 10-5a 不难得出下列关系式：

$$i_{s} = \sqrt{i_{sm}^{2} + i_{st}^{2}} \tag{10-2}$$

$$I_{f} = \sqrt{i_{fm}^{2} + i_{ft}^{2}} \tag{10-3}$$

$$i_{R} = i_{sm} + i_{fm} \tag{10-4}$$

$$i_{st} = -i_{ft} \tag{10-5}$$

$$i_{sm} = i_{s}\cos\theta_{s} \tag{10-6}$$

$$i_{fm} = I_{f}\cos\theta_{f} \tag{10-7}$$

在图 10-5b 中画出了定子一相绕组的电压、电流与磁链的时间相量图。气隙合成磁通 $\boldsymbol{\Phi}_{R}$ 是空间矢量，$\boldsymbol{\Phi}_{R}$ 对该相绕组的磁链 $\dot{\Psi}_{Rs}$ 则是时间相量，$\boldsymbol{\Psi}_{Rs}$ 在绕组中感应的电动势 $\dot{E}_{s}$ 比 $\dot{\Psi}_{Rs}$ 领先 90°。按照假设条件，忽略定子电阻和漏抗，则 $\dot{E}_{s}$ 与相电压 $\dot{U}_{s}$ 近似相等，于是

$$U_{s} \approx E_{s} = 4.44 f_{1} \Psi_{Rs} \tag{10-8}$$

$\dot{i}_{s}$ 是该相电流相量，它落后于 $\dot{U}_{s}$ 的相角 φ 就是同步电动机的功率因数角。根据电机学原理，$\boldsymbol{\Phi}_{R}$ 与 $\boldsymbol{F}_{s}$ 空间矢量的空间角差 θ_{s} 也就是磁链 $\dot{\Psi}_{Rs}$ 与电流 $\dot{i}_{s}$ 在时间上的相角差，因此 $\varphi = 90° - \theta_{s}$，而且 i_{sm} 和 i_{st} 也是 $\dot{i}_{s}$ 相量在时间相量图上的分量。定子电流的励磁分量 i_{sm} 可以从定子电流幅值 i_{s} 和调速系统期望的功率因数值求出。最简单的情况是，希望 $\cos\varphi = 1$，也就是说，希望 $i_{sm} = 0$。由期望功率因数确定的 i_{sm} 可作为矢量控制系统的一个给定值。

如果把三相电流空间矢量 $\boldsymbol{i}_{s}$ 或磁动势矢量 $\boldsymbol{F}_{s}$ 和电流时间相量 $\dot{i}_{s}$ 重叠在一起，可以把空间矢量图和时间相量图合而为一，称作时空矢量图，这时磁通 $\boldsymbol{\Phi}_{R}$ 便与磁链 $\dot{\Psi}_{Rs}$ 重合，很多文献都用这样的方式来表达。但是，画成时空矢量图只是为了方便，在概念上一定要把空间矢量和时间矢量严格区分开来，不能混淆，为此在图 10-5 中还是把它们分开来画。

以 A 轴为参考坐标轴，则 d 轴的位置角为 $\theta = \int\omega_{1}\mathrm{d}t$，可以通过电动机轴上的位置传感器 BQ 测得（见图 10-6）。于是，定子电流空间矢量 $\boldsymbol{i}_{s}$ 与 A 轴的夹角 λ 便成为

$$\lambda = \theta + \theta_{f} + \theta_{s} \tag{10-9}$$

由 $\boldsymbol{i}_{s}$ 的幅值 $|i_{s}|$ 和相位角 λ 可以求出三相定子电流为

$$i_A = |i_s| \cos\lambda$$
$$i_B = |i_s| \cos(\lambda - 120°) \tag{10-10}$$
$$i_C = |i_s| \cos(\lambda + 120°)$$

按照式（10-2）~式（10-7）以及式（10-9）、式（10-10）可构成矢量运算器，用来控制同步电动机的定子电流和励磁电流，即可实现同步电动机的矢量控制，其原理图如图 10-6 所示。由于采用了电流反馈控制，所以又称之为电流控制的同步电动机矢量控制系统。

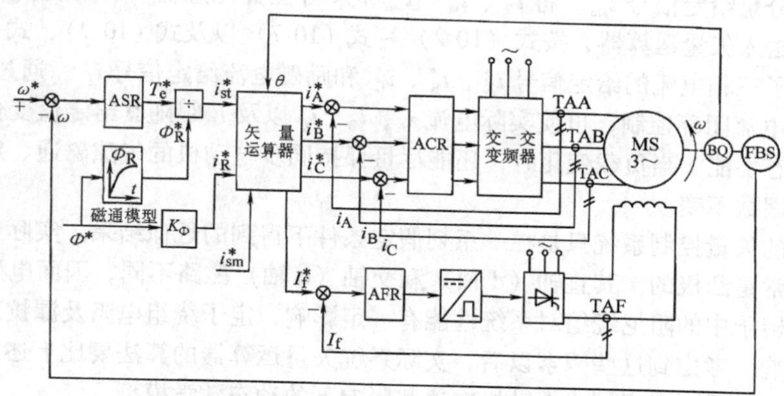

图 10-6　电流控制的同步电动机矢量控制系统

ASR—转速调节器　ACR—三相电流调节器　AFR—励磁电流调节器　BQ—位置传感器　FBS—测速反馈环节

根据机电能量转换原理，同步电动机的电磁转矩可以表达为[26]

$$T_e = \frac{\pi}{2} p_n^2 \Phi_R F_s \sin\theta_s \tag{10-11}$$

式中，定子旋转磁动势幅值为

$$F_s = \frac{3\sqrt{2} N_s k_{Ns}}{\pi p_n} i_s \tag{10-12}$$

由式（10-2）及式（10-6）可知

$$i_s \sin\theta_s = i_{st} \tag{10-13}$$

将式（10-12）、式（10-13）代入式（10-11），整理后得

$$T_e = C_m \Phi_R i_{st} \tag{10-14}$$

式中，$C_m = (3/\sqrt{2})\ p_n N_s k_{Ns}$。

式（10-14）表明，经矢量分解后，同步电动机的转矩公式获得了和直流电动机转矩一样的表达式。只要保证气隙磁通恒定，控制定子电流的转矩分量 i_{st} 就可以方便灵活地控制同步电动机的电磁转矩。问题还是如何能够准确地按气隙磁通定向。

于是，同步电动机矢量控制系统采用了和直流电动机调速系统相仿的双闭环控制结构，如图 10-6 所示。转速调节器 ASR 的输出是转矩给定信号 T_e^*，按照式（10-14），T_e^* 除以磁通模拟信号 Φ_R^* 即得定子电流转矩分量的给定信号 i_{st}^*，Φ_R^* 是由磁通给定信号 Φ^* 经磁通滞后模型模拟其滞后效应后得到的。与此同时，Φ^* 乘以系数 K_Φ 即得合成励磁电流的给定信号 i_R^*。另外，按功率因数要求，还可得定子电流励磁分量给定信号 i_{sm}^*。将 i_R^*、i_{st}^*、i_{sm}^* 和来自位置传感器 BQ 的旋转坐标相位角 θ 一起送入矢量运算器，按式（10-2）~式（10-7）以及式（10-9）、式（10-10）计算出定子三相电流的给定信号 i_A^*、i_B^*、i_C^* 和励磁电流给定信号 i_f^*。通过 ACR 和 AFR 实行电流闭环控制，可使实际电流 i_A、i_B、i_C 以及 I_f 跟随其给定值变化，获得良好的动态性能。当负载变化时，还能尽量保持同步电动机的气隙磁通、定子电动势及功率因数不变。

上述的矢量控制系统只是在一系列假定条件下得到的近似结果。实际上，同步电动机常常是凸极的，其直轴（d 轴）和交轴（q 轴）磁路不同，因而电感值也不同，而且转子中的阻尼绕组对系统性能有一定影响，定子绕组电阻及漏抗对系统性能也有影响。考虑到这些因素以后，实际系统矢量运算器的算法要比上述公式复杂得多，这时就需要考虑同步电动机在这些影响下的动态数学模型。

10.3.4 直流励磁同步电动机的多变量动态数学模型

如果解除 10.3.3 节中所作的三条假定，考虑同步电动机的凸极效应、阻尼绕组效应和定子电阻与漏抗，则直流励磁同步电动机的动态电压方程式可写成

$$
\begin{aligned}
u_A &= R_s i_A + \frac{d\Psi_A}{dt} \\
u_B &= R_s i_B + \frac{d\Psi_B}{dt} \\
u_C &= R_s i_C + \frac{d\Psi_C}{dt} \\
U_f &= R_f I_f + \frac{d\Psi_f}{dt} \\
0 &= R_D i_D + \frac{d\Psi_D}{dt} \\
0 &= R_Q i_Q + \frac{d\Psi_Q}{dt}
\end{aligned}
\qquad (10\text{-}15)
$$

式中，前三个方程式是定子 A、B、C 三相的电压方程式，第四个方程式是励磁绕

组直流电压方程式（永磁同步电动机无此方程，其 Ψ_f 是已知的）最后两个方程式是阻尼绕组的等效电压方程式。实际阻尼绕组是多导条类似笼型的绕组，这里把它等效成在 d 轴和 q 轴各自短路的两个独立绕组。所有符号的意义及其正方向都和分析异步电动机时一致。

按照坐标变换原理，将 ABC 坐标系变换到 dq 同步旋转坐标系，并用 p 表示微分算子，则三个定子电压方程式变换成式（10-16）的两个方程式［参看式（6-39）］。

$$\begin{aligned} u_d &= R_s i_d + p\Psi_d - \omega_1 \Psi_q \\ u_q &= R_s i_q + p\Psi_q + \omega_1 \Psi_d \end{aligned} \tag{10-16}$$

三个转子电压方程不变，因为它们已经是在 dq 轴上了，可以改写成

$$\begin{aligned} U_f &= R_f I_f + p\Psi_f \\ 0 &= R_D i_D + p\Psi_D \\ 0 &= R_Q i_Q + p\Psi_Q \end{aligned} \tag{10-17}$$

由式（10-16）可以看出，从三相静止坐标系变换到两相旋转坐标系以后，dq 轴电压方程式等号右侧由电阻压降、脉变电动势和旋转电动势三项构成，其物理意义与异步电动机中相同。而在式（10-17）的转子 dq 方程式中没有旋转电动势项，因为转子转速就是同步转速，转差角速度 $\omega_s = 0$。

在两相同步旋转 dq 坐标系上的磁链方程式为

$$\begin{aligned} \Psi_d &= L_{sd} i_d + L_{md} I_f + L_{md} i_D \\ \Psi_q &= L_{sq} i_q + L_{mq} i_Q \\ \Psi_f &= L_{md} i_d + L_{rf} I_f + L_{md} i_D \\ \Psi_D &= L_{md} i_d + L_{md} I_f + L_{rD} i_D \\ \Psi_Q &= L_{mq} i_q + L_{rQ} i_Q \end{aligned} \tag{10-18}$$

式中 L_{sd}——等效两相定子绕组 d 轴自感，$L_{sd} = L_{ls} + L_{md}$；

L_{sq}——等效两相定子绕组 q 轴自感，$L_{sq} = L_{ls} + L_{mq}$；

L_{ls}——等效两相定子绕组漏感；

L_{md}——d 轴定子与转子绕组间的互感，相当于同步电动机原理中的 d 轴电枢反应电感；

L_{mq}——q 轴定子与转子绕组间的互感，相当于 q 轴电枢反应电感；

L_{rf}——励磁绕组自感，$L_{rf} = L_{lf} + L_{md}$；

L_{rD}——d 轴阻尼绕组自感，$L_{rD} = L_{lD} + L_{md}$；

L_{rQ}——q 轴阻尼绕组自感，$L_{rQ} = L_{lQ} + L_{mq}$。

由于有凸极效应，在 d 轴和 q 轴上的电感是不一样的。

将式（10-18）代入式（10-16）和式（10-17），整理后可得同步电动机的电压矩阵方程式为

$$\begin{bmatrix} u_d \\ u_q \\ U_f \\ 0 \\ 0 \end{bmatrix} = \begin{bmatrix} R_s + L_{sd}p & -\omega_1 L_{sq} & L_{md}p & L_{md}p & -\omega_1 L_{mq} \\ \omega_1 L_{sd} & R_s + L_{sq}p & \omega_1 L_{md} & \omega_1 L_{md} & L_{mq}p \\ L_{md}p & 0 & R_f + L_{rf}p & L_{md}p & 0 \\ L_{md}p & 0 & L_{md}p & R_D + L_{rD}p & 0 \\ 0 & L_{mq}p & 0 & 0 & R_Q + L_{rQ}p \end{bmatrix} \begin{bmatrix} i_d \\ i_q \\ I_f \\ i_D \\ i_Q \end{bmatrix} \quad (10\text{-}19)$$

同步电动机在 dq 轴上的转矩和运动方程式为

$$T_e = p_n(\Psi_d i_q - \Psi_q i_d) = \frac{J}{p_n} \cdot \frac{d\omega}{dt} + T_L \quad (10\text{-}20)$$

把式（10-18）中的 Ψ_d 和 Ψ_q 表达式代入式（10-20）的转矩方程式并整理后得

$$T_e = p_n L_{md} I_f i_q + p_n (L_{sd} - L_{sq}) i_d i_q + p_n (L_{md} i_D i_q - L_{mq} i_Q i_d) \quad (10\text{-}21)$$

观察式（10-21）各项，不难看出每一项转矩的物理意义。第一项 $p_n L_{md} I_f i_q$ 是转子励磁磁动势和定子电枢反应磁动势转矩分量相互作用所产生的转矩，是同步电动机主要的电磁转矩。第二项 $p_n(L_{sd} - L_{sq}) i_d i_q$ 是由凸极效应造成的磁阻变化在电枢反应磁动势作用下产生的转矩，称作反应转矩或磁阻转矩，这是凸极电动机特有的转矩，在隐极电动机中，$L_{sd} = L_{sq}$，该项为 0。第三项 $p_n(L_{md} i_D i_q - L_{mq} i_Q i_d)$ 是电枢反应磁动势与阻尼绕组磁动势相互作用的转矩，如果没有阻尼绕组，或者在稳态运行时阻尼绕组中没有感应电流，该项都为零，只有在动态中，产生阻尼电流，才有阻尼转矩，帮助同步电动机尽快达到新的稳态。

根据上述的同步电动机数学模型，可以求出更准确的矢量控制算法，得到比图 10-6 更复杂性能更完善的同步电动机矢量控制系统，可参看有关专著[3,13,61]。此外，为了较好地控制同步电动机，在不同场合下，除了 10.3.3 节中的按气隙磁场定向以外，还可以选择不同的磁链矢量作为定向坐标轴，例如按定子磁链定向、按转子磁链定向、按阻尼磁链定向等。

10.3.5 交-直-交电压源型变频器供电的直流励磁同步电动机调速系统

随着全控式电力电子开关器件电压、电流额定值的提高，双向可逆的交-直-交三电平电压源型变频器开始用于大功率直流励磁同步电动机调速系统。由于电网侧 PWM 变流器的功率因数可调，输入谐波含量大大降低，无须再配备无功补偿和谐波吸收装置，这样的交-直-交三电平电压源型变频器容量足够大时，可以取代给同步电动机供电的交-交变频器。关于双向可逆交-直-交三电平电压源型变频器的工作原理，可以在第 5 章 5.2 节“三电平逆变器”和第 8 章 8.4.2 节“双馈工作用的 AC/DC 双向 PWM 变流器”的基础上进行分析，调速系统的矢量控制技术也可在直流励磁同步电动机动态数学模型的基础上进一步研究，本书受丛书的篇幅所限，

不再深入探讨，读者需要时可参阅有关专著[13,14,61]。

10.4　永磁同步电动机调速系统

转子不用直流励磁，而采用永磁材料制造磁极，产生恒定的励磁磁场，使电动机具有下述突出的优点：

1）由于采用了永磁磁极，特别是采用了稀土金属永磁材料，如钕铁硼（NdFeB）合金、钐钴（SmCo）合金等，其磁能积高，可得较高的气隙磁通密度，同等功率时电动机体积小、重量轻。

2）转子没有铜损耗，铁损耗也很低，又没有集电环和电刷的摩擦损耗，运行效率高。

3）由于电动机的体积小、重量轻，因而转动惯量小，允许突加转矩大，可获得较高的加速度，动态性能好。

4）结构紧凑，运行可靠。

过去由于永磁材料价格昂贵，永磁电动机多用于中、小功率装置。现在，随着永磁材料及其加工成本的降低，已有越来越多的大功率永磁同步电动机获得应用。

除了特大功率的情况以外，永磁同步电动机多采用自控变频方式。在电动机轴端装有一台转子位置检测器 BQ（见图 10-7），由它发出的信号控制变压变频装置中的逆变器 UI 换相，从而改变同步电动机的供电频率，保证转子转速与供电频率同步。调速时则由外部信号或脉宽调制（PWM）控制 UI 的输入直流电压。

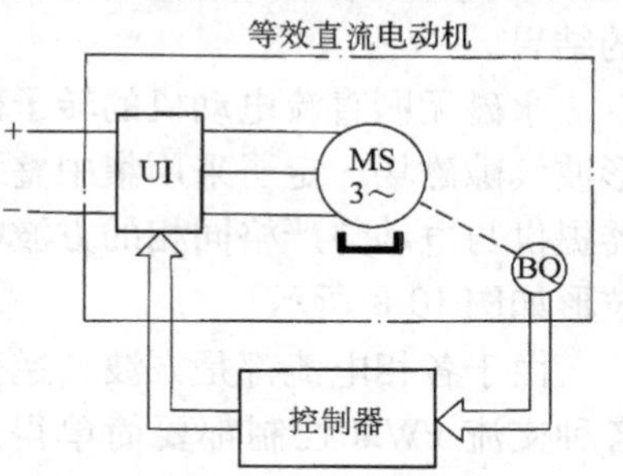

图 10-7　自控变频永磁同步电动机调速系统结构原理框图

从图 10-7 所示的电动机本身上看，它是一台永磁同步电动机，但是如果把它和逆变器 UI、转子位置检测器 BQ 合起来看，就像是一台直流电动机。直流电动机电枢里面的电流本来就是交变的，只是经过换向器和电刷才在外部电路表现为直流，这时换向器相当于机械式逆变器，电刷相当于磁极位置检测器。与此相应，在自控变频永磁同步电动机调速系统中，则采用电力电子逆变器和转子位置检测器，用静止的电力电子电路代替了容易产生火花的旋转接触式换向器，即用电子换相取代机械换向，显然具有很大的优越性。稍有不同的是，直流电动机的磁极在定子上，电枢是旋转的，而同步电动机的磁极一般都在转子上，电枢却是静止的，这只是相对运动上的不同，没有本质上的区别。

自控变频永磁同步电动机在其开发与发展的过程中，曾采用多种名称，有的至今仍习惯性地使用着，它们是：

（1）无换向器电动机　由于采用电子换相取代了机械式换向器，因而得名，多用于带直流励磁绕组的同步电动机。

（2）正弦波永磁同步电动机［或直接称作永磁同步电动机（Permanent Magnet Synchronous Motor，PMSM）］　当电枢输入三相正弦波电流、气隙磁场为正弦分布、磁极采用永磁材料时，就使用这个普通的名称，多用于伺服系统和高性能的调速系统。

（3）梯形波永磁同步电动机［又称为无刷直流电动机（Brushless DC Motor，BLDM）］　磁极仍为永磁材料，但电枢输入方波电流，气隙磁场呈梯形波分布，这样就更接近于直流电动机，但没有电刷，故称无刷直流电动机，多用于一般调速系统。

10.4.1 梯形波永磁同步电动机（无刷直流电动机）调速系统

前已指出，所谓无刷直流电动机实质上是一种特定类型的同步电动机，调速时虽然在表面上只控制了输入电压，实际上也自动地控制了频率，仍属于同步电动机的变压变频调速。国内外有些企业把无刷直流电动机自控变频调速这一名称抽出四个字，简称为“直流变频”，而把一般的异步电动机变压变频调速对应地叫做“交流变频”，对这种名称大做广告，一时很流行，实际上是不对的。众所周知，直流的频率恒等于0，何来“变频”？可见如果对科学的名称随意简化，可能得出荒谬的结果。

永磁无刷直流电动机的转子磁极采用瓦形磁钢，经专门的磁路设计，可获得梯形波气隙磁场，定子采用集中整距绕组，因而感应的电动势也是梯形波的。由逆变器提供与电动势严格同相的方波电流，同一相（例如A相）的电动势 e_A 和电流 i_A 波形如图10-8所示。

由于各相电流都是方波，逆变器的电压只须按直流PWM的方法进行控制，比各种交流PWM控制都要简单得多，这是设计梯形波永磁同步电动机的初衷。然而，由于绕组电感的作用，换相时电流不可能突跳，其波形实际上只能是近似梯形的，因而通过气隙传送到转子的电磁功率也是梯形波。下面将会证明，每次换相时的平均电磁转矩都会降低一些，如图10-9所示。实际的转矩波形每隔60°都出现一个缺口，而用PWM调压调速又使平顶部分出现纹波，这样的转矩脉动使梯形波永磁同步电动机的调速性能低于正弦波永磁同步电动机。

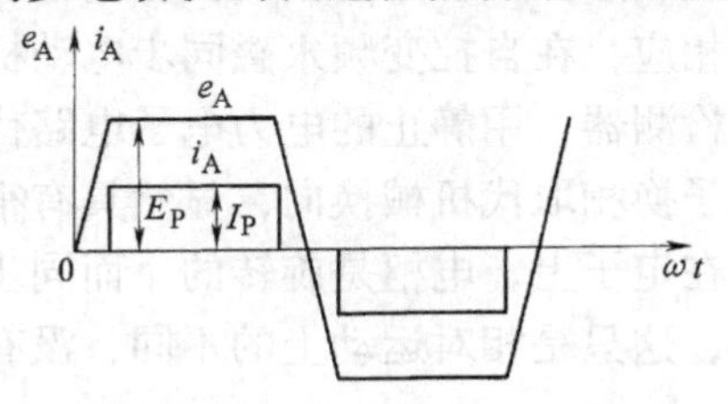

图10-8　梯形波永磁同步电动机的电动势与电流波形

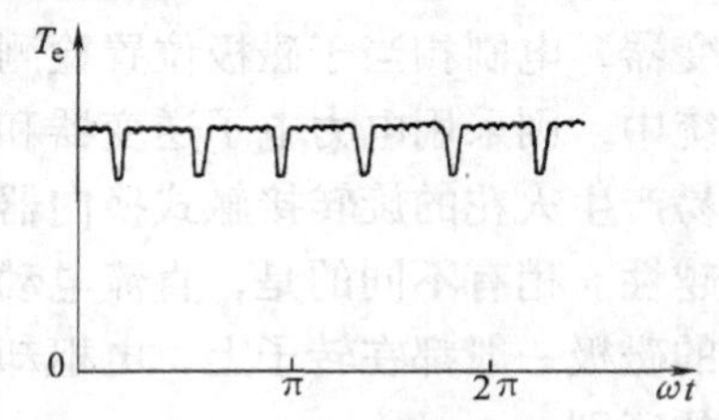

图10-9　梯形波永磁同步电动机的转矩脉动

梯形波永磁同步电动机的主电路通常采用三相Y联结，为它供电的桥式逆变器采用120°导通型，当两相导通时，另一相断开。对于梯形波电动势和电流，不能简单地用矢量表示，因而旋转坐标变换也不适用，只好在静止的ABC坐标上建立电动机的数学模型。当电动机中点与直流母线负极共地时，电动机的电压方程式可用下式表示：

$$\begin{bmatrix} u_A \\ u_B \\ u_C \end{bmatrix} = \begin{bmatrix} R_s & 0 & 0 \\ 0 & R_s & 0 \\ 0 & 0 & R_s \end{bmatrix}\begin{bmatrix} i_A \\ i_B \\ i_C \end{bmatrix} + \begin{bmatrix} L_s & L_m & L_m \\ L_m & L_s & L_m \\ L_m & L_m & L_s \end{bmatrix} p \begin{bmatrix} i_A \\ i_B \\ i_C \end{bmatrix} + \begin{bmatrix} e_A \\ e_B \\ e_C \end{bmatrix} \tag{10-22}$$

式中 u_A、u_B、u_C——三相输入对地电压；

i_A、i_B、i_C——三相电流；

e_A、e_B、e_C——三相电动势；

R_s——每相定子电阻；

L_s——每相定子绕组的自感；

L_m——任意两相定子绕组间的互感。

由于三相定子绕组对称，故有 $i_A+i_B+i_C=0$，则 $L_m i_B + L_m i_C = -L_m i_A$、$L_m i_C + L_m i_A = -L_m i_B$、$L_m i_A + L_m i_B = -L_m i_C$，将其代入式（10-22）并整理后得

$$\begin{bmatrix} u_A \\ u_B \\ u_C \end{bmatrix} = \begin{bmatrix} R_s & 0 & 0 \\ 0 & R_s & 0 \\ 0 & 0 & R_s \end{bmatrix}\begin{bmatrix} i_A \\ i_B \\ i_C \end{bmatrix} + \begin{bmatrix} L_s-L_m & 0 & 0 \\ 0 & L_s-L_m & 0 \\ 0 & 0 & L_s-L_m \end{bmatrix} p \begin{bmatrix} i_A \\ i_B \\ i_C \end{bmatrix} + \begin{bmatrix} e_A \\ e_B \\ e_C \end{bmatrix}$$

$$= \begin{bmatrix} R_s & 0 & 0 \\ 0 & R_s & 0 \\ 0 & 0 & R_s \end{bmatrix}\begin{bmatrix} i_A \\ i_B \\ i_C \end{bmatrix} + \begin{bmatrix} L & 0 & 0 \\ 0 & L & 0 \\ 0 & 0 & L \end{bmatrix} p \begin{bmatrix} i_A \\ i_B \\ i_C \end{bmatrix} + \begin{bmatrix} e_A \\ e_B \\ e_C \end{bmatrix} \tag{10-23}$$

式中 L——定子绕组的漏感，$L=L_s-L_m$。

这样，由逆变器供电的梯形波永磁同步电动机的等效电路及逆变器主电路原理电路如图10-10所示。

设图10-8中方波相电流的峰值为 I_p，梯形波相电动势的峰值为 E_p，在一般情况下，同时只有两相导通，从逆变器直流侧看进去，为两相绕组串联，则电磁功率为 $P_m=2E_pI_p$。忽略电流换相过程的影响，电磁转矩为

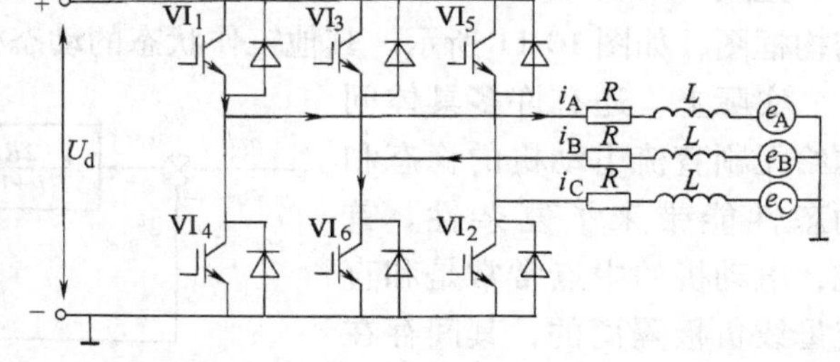

图10-10　梯形波永磁同步电动机的等效电路及逆变器主电路原理图

$$T_e = \frac{P_m}{\frac{\omega_1}{p_n}} = \frac{2p_n E_p I_p}{\omega_1} = 2p_n \Psi_p I_p \tag{10-24}$$

式中 Ψ_p——梯形波励磁磁链的峰值，是恒定值，$\Psi_p = E_p/\omega_1$。

由此可见，梯形波永磁同步电动机（无刷直流电动机）的转矩与电流 I_p 成正比，和一般的直流电动机相当，因而其控制系统也和直流调速系统一样。要求不高时，可采用开环控制系统，对于动态性能要求较高的负载，可采用转速、电流双闭环控制系统。无论是开环还是闭环控制系统，都必须具备转子位置检测、发出换相信号、调速时对直流电压的 PWM 控制等功能，现已生产出许多品种的专用集成电路芯片。

暂不考虑换相过程及 PWM 波等因素的影响，当图 10-10 中的 VI_1 和 VI_6 同时导通时，A、B 两相导通而 C 相关断，则 $i_A = -i_B$、$i_C = 0$，且 $e_A = -e_B$，由式（10-23）可得无刷直流电动机的动态电压方程式为

$$u_A - u_B = 2R_s i_A + 2Lpi_A + 2e_A \tag{10-25}$$

式中，$(u_A - u_B)$ 是 A、B 两相之间输入的平均线电压，采用 PWM 控制时，设占空比为 ρ，则 $u_A - u_B = \rho U_d$，于是，式（10-25）可改写成

$$\rho U_d - 2e_A = 2R_s (T_l p + 1) i_A \tag{10-26}$$

式中 T_l——定子漏磁时间常数，$T_l = L/R_s$。

根据电动机和电气传动系统基本理论可知

$$e_A = -e_B = k_e \omega \tag{10-27}$$

$$T_e = \frac{p_n}{\omega}(e_A i_A + e_B i_B) = 2p_n k_e i_A \tag{10-28}$$

$$T_e - T_L = \frac{J}{p_n} p\omega \tag{10-29}$$

把式（10-26）~式（10-29）联合起来，可以绘出无刷直流电动机的近似动态结构框图，如图 10-11 所示。其他工作状态的动态模型均与此相同。

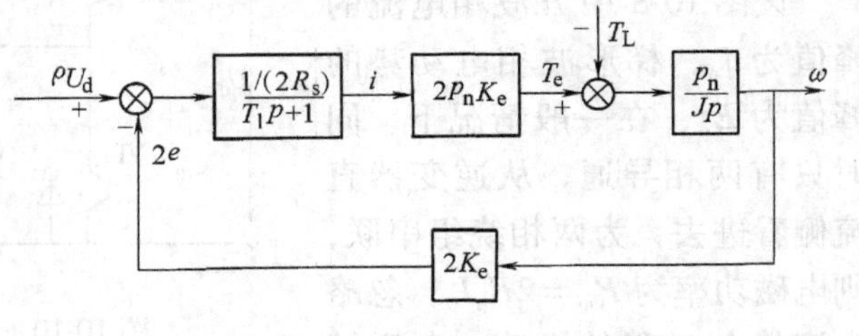

图 10-11　无刷直流电动机的近似动态结构框图

实际上，还有许多具体问题给无刷直流电动机的稳态和动态性能带来了复杂性。首先，电动机的中点常常是和直流母线负极隔离的，其间存在着中性点电压 U_N，这使电压方程式［式（10-23）］和等效电路（见图 10-10）都发生了变

化。此外，在换相过程中，电流和转矩的变化、在关断相中由反电动势所引起的电流、PWM 波电压对电流和转矩的影响等等，都是使动态模型产生时变和非线性的因素，其后果是造成转矩和转速的脉动，严重时会使电动机无法正常运行，必须设法予以抑制或消除。

最后，简单介绍一下用于无刷直流电动机的无位置传感器技术。由图 10-7 可见，位置传感器 BQ 是构成自控变频永磁同步电动机调速系统必要的环节，但是在许多小功率场合，如家电产品等，在电动机轴上安装位置传感器并增加额外的引线，会使人感到十分不便，因而产生革去位置传感器的要求。前已指出，在 120°导通型逆变器中，在任何时刻，三相中总有一相是被关断的，但该相绕组仍在切割转子磁场并产生电动势，如果能够检测出关断相电动势波形的过零点，就可以准确得到转子位置的信息，可用以代替位置传感器的作用。这样的无位置传感器技术现已日趋成熟，已经出现了支持该技术的专用集成电路芯片。

10.4.2 正弦波永磁同步电动机调速系统

正弦波永磁同步电动机具有定子三相分布绕组和永磁转子，在磁路结构和绕组分布上保证定子绕组中的感应电动势具有正弦波，外施的定子电压和电流也应为正弦波，一般靠交流 PWM 变压变频器提供。在电动机轴上安装转子位置检测器，能检测出磁极位置和转子相对于定子的绝对位置，因此须采用分辨率较高的光电编码器或旋转变压器，用以控制变压变频器电流的频率和相位，使定子和转子磁动势保持确定的相位关系，从而产生恒定的转矩。

正弦波永磁同步电动机一般没有阻尼绕组，转子磁通由永久磁钢决定，是恒定不变的，可采用转子磁链定向控制，即将两相旋转坐标系的 d 轴定在转子磁链 $\boldsymbol{\Psi}_\mathrm{r}$ 方向上，无须再采用任何计算转子磁链的模型。因而式（10-18）所表示的 dq 坐标磁链方程式在正弦波永磁同步电动机中可简化为

$$\begin{aligned}\boldsymbol{\Psi}_\mathrm{d} &= L_\mathrm{sd} i_\mathrm{d} + \boldsymbol{\Psi}_\mathrm{r} \\ \boldsymbol{\Psi}_\mathrm{q} &= L_\mathrm{sq} i_\mathrm{q}\end{aligned} \tag{10-30}$$

而式（10-19）的电压方程式可简化为

$$\begin{aligned}u_\mathrm{d} &= R_\mathrm{s} i_\mathrm{d} + L_\mathrm{sd} p i_\mathrm{d} - \omega_1 L_\mathrm{sq} i_\mathrm{q} \\ u_\mathrm{q} &= R_\mathrm{s} i_\mathrm{q} + L_\mathrm{sq} p i_\mathrm{q} + \omega_1 L_\mathrm{sd} i_\mathrm{d} + \omega_1 \boldsymbol{\Psi}_\mathrm{r}\end{aligned} \tag{10-31}$$

式（10-20）的转矩方程式变成

$$T_\mathrm{e} = p_\mathrm{n}(\boldsymbol{\Psi}_\mathrm{d} i_\mathrm{q} - \boldsymbol{\Psi}_\mathrm{q} i_\mathrm{d}) = p_\mathrm{n}[\boldsymbol{\Psi}_\mathrm{r} i_\mathrm{q} + (L_\mathrm{sd} - L_\mathrm{sq}) i_\mathrm{d} i_\mathrm{q}] \tag{10-32}$$

式中，后一项是磁阻转矩，正比于 L_sd 与 L_sq 之差。

在基频以下的恒转矩工作区中，控制定子电流矢量使之落在 q 轴上，即令 $i_\mathrm{d} = 0$、$i_\mathrm{q} = i_\mathrm{s}$，此时磁链、电压和转矩方程式成为

$$\left.\begin{aligned}\boldsymbol{\Psi}_\mathrm{d} &= \boldsymbol{\Psi}_\mathrm{r} \\ \boldsymbol{\Psi}_\mathrm{q} &= L_\mathrm{sq} i_\mathrm{s}\end{aligned}\right\} \tag{10-33}$$

$$\left.\begin{aligned} u_d &= -\omega_1 L_{sq} i_s = -\omega_1 \Psi_q \\ u_q &= R_s i_s + L_{sq} p i_s + \omega_1 \Psi_r \end{aligned}\right\} \tag{10-34}$$

$$T_e = p_n \Psi_r i_s \tag{10-35}$$

由于 Ψ_r 恒定，电磁转矩与定子电流的幅值成正比，控制定子电流幅值就能很好地控制转矩，和直流电动机完全一样。图 10-12a 绘出了按转子磁链定向并使 $i_d=0$ 时 PMSM 的矢量图。这时控制方法也很简单，只要能准确地检测出转子 d 轴的空间位置，控制逆变器使三相定子的合成电流（或磁动势）矢量位于 q 轴上（领先于 d 轴 90°）就可以了，比异步电动机矢量控制系统要简单得多。

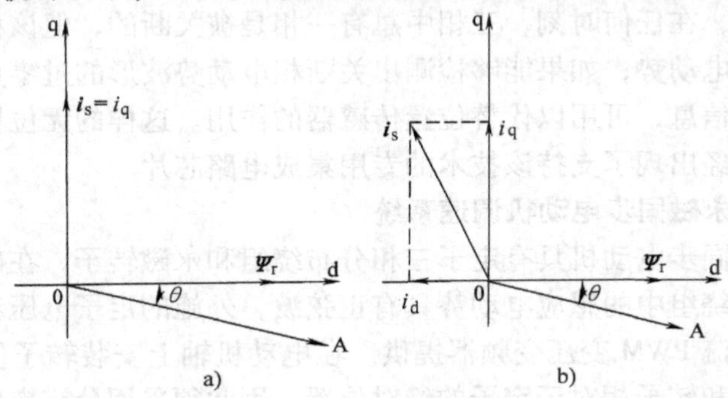

图 10-12　按转子磁链定向的正弦波永磁同步电动机矢量图

a) $i_d=0$，恒转矩调速　b) $i_d<0$，弱磁恒功率调速

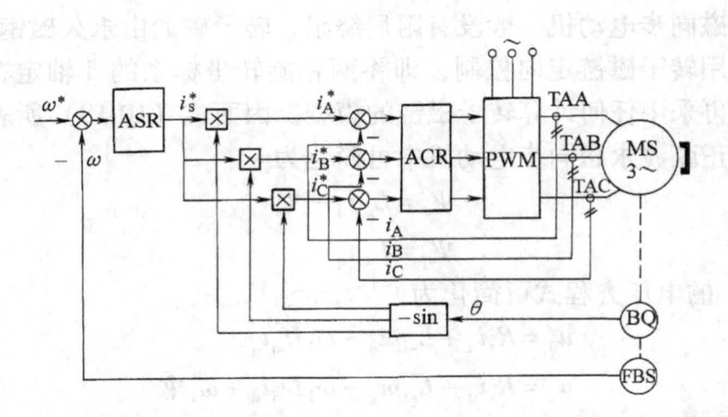

图 10-13　按转子磁链定向并使 $i_d=0$ 的 PMSM 调速系统原理框图

按转子磁链定向并使 $i_d=0$ 的正弦波永磁同步电动机调速系统原理框图如图 10-13 所示。和直流电动机调速系统一样，转速调节器 ASR 的输出是正比于电磁转矩的定子电流给定值。由图 10-12a 的矢量图可知

$$i_A = i_s \cos(90° + \theta) = -i_s \sin\theta \tag{10-36}$$

与此相应

$$i_B = -i_s \sin(\theta - 120°) \tag{10-37}$$

$$i_C = -i_s \sin(\theta + 120°) \tag{10-38}$$

式中　θ——旋转的 d 轴与静止的 A 轴之间的夹角。

θ 角由转子位置检测器测出，经过查表法读取相应的正弦函数值后，与 i_s^* 信号相乘，即得三相电流给定信号 i_A^*、i_B^*、i_C^*。图中的交流 PWM 变压变频器须用电流控制，可以用带电流内环控制的电压源型 PWM 变压变频器，也可以用电流滞环跟踪控制的变压变频器。

如果需要基速以上的弱磁调速，最简单的办法是利用电枢反应削弱励磁，使定子电流的直轴分量 $i_d < 0$，其励磁方向与 $\boldsymbol{\Psi}_r$ 相反，起去磁作用，这时的矢量图如图 10-12b 所示。但是，由于稀土永磁材料的磁导率与空气相仿，磁阻很大，相当于定转子间有很大的等效气隙，利用电枢反应弱磁的方法需要较大的定子电流直轴去磁分量，因此常规的正弦波永磁同步电动机在弱磁恒功率区运行的效果很差，只有在短期运行时才可以接受。如果要长期弱磁工作，必须采用特殊的弱磁方法，这是永磁同步电动机设计的专门问题。

在按转子磁链定向并使 $i_d = 0$ 的正弦波永磁同步电动机调速系统中，定子电流与转子永磁磁通互相独立，控制系统简单，转矩恒定性好，脉动小，可以获得很宽的调速范围，适用于要求高性能的数控机床、机器人等场合。它的缺点是：①当负载增加时，定子电流增大，使气隙磁链和定子反电动势都加大，迫使定子电压升高。为了保证足够的电源电压，电控装置须有足够的容量，而有效利用率却不大。②负载增加时，定子电压矢量和电流矢量的夹角也会增大，造成功率因数降低。③在常规情况下，弱磁恒功率的长期运行范围不大。由于上述缺点，这种控制系统的适用范围受到限制。

参考文献

[1] 陈伯时. 电力拖动自动控制系统——运动控制系统 [M]. 3 版. 北京: 机械工业出版社, 2003.

[2] 阮毅, 陈伯时. 电力拖动自动控制系统——运动控制系统 [M]. 4 版. 北京: 机械工业出版社, 2009.

[3] Leonhard W. Control of Electrical Drives [M]. 3rd ed. Springer-Verlag, 2001.

[4] 王兆安, 刘进军. 电力电子技术 [M]. 5 版. 北京: 机械工业出版社, 2009.

[5] 陈坚, 康勇. 电力电子学——电力电子变换和控制技术 [M]. 3 版. 北京: 高等教育出版社, 2011.

[6] Bose B K. Modern Power Electronics and AC Drives [M]. 3rd ed. Preatice Hall PTR, 2002.

[7] 陈坚. 交流电机数学模型及调速系统 [M]. 北京: 国防工业出版社, 1989.

[8] 吴守箴, 臧英杰. 电气传动的脉宽调制控制技术 [M] //电气自动化新技术丛书. 北京: 机械工业出版社, 1995.

[9] 陈伯时, 许宏纲, 沙立民, 等. 异步电机轻载降压节能和软起动控制器 [J]. 冶金自动化, 1993 (6).

[10] 金墨, 齐永杰. 电机软起动器的探讨 [J]. 变频器世界, 2001 (3).

[11] 厉无咎, 等. 可控硅串级调速系统及其应用 [M]. 上海: 上海交通大学出版社, 1985.

[12] 秦晓平, 王克成. 感应电动机的双馈调速和串级调速 [M]. 北京: 机械工业出版社, 1990.

[13] 马小亮. 大功率交-交变频调速及矢量控制技术 [M]. 3 版//电气自动化新技术丛书. 北京: 机械工业出版社, 2004.

[14] 马小亮. 高性能变频调速及其典型控制系统 [M] // 电气自动化新技术丛书. 北京: 机械工业出版社, 2010.

[15] 陈伯时, 陆海慧. 矩阵式交-交变频器及其控制 [J]. 电力电子技术, 1999 (1).

[16] 陈国呈. PWM 逆变技术及应用 [M]. 北京: 中国电力出版社, 2007.

[17] Patel H S, Hoft R G. Generalized Techniques of Harmonic Elimination and Voltage Control in Thyristor Inverters: Part I - Harmonic Elimination [J]. IEEE Trans. on IA, 1997, 9 (3).

[18] Bord D M, Novotny D W. Current Control of VSI-PWM Inverter [J]. IEEE Trans. on IA, 1985, 21 (2).

[19] 马立华, 陈伯时. 电流滞环跟踪控制分析 [J]. 电气自动化, 1995 (1).

[20] Van Der Broeck H W, Skudelny H C. Analysis and Realization of a Pulsewidth Modulator Based on Voltage Space Vectors [J]. IEEE Trans. on IA, 1998, 24 (1).

[21] 张燕宾. SPWM 变频调速应用技术 [M]. 4 版//电气自动化新技术丛书. 北京: 机械工业出版社, 2012.

[22] 竺伟, 陈伯时. 高压变频调速技术 [J]. 电工技术杂志, 1999 (3).

[23] 高压大容量变频调速技术研讨会论文集 [C]. 中国自动化学会电气自动化专委会. 上

海，1999.
[24] 陶生桂，等. GTO 三点式逆变器及其控制 [J]. 机车电传动，1995 (6).
[25] 丁荣军，黄济荣. 现代变流技术与电气传动 [M]. 北京：科学出版社，2009.
[26] 汤蕴璆，史乃. 电机学 [M]. 北京：机械工业出版社，1999.
[27] Blaschke F. Das Prinzip der Feldorientierung, die Grundlage fur die TRANSVEKTOR-Regelung von Asynchronmaschinen [J]. Siemens Zeitschrift , 1971 (45): 757.
[28] Blaschke F. The principle of field orientation as applied to the new TRANSVECTOR closed-loop control system for rotating field machines [J]. Siemens Review, 1972: 217.
[29] Blaschke F. Das Verfahren der Feldorientierung zur Regelung der Drehfeldmaschine [D]. Diss. TU Braunschweig, 1973.
[30] Gabriel R, Leonhard W, Nordby C. Microprocessor control of induction motors employing field coordinates [C]. 2. Int. Conf. on Electrical Variable Speed Drives, IEE London, 1979.
[31] Gabriel R, Leonhard W, Nordby C. Field orientated control of a standard AC motor using microprocessors [J]. IEEE Trans. on Ind. Appl. 1980: 186.
[32] Gabriel R. Feldorientierte Regelung einer Asynchronmaschine mit einem Mikrorechner [D]. Diss. TU Braunschweig, 1982.
[33] Heinemann G. Comparison of several control schemes for AC induction motors under steady state and dynamic conditions [C]. Proc. EPE 89. Aachen, 1989: 843.
[34] Heinemann G. Selbsteinstellende, feldorientierte Regelung fur einen asynchronen Drehstromantrieb [D]. Diss. TU Braunschweig, 1992.
[35] 陈伯时，冯晓刚，等. 电气传动系统的智能控制 [J]. 电气传动，1997 (1).
[36] Plunkett A B. Direct flux and torque regulation in a PWM inverter-induction motor drive [J]. IEEE Trans. on Ind. Appl. 1977 (2).
[37] Depenbrock M. Direkte Selbstregelung (DSR) fur hochdynamische Drehfeldantriebe mit Umrichterspeisung [J]. ETZ-Archiv, 1985: 211.
[38] Depenbrock M. Direct self control (DSC) of inverter-fed induction machines [J]. IEEE Trans. on PEL, 1988 (3): 420.
[39] Takahashi I. Noguchi T. A new quick-response and high efficiency control strategy of an induction motor [J]. IEEE Trans. on IA, 1986: 820.
[40] 李永东. 交流电机数字控制系统 [M] //电气自动化新技术丛书. 北京：机械工业出版社，2002.
[41] 赵伟峰，朱承高. 直接转矩控制的发展现状及前景 [J]. 电气传动，1999 (3).
[42] Luis A, Cabrera Malik E, Elbuluk Donald S, et al. Learning techniques to train neural networks as a state selector for inverter-fed induction machines using direct torque control [J]. IEEE Trans. on PEL, 1997 (5): 788.
[43] 夏雷，周国兴，吴启迪. 直接转矩控制的 ISR 方法 [J]. 电力电子技术，1998 (4).
[44] Sapanidis, Dimitros, Uberarbeitung des ISR-verfahrens fuer zweipunktwechselrichter [D]. Diplomarbeit Nr. 206. Ruhr Universitat, Bochum. 1993.

[45] Xingyi Xu, Rik De Doncker, Donald W Novotny. A stator flux oriented induction machine drive [J]. IEEE Trans. on IA, 2002, 38 (1): 117.
[46] 阮毅，张晓华，徐静，等. 感应电动机按定子磁场定向控制 [J]. 电工技术学报，2003 (2).
[47] 徐静，阮毅，陈伯时. 异步电机按定子磁场定向的转差频率控制 [J]. 电机与控制学报，2003 (1).
[48] 冯垛生，曾岳南. 无速度传感器矢量控制原理与实践 [M]. 2 版//电气自动化新技术丛书. 北京：机械工业出版社，2006.
[49] 杨耕，陈伯时. 交流感应电动机无速度传感器的高动态性能控制方法综述 [J]. 电气传动，2001 (3).
[50] 竺伟，陈伯时. 基于串联双模型观测器的异步电动机无速度传感器矢量控制系统 [J]. 电气传动，1997 (3).
[51] Rajashekara K, et al. Sensor-less Control of AC Motor Drives, Speed and Position Sensorless Operation [M]. IEEE press, 1996.
[52] 李崇坚. 交流电机变频调速控制系统的探讨 [J]. 电力电子，2004 (1).
[53] Schauder C. Adaptive Speed Identification for Vector Control of Induction Motors without Rotational Transducers [J]. IEEE Trans. on, IA, 1992, 28 (5).
[54] Tamai S, Sugimoto H. Speed Sensor-less Vector Control of Induction Motor with Model Reference Adaptive System [J]. IEEE Trans on IA, 1987, 23.
[55] 邹旭东，康勇，陈坚. 感应电机矢量控制系统无速度传感器控制方案研究 [J]. 电气传动，2004 (4).
[56] Landau Y D. Adaptive Control——The Model Reference Approach [M]. Marcel Dekker, 1979.
[57] Astrom K J, Wittenmark B. Adaptive Control [M]. Addison-Wesley, 1989.
[58] 邹伯敏. 自动控制理论 [M]. 北京：机械工业出版社，1999.
[59] Geng Yang, Tung-Hai Chin. Adaptive Speed Identification Scheme for a Vector-Controlled Speed Sensorless Inverter-Induction Motor Drive [J]. IEEE on IA 1993, 29 (4).
[60] 李志民，张遇杰. 同步电动机调速系统 [M] //电气自动化新技术丛书. 北京：机械工业出版社，1996.
[61] 李崇坚. 交流同步电机调速系统 [M]. 北京：科学出版社，2006.
[62] 张琛. 直流无刷电动机原理及应用 [M]. 2 版//电气自动化新技术丛书. 北京：机械工业出版社，2004.
[63] 杨耕，罗应立. 电机与运动控制系统 [M]. 北京：清华大学出版社，2006.
[64] 刘和平，等. TMS320LF240x DSP 结构. 原理及应用 [M]. 上海：同济大学出版社，2006.
[65] 刘竞成. 异步电动机的矢量变换控制 [J]. 自动化与仪器仪表，1981 (2).
[66] 卢骥. 磁轴方位式自控变频调速系统 [J]，计算技术与自动化，1982 (1).
[67] Nabae A, Otsuka K, Uchino H, et al. An Approachv to Flux Con trol of Induction Motors Operated with Variable-freauency Power suphly [J]. IEEE Trans. on Ind. Appl, 1980: 342.